镇江市西津渡文化旅游有限责任公司资助出版

西津图谱

第三卷

西式文物建筑和民国文物建筑

庞 迅 张峥嵘 王敏松 编著

同济大学出版社
TONGJI UNIVERSITY PRESS

图书在版编目（CIP）数据

西津图谱：一～四卷 / 祝瑞洪等编著. -- 上海：
同济大学出版社, 2022.1
ISBN 978-7-5608-9671-7

Ⅰ.①西… Ⅱ.①祝… Ⅲ.①古建筑—文物保护—镇
江—文集 Ⅳ.①TU-87

中国版本图书馆CIP数据核字（2021）第006071号

西津图谱（第三卷）· 西式文物建筑和民国文物建筑

编　　著　庞　迅　张峥嵘　王敏松
责任编辑　姚烨铭
责任校对　徐春莲
封面设计　六　如

出版发行　同济大学出版社　　www.tongjipress.com.cn
（上海市四平路1239号　邮编 200092　电话 021-65985622）
经　　销　全国各地新华书店
印　　刷　深圳市国际彩印有限公司
开　　本　889mm × 1194mm　1/16
印　　张　110.5
字　　数　3536000
版　　次　2022年1月第1版　2022年1月第1次印刷
书　　号　ISBN 978-7-5608-9671-7
定　　价　1960.00元（一～四卷）

中國古渡博物館

西津渡

羅哲文

《西津图谱》编撰委员会

总 顾 问　鄂金书

　　　　　董　卫

总 编 著　祝瑞洪

副总编著　庞　迅

　　　　　张峥嵘

　　　　　王敏松

本卷序

本卷研究对象是西津渡、伯先路历史文化街区内的西式文保建筑和民国文保建筑。西式建筑是近代镇江开埠以来至民国初年建造的，主要存在于西津渡和伯先路两街区的东北侧原租界范围内；民国建筑，特指街区内民国期间形成的中西糅合式建筑。

从1845年中国产生第一个租界开始到1945年全部租界被收回，整整100年的时间里，中国各通商口岸上曾经出现了多个不受中国政府管辖和法律约束，而实行外国殖民统治的“国中之国”。趾高气扬的洋人，俨然以主人的姿态占据在这块土地上。当时欧美有一本非常流行的书，书名就叫《冒险家的乐园》。从历史角度来看，租界无疑是国家的耻辱，是半殖民地的罪恶见证；而从建筑的角度来看，租界建筑引入的西洋建筑语言，以及与传统建筑语言的融合而产生的民国建筑，为我们后人留下了一笔丰富的建筑文化遗产。

1858年，依据《天津条约》规定，镇江开埠。1861年2月23日，英参赞巴夏礼与常镇道关署江清骥订立租约，议定将镇江城外银山上下一块空地开辟为英租界。自此，镇江开始了长达近70年的租界历史。帝国主义者在租界内建设洋房、开设洋行，城市建筑、市政公用设施的建设引入了城市近代化的新元素。英国、美国的领事馆，巡捕房、税务司公馆，亚细亚、德士古火油公司，还有海关、邮政、自来水、电力、医疗、卫生、教堂、教会学校一应俱全。1927年3月24日，镇江原英领事馆及英租界工部局大楼等资产由英领事怀雅特交由镇江商会陆小波先生代管。1929年11月11日，民国政府正式收回租界。如今，镇江原租界范围内斑驳的西式建筑，已经全部被我国政府列为国家和省市文物保护单位，这不仅仅是特别具有讽刺意味的、研究近代以来镇江建筑发展历史的重要史料，更是侵略者的历史罪证。

西式建筑文化是以侵略者姿态、以一种突变的方式植入租界的。红砖铁瓦、穹顶券廊、玻璃门窗、抽水马桶，几乎一夜之间改变了传统建筑语言。典型的例子有廊券式的领事馆建筑群、税务司公馆、德士古石油公司等。但是，镇江租界并没有出现如上海租界、广州租界、汉口租界、天津租界那样真正的仿西方石头建造的建筑。在镇江租界、伯先路及其周边街区，几乎所有的著名的建筑都是仿西式甚至中西合璧式的建筑，砖木结构和开敞券廊结合在一起，具有丰富的多元性和包容性，总体显露出一种平实质朴、低调中庸、讲求实用的特点。

这充分说明，当时镇江建筑业界对外来建筑语言具有较强的吸收和适应能力，并且在建筑实践中模仿、消化西式建筑语言，并逐步形成一种我们后来称之为民国建筑的新式建筑，使国人对西式建筑的追求表现出强烈的回归本土化的特征，如屠家骅公馆、蒋怀仁诊所、绍宗藏书楼、老邮局等，它们多是局部模仿西式建筑元素，如门券（厅）、柱式、线脚、拱券等，并没有采用系统的西式施工方法和空间组合，仍然保留了中国传统建筑的浓重痕迹。到镇江商会，其基本特征就是中式布局、西式门脸。其东南两面的门脸是仿西式结合中式牌楼设计的式样，而其内部结构基本是中式布局。然而，镇江的新式建筑群落基本局限于租界一带及伯先路京畿路附近的街区，并没有向市区广泛扩展，这可能与民国后期镇江经济政治地位的衰落有关。

这一时期建筑语言和形式的转型变迁，应该主要归功于当时镇江的建筑业界的创新精神，特别是许成记营造事务所的贡献。得益于他的邻居——原镇江政协文史委干部李植中先生的回忆文章《鲁班世家——许氏兄弟》，详细介绍了许成忠、许成华兄弟为镇江近代以来建筑业作出的不朽贡献。（参见李植中《鲁班世家——瑞芝里许家旧话》［M］镇江文史资料41辑 2007年版）

许氏兄弟是扬州人。许氏从小学艺于扬州，后到镇江谋生，投奔镇江建筑业能人吴小达子。初到镇江，就崭露头角，承接了租界内领事馆南侧美国浸礼会牧师马里德和郭怀义两栋西式建筑，获得业界好评。后来，兄弟俩成立了许成记营造所，把建造西式洋楼的实践经验，特别是西式建筑语言或者说设计样式用于街区建筑，在自身实现从工匠向建筑师转变的过程中，糅合中西建筑的特色，创新出具有镇江地方特色的民国建筑。之后的数年中，许成记连续承接了崇实女中、润州中学、镇江商会、屠家骅公馆（江南饭店）、蒋怀仁诊所、益民农场等大型建设工程；更创新建设模式，采取租借土地方式建造瑞芝里大片房屋，用于许成记营造所办公、仓储及住家，然后拓展苏北市场，一时蜚声大江南北。

许氏兄弟的建筑业成就，他们对街区建设的贡献，一直淹没在历史长河之中。我们在修缮这些建筑，并为编辑本书研究这些建筑的人文历史的时候，感到了记录真实历史的必要性和重要性，特在此卷序前言中简明叙述，更希望将来有人深入系统地研究许成记的建筑艺术和实践经验，并在街区选址，做一个纪念“许成记”的小型建筑博物馆，在昭彰先人精神的同时，能够激励我们更加努力地保护我们的历史文化街区的建筑遗产。

张峥嵘　祝瑞洪

写于2017年6月，2020年7月定稿

修缮方案，确定修缮性质，并按以下五种情况进行分类：

（1）小修。即小修小补。主要包括墙壁挖补、补漏、一般门窗修理及排瓦等。

（2）中修。即较大部分屋面、墙壁或柱梁撤换重新砌筑、制作。

（3）大修。即屋架落地、全面整修。主要包括危险建筑或建筑结构主要部分损坏，以及失去使用功能的建筑。

（4）复建。即只有遗址但原有建筑状态明确或完全失去使用功能且存在严重安全隐患的建筑，采取按原样、尽可能采用原有材料或相似相近材料复修建筑。

（5）重建或新建。根据史志记载或诗文传唱的有关遗迹、逸事建造的纪念性建筑或仿建建筑。

3. 修缮责任表（载明修缮工程的主要责任人和责任单位及修缮时间）。

4. 施工图。主要包括建筑物或构筑物的主要图纸，按总平面图、平面图、立面图、屋面图和剖面图或细节图排列。

三、摄影图片和建筑图纸的编号。本图谱的图片与图纸分别编辑序号，两类五码四级：图 A–B–C–D–E。图 A 为分类码，包括“图 P”和“图 D”，“图 P”表示摄影图片（照片），“图 D”表示建筑工程图纸；B 为卷序码；C 为章序码；D 为节序码；E 为图序码。例如“图 P–2–1–3–5”，表示为照片 – 第 2 卷 – 第 1 章 – 第 3 节 – 第 5 幅照片；又如“图 D–3–2–1–2”，表示为图纸 – 第 3 卷 – 第 2 章 – 第 1 节 – 第 2 张图纸。摄影图片和建筑图纸的编号和文字，标注于图片或图纸的下方中央。个别章节以建筑群作为编辑单位的，设六码五级：例如“图 P–2–1–3–5–1”则第四位数字“5”表示建筑物编号为 5 号楼，第五位数字“1”为第一张图片序列标号，余类推；图 D 亦是如此。

四、建筑设计或施工图的标注。总平面图以轴线为定位点。图集中，建筑标高以米（m）为单位，总平面尺寸以米（m）为单位，其他尺寸除注明外均以毫米（mm）为单位。

五、本图谱未详尽部分，包括文史研究的深化、规划设计和建筑设计施工的全部技术资料，可以访问我们的官方网站查询。

本卷16处建筑在西津渡历史文化街区的位置

1.英国领事馆旧址

2.英国领事馆正、副领事官邸旧址（牧师楼）

3.美国领事馆旧址

4.英国领事馆附属房旧址

5.镇江博物馆新馆

6.英租界工部局旧址

7.英租界税务司公馆旧址

8.亚细亚火油公司旧址

9.美孚火油公司旧址

10.德士古火油公司旧址

11.镇江海关宿舍旧址

12.蒋怀仁诊所旧址

13.屠家骅公馆（含金山饭店）旧址

14.镇江老邮政局旧址

15.民国交通银行镇江支行旧址

16.中国人民银行镇江分行旧址

凡例

一、编著范围。本图谱编撰、汇集了自1986年以来30多年，主要是2000年以来的20年，西津渡历史文化街区保护修缮和更新利用的主要规划和建设资料。包括西津渡文化历史街区、环云台山景区保护和修缮的规划修编方案，建筑物、构筑物的历史资料和图片，修缮更新的设计方案和重要图纸。

二、本图谱共分7卷，分别为：

第一卷 镇江市历史文化街区保护规划；

第二卷 中式文物建筑；

第三卷 西式文物建筑和民国文物建筑；

第四卷 工业与文教卫生建筑遗产；

第五卷 传统民居；

第六卷 园林景观；

第七卷 基础设施。

上述第二卷至第七卷，按建筑物和构筑物的建筑形式或功能分类。其中每栋建筑物或构筑物的编撰，分为四个部分。

1. 主要是该建筑物或构筑物的文字说明，通常包括：

（1）建筑形态，即建筑物或构筑物的地理方位数据（街巷、方位、长、宽、高和面积）。

（2）历史沿革概要。

（3）建筑遗存状况。

（4）考古发现（如有）增加考古成果的说明。

2. 修缮技术措施或方案。历史建筑，包括文物建筑，应根据该建筑损坏的程度或遗存状态及

目录

附录

第一章
镇江博物馆建筑群

镇江博物馆建筑群位于云台山东北麓山坡、伯先路与小码头街东入口西侧，总占地面积约20000m^2，总建筑面积9531.5m^2。共有6幢建筑，包括镇江英国领事馆楼，英国正、副领事住宅两栋楼，美国领事馆楼，附属用房和博物馆新展馆楼等(图P-3-1-1-1)。其中前5幢为建于清末民初的租界建筑，属

图P-3-1-1-1镇江博物馆建筑群 （钱小平 航摄）

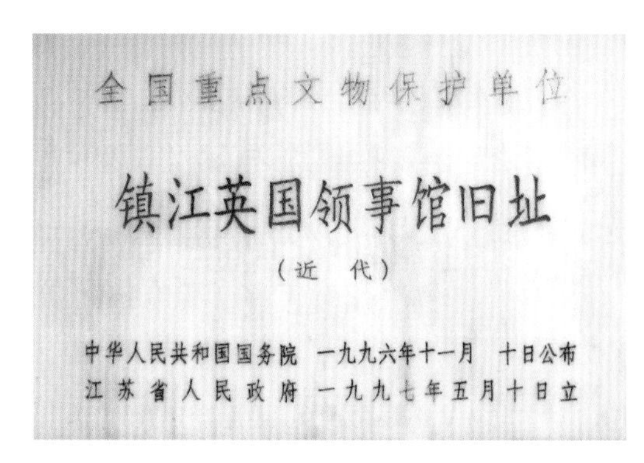

图P-3-1-1-2 镇江英国领事馆旧址文保碑

于镇江英国领事馆旧址建筑。这些建筑是近代中国沦为半封建半殖民地国家的见证，也是帝国主义列强侵略镇江、强占“租界”的重要见证之一。1996年11月被批准为全国重点文物保护单位。博物馆新展馆楼建于2003年(图P-3-1-1-2)。

第一节 英国领事馆办公楼（3号楼）旧址

一、概况

1. 建筑形态。镇江英国领事馆旧址办公楼位于云台山东北麓山坡、小码头街东入口西侧。该建筑依山建立，坐北朝南。总占地面积784m^2；建筑长26.5m、宽18.7m、高14.2m，建筑面积1116.5m^2。高两层，局部三层，西式门窗、门券、连廊，虽为砖木混合结构，却是典型的西式建筑风格。是全国重点文物保护单位，为镇江英国领事馆旧址中最重要的建筑（图P-3-1-1-3）。

图P-3-1-1-3 镇江英国领事馆旧址原办公楼 （陈大经 摄）

2．历史沿革。第二次鸦片战争期间，镇江被迫辟为通商口岸。咸丰十一年（1861年），云台山下沿江一带被划为英租界。同治三年（1864年），英国人开始在云台山强拆民房，准备建筑领事馆（图P-3-1-1-4）。这是镇江市最早的西式建筑之一。

图P-3-1-1-4 英国人在云台山强拆民房

镇江博物馆连小刚、陆为中最新研究成果《镇江英国领事馆馆舍初建时间及相关史事考论》指出：绘制于1876年5月19日的《镇江英国领事馆馆区平面图》及大英工部总署的数十份文件证明，镇江英国领事馆建成于1876年。“自镇江1861年开埠后的十多年里，镇江英国领事馆的馆址经历了北固山甘露寺、焦山自然庵、西津渡观音洞三次迁移。1872年11月，大英工部总署远东分部的第二任主管罗伯特 · H. 波伊斯开始提议在镇江建造新领事馆。1873年6月，波伊斯完成镇江新领事馆馆舍的设计说明。1876年，领事官邸与领事办公室、警官宿舍、监狱两幢新建筑竣工。”

在1876年领事馆舍建成之前，英国外交人员一直是租房居住，并历经三次迁移。《续丹徒县志》卷八记载：“咸丰十一年（1861 年）正月十二、十三等日，英参赞官巴夏礼至镇江见副都统巴栋阿、知府师荣光、知县田祚，与议建署栈地段。择于云台山上，建立公署，山下为各商建栈基址。”“又择于甘露寺地方暂为副领事费笠士公署，以便会商一切。”可知第一任镇江领事费笠士（G. Phillips）最初驻扎在北固山甘露寺，甘露寺遂被称为“领事崖”。1861年5月，英国政府任命雅妥玛（Thomas Adkins）为第二任镇江领事，职务亦为副领事。在雅妥玛任职的第一周，太平军在夜间发动猛烈袭击，为了安全，雅妥玛不得不将领事馆转移至焦山。当时焦山有清军水师驻扎。镇江海关的关署当时亦设在焦山，税务司在松寥阁，领事馆在自然庵。1864年7月时镇江英国领事馆已由焦山迁至昭关石塔旁。图P-3-1-1-5中右下部绘出了临时领事馆在昭关石塔的具体位

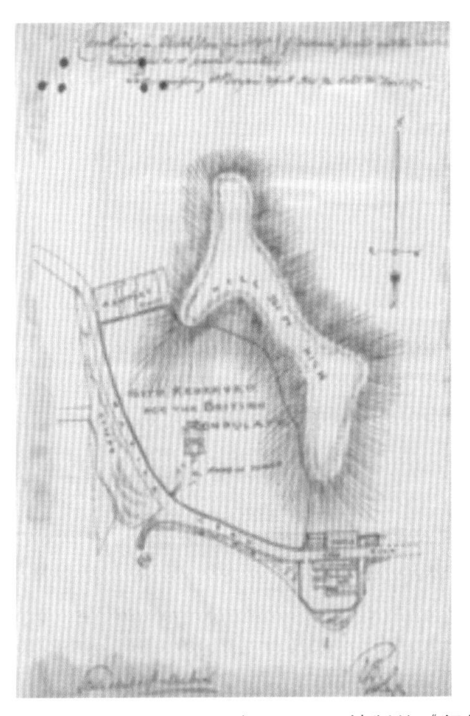

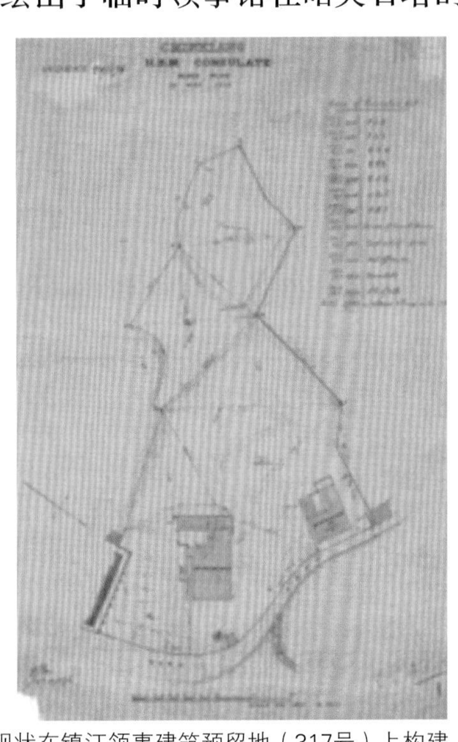

图P-3-1-1-5 1871年9月30日绘制的《根据现状在镇江领事建筑预留地（317号）上构建房屋的草图》（左）和1876年5月19日绘制的《镇江英国领事馆馆区平面图》（右）

置。图上标识的“ARCH”（拱门）当系昭关石塔，昭关对面的观音洞东侧的房屋为领事办公室，西侧的房屋为警官宿舍。观音洞对面为今镇江救生会旧址，此处房屋亦被英国领事占用，用作厨房。另一个证据是镇江博物馆藏有一件纸质文物，名为《寻狗赏格》，内容是讲驻镇英国领事府于某年阴历十二月十一日下午四点钟丢失一条母狗，该狗生有小狗，“如有人留养或寻得者送至观音洞英国领事府，酬洋拾元”。此亦可作为领事馆曾设在观音洞的佐证。

光绪十五年（1889年）正月初六，镇江人民反抗英人暴行，一举将刚刚使用十多年的英国领事馆焚毁，当时的伦敦画报和上海《申报》均有报道（图P-3-1-1-6）。1890年，清政府就“火烧洋楼”事件赔款白银四万两，重建英国领事馆。从图P-3-1-1-7可以看出，重建的英国领事馆与火烧前的英国领事馆大不相同。

图P-3-1-1-6 伦敦画报中火烧洋楼（上）、火烧镇江英国领事馆（下）两幅插画

1927年，北伐军兵临城下，英国被迫交出租界；1933年10月，英领事馆的房地产售卖给江苏省政府民政厅长赵启騄。20世纪50年代后改做镇江博物馆展馆。2005年，镇江市博物馆对该建筑实施修缮。

3．遗存状况。英领馆旧址虽历经百年，但保存相对完好，主体结构完整稳固。

图P-3-1-1-7 复建后的镇江英国领事馆主楼

二、主要修缮技术

该建筑是利用云台山地形、地势，进行巧妙设计，使建筑在半山腰更显雄伟精美。

该建筑南面为山坡地，东低西高。修缮方案在山坡地上砌条石凿面挡土墙至二层。花岗岩条石踏步，钢筋混凝土造形栏杆座，绿色琉璃宝瓶陶土栏杆，造

图P-3-1-1-8 镇江英领事馆旧址原办公楼南侧西式花园

图P-3-1-1-9 镇江英领事馆旧址原办公楼东刻有“1890”字样的山墙

形钢筋混凝土压顶。依山坡分级而上绕至一层楼面，再绕行上二层楼面，错落有致，配西式花园（图P-3-1-1-8）。

该建筑平面为L形布局，根据西高东低的地形处理成三个不同标高的平面层。东立面为三层，设有连续券廊，墙面以青砖为主夹砌红砖线条，立面装饰有线脚。顶部墙面为等腰三角形山墙，红砖设圆形洞口山花。在顶端中央嵌有一块白色石质横额，上刻有“1890”字样（图P-3-1-1-9）。南立面为主立面、两层（依东立面计算为二、三层），东一层在南面不可见，为地下层。设有正门，二、三两层和东立面相同，设有连续券廊。阳台围有绿色琉璃宝瓶围栏，线脚精美细致；从东南方向上看，整栋楼券廊层叠拱立，青砖墙、红砖券和镶边线条相映生辉，三角形坡屋面稳稳地覆盖在华丽的建筑主体之上，神秘而又庄重（图P-3-1-1-10）。西立面只有一层，开设小门供内部人员出入，处理简洁；北立面三层，因地形的关系处理也相对简洁。屋顶采用木屋架，外覆瓦楞铁皮顶，屋面组织变化多样。

连续廊券是该楼区别于西津渡、伯先路两街区一般西式建筑的重要特征（图P-3-1-1-11）。这是由红砖砌筑的仿支提窟结构。早期的古典印度式建筑支提窟样式，原本是为佛教建筑的重要特点。这类建筑是提供集体祭祀的庙宇，其设计

图P-3-1-1-10 镇江英领事馆旧址原办公楼

图P-3-1-1-11 镇江英领事馆旧址连廊内、外部图

图P-3-1-1-12 镇江英领事馆旧址原办公楼西北立面（局部）假廊连券廊图

与功能都能与罗马式或哥特式教堂相媲美。这些支提窟主要是在天然石崖上用大锤和铁钻开凿出来的石窟构成。支提窟的主体空间，被两排柱子分为中殿和侧廊两个部分。英领事馆办公楼的东南立面的连廊，是一组由柱和支柱承受的券，形成一排对外部空间敞开的入口；内侧是覆顶走廊，可以通过内室的门走向室内。西北立面“假廊连券廊”样面，是依附于墙面的一组券。这也是中世纪教堂常见的一种装饰（图P–3–1–1–12）。山花作为西方建筑中显著要素，通常位于门廊的顶上，常饰以浮雕、错层线条，而雕塑和曲线条台阶式在窗户和门框上。全部砖砌墙面及券柱券脸，均有丰富的磨砖造形线条收边；砖缝均勾白灰色灯草缝，使青红相间的砖墙更加秀逸（图P–3–1–1–13 ）。

但是，建筑外墙面部分因原墙体损毁严重，表面泛盐碱，粉化剥落，勾填材料失效，破损脱落。局部结构有所损毁。

2005年，中国文物研究所主持设计，对该建筑进行了修缮，修缮等级为中修。着重运用现代工艺流程结合传统技术对墙体表面进行了处理，主要工艺如下：

（1）黏土砖墙体表面清洗。以低缔合度活性水清洗为主，辅以饱和蒸汽清洗法。

图P–3–1–1–13 镇江英领事馆旧址原办公楼墙面细节图（砖角收边磨边，灯草缝、券柱、券角）

（2）砌缝勾填。建筑外墙的砌体砖缝清理与清洗→局部位置进行深层填充→浅层填充→底层填充材料渗透加固→灯草缝造型→后期清理→养护→勾填材料的保护与防护（与砖石文物保护工作同时进行）。勾缝材料为灰钙粉+10%糯米浆+纳米SiO_2+柔性骨料（麻刀）。

（3）表面加固。采用喷涂与刷涂相结合的方法进行施工。加固材料，纳米级二氧化硅复合氟碳乳液。工艺、材料质量控制与检测加固效果评估达到设计要求。

（4）表层防水。采用喷涂与刷涂相结合的方法进行纳米级二氧化硅复合硅氧烷的施工。按设计要求对表层防水、表面封护材料进行各项指标检测。对封护后采集文物本体参数，并对表面封护效果进行评估。

（5）表面封护。采用喷涂与刷涂相结合的方法进行纳米级二氧化钛施工。按设计要求进行封护材料各项指标检测，按设计要求对封护后采集文物本体参数，并对表面封护效果进行评估。

从检测数据来看，表面自由渗水率明显降低，文物本体表层密实度明显增强，疏水性能明显提高，表层含水率整体上呈降低区域。各点位检测数据变化情况基本在设计方案要求的范围内，表层防水与表层防护效果明显，达到了表面防护的目的。完成保护施工，建筑外观上更加美观。协调，去除了文物本体表面污染物，恢复了砖体本身颜色；施工过程中使用传统材料糯米灰浆，采用传统工艺进行灯草缝的重新勾填，使其更加美观，也能有效防止降雨等对内部砖体及勾填材料产生的破坏作用。完成保护工作后，文物本体的表面强度、硬度、密实度及防水性能明显提高，也未对砖体孔隙结构造成较大影响。各项保护措施的实施取得较好的效果，达到保护目标。

三、建筑物修缮责任表

建筑物修缮单位：镇江博物馆

项目负责人：王永明 杨正宏

测绘、修缮设计单位：国文科保（北京）新材料科技开发公司

设计负责人：朱一青

监理单位：河北木石古代建筑设计有限公司

总监理工程师：赵珠

施工单位：杭州文物建筑工程有限公司

项目经理：李建东

施工时间：2014.3—2014.6

四、施工图

如图D–3–1–1–1 ～ 图D–3–1–1–9所示。

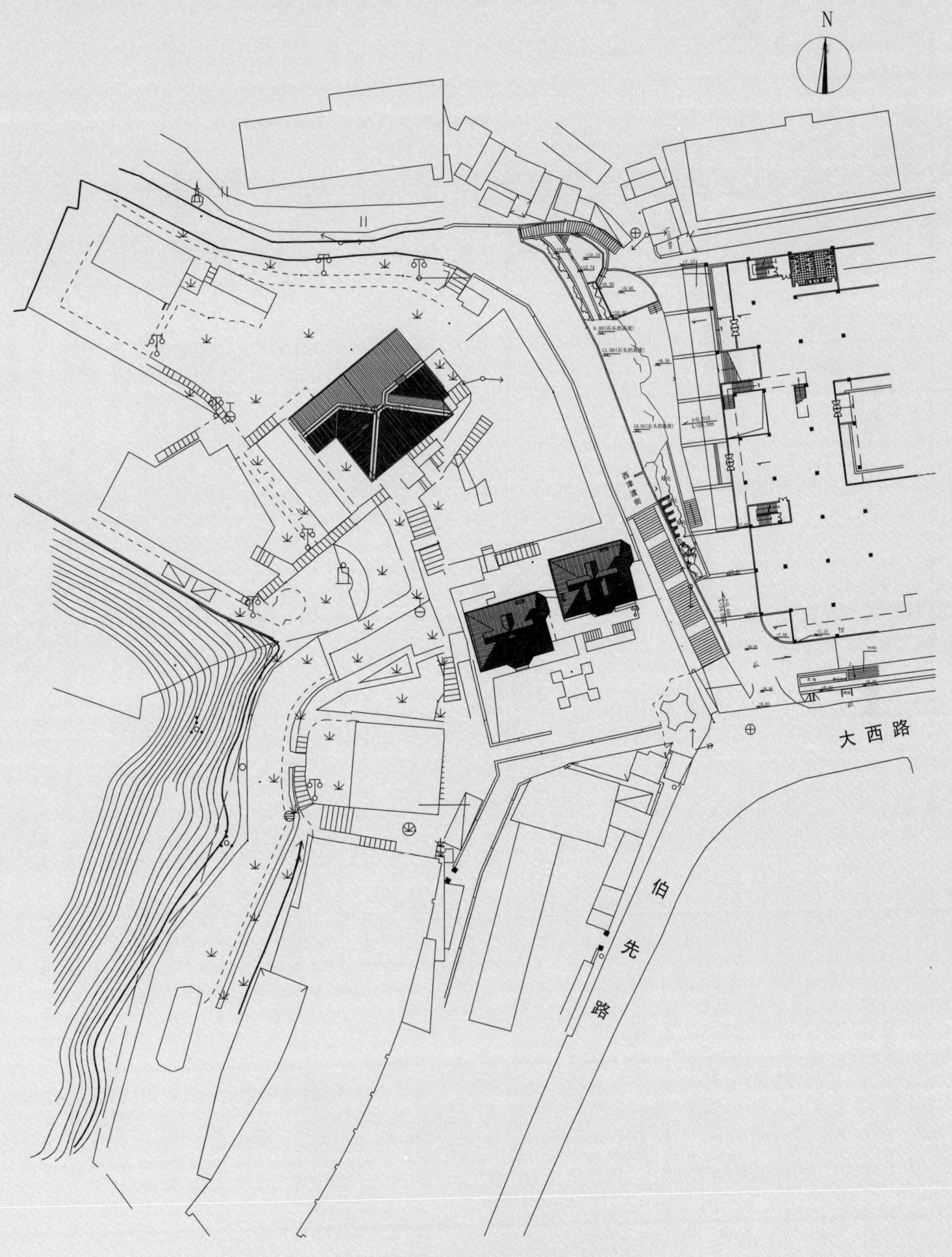

图D–3–1–1–1 英国领事馆总平面图

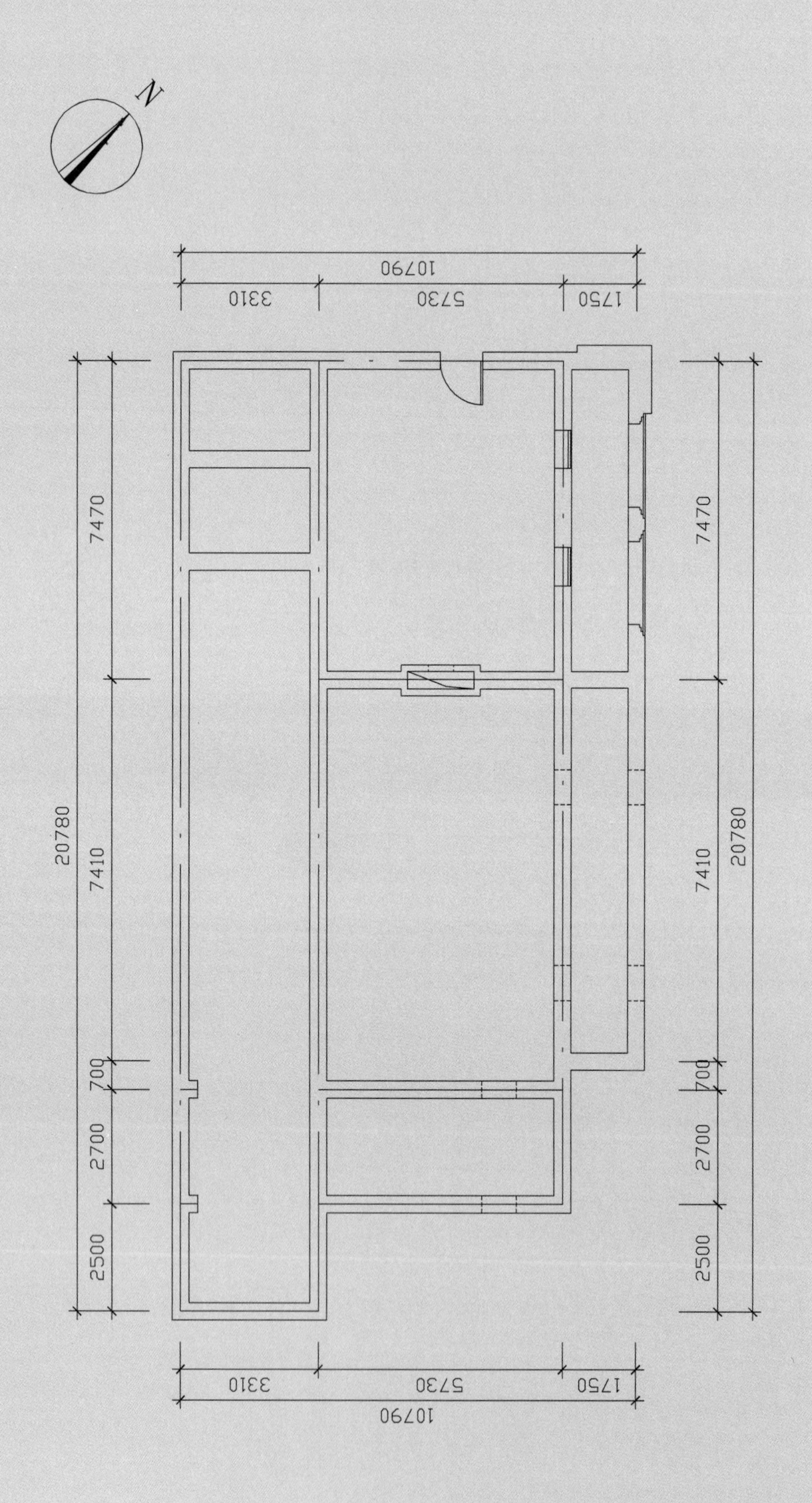

图D-3-1-1-2 英国领事馆旧址一层平面图

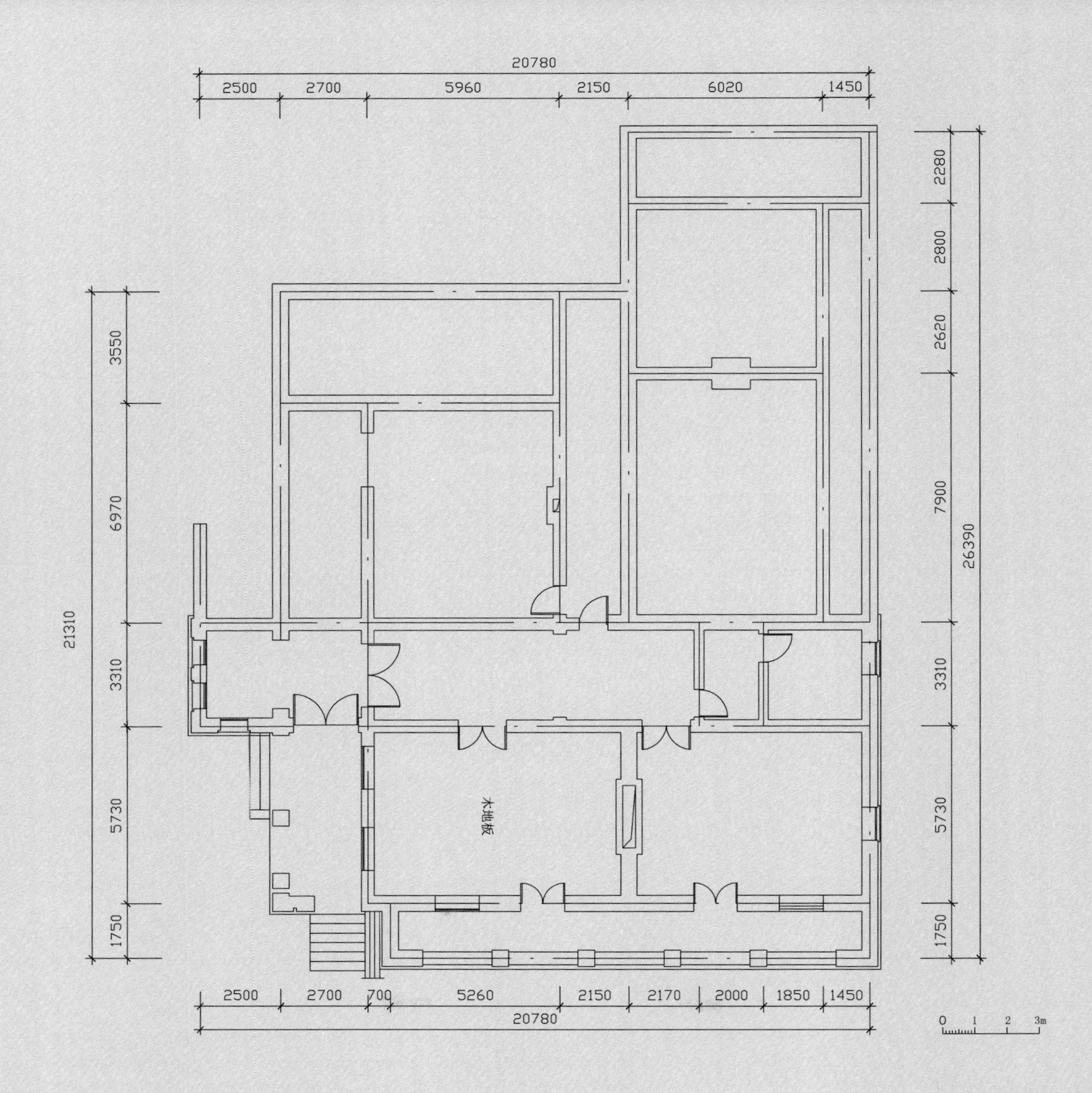

图D-3-1-1-3 英国领事馆旧址二层平面图

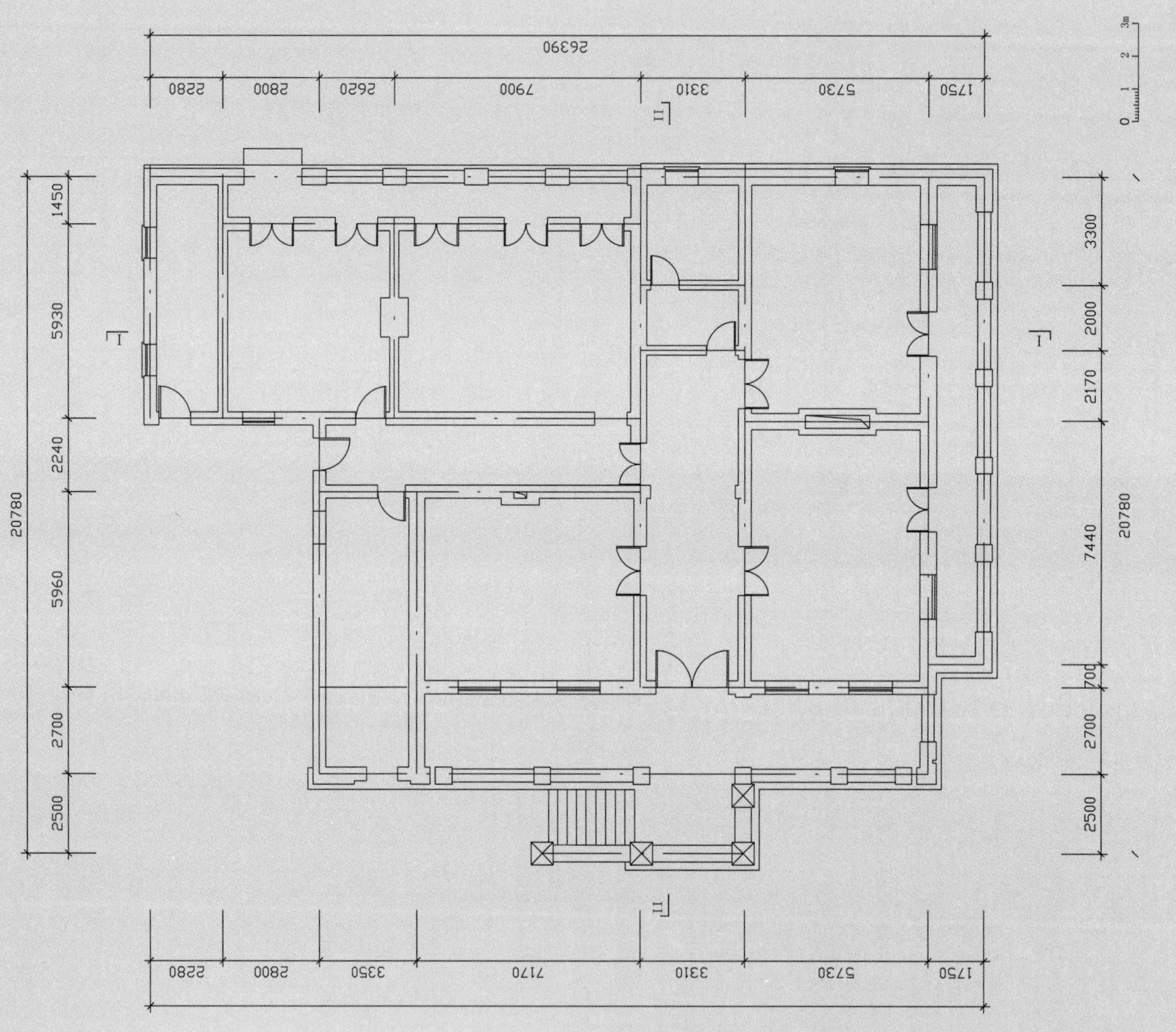

图D-3-1-1-4 英国领事馆旧址三层平面图

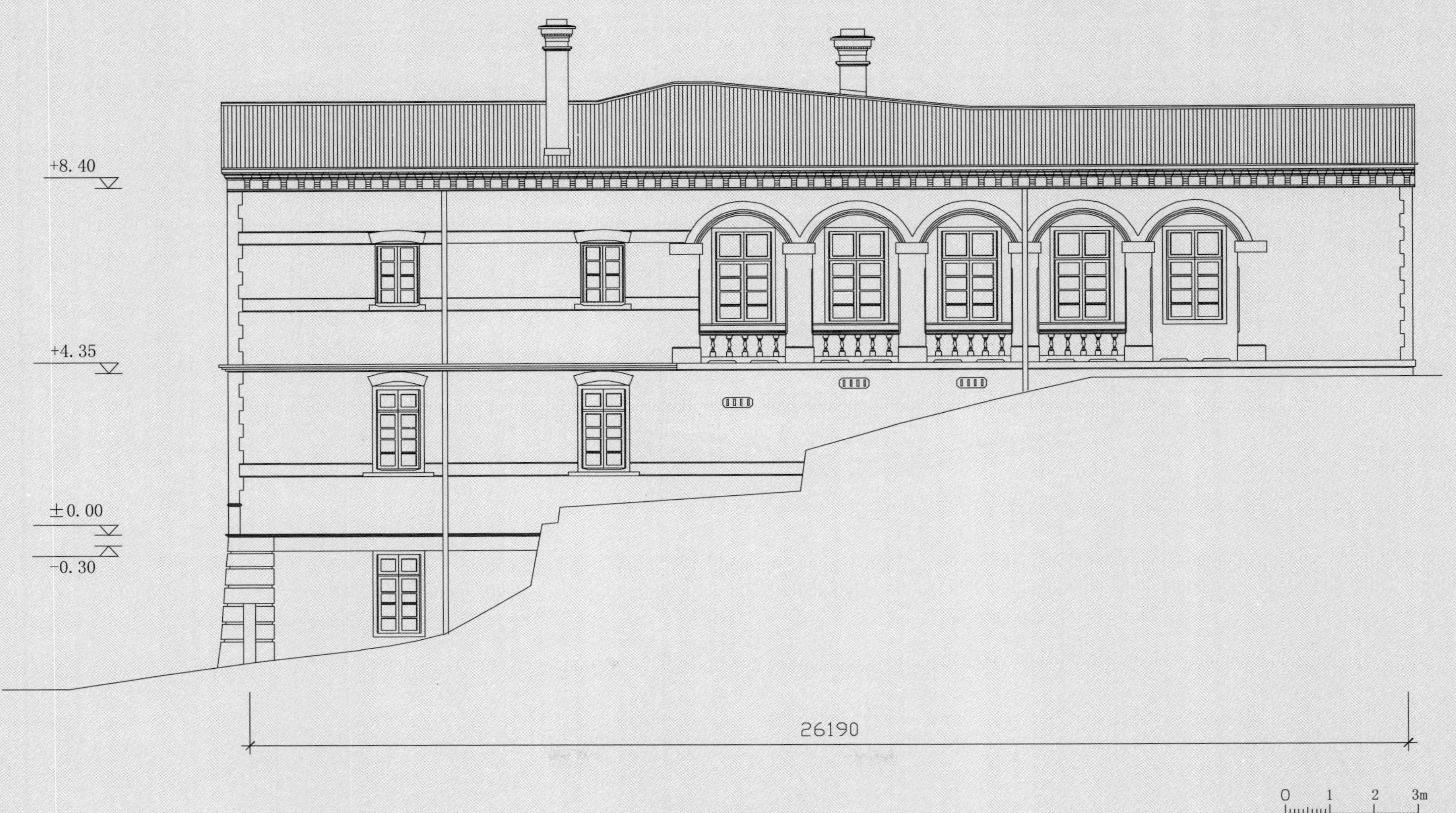

图D-3-1-1-5 英国领事馆旧址北立面图

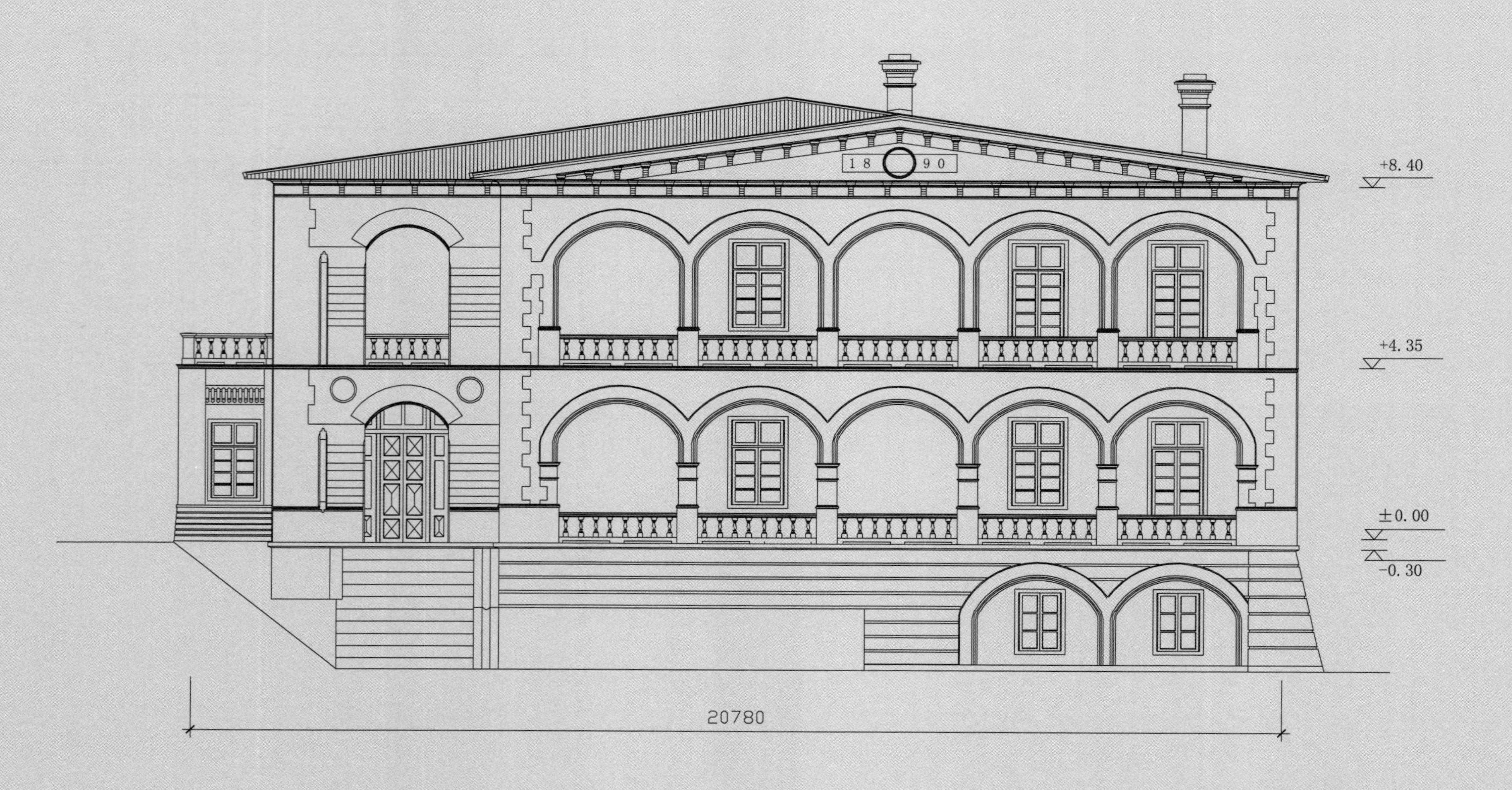

图D-3-1-1-6 英国领事馆旧址东立面图

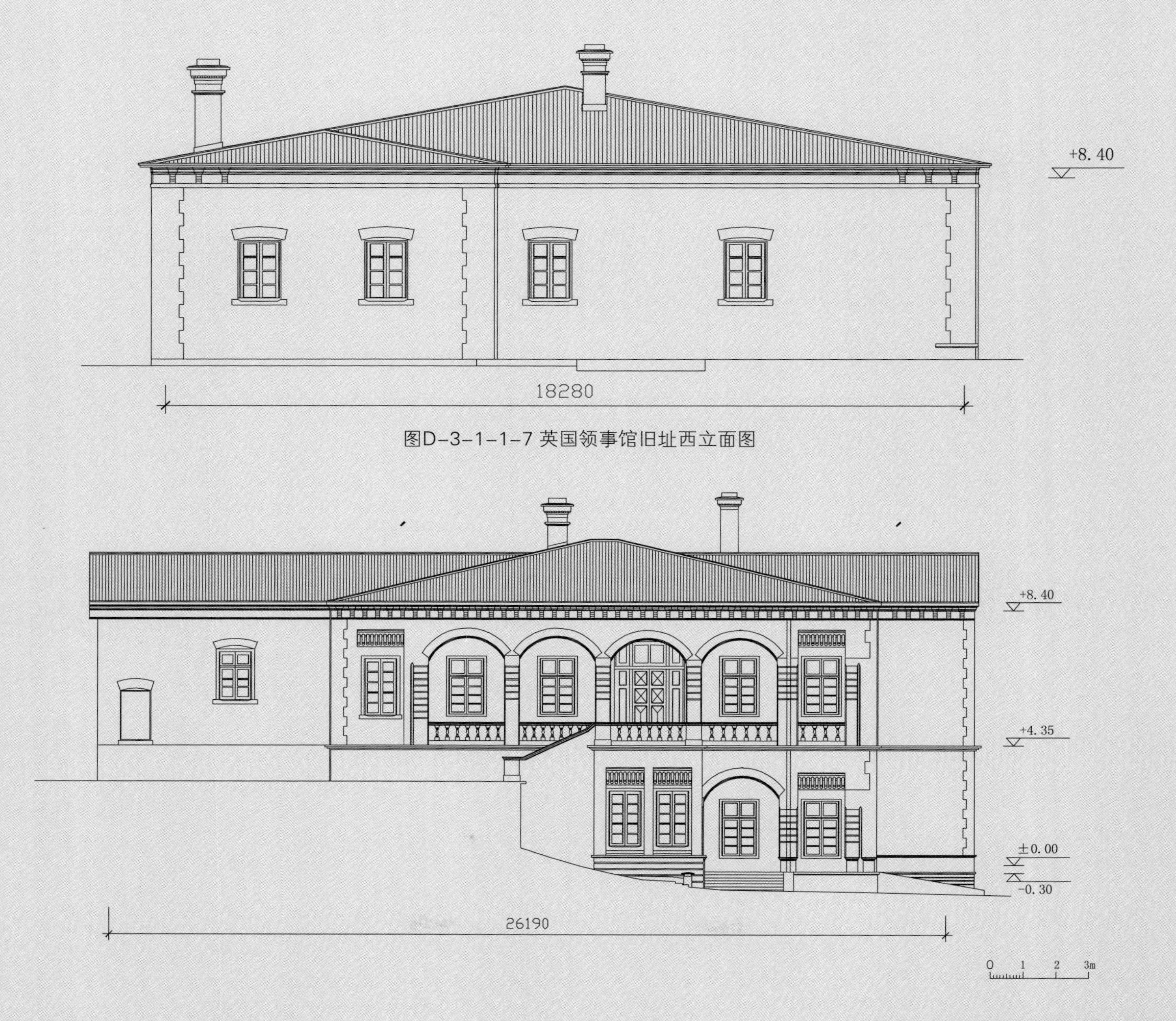

图D-3-1-1-7 英国领事馆旧址西立面图

图D-3-1-1-8 英国领事馆旧址南立面图

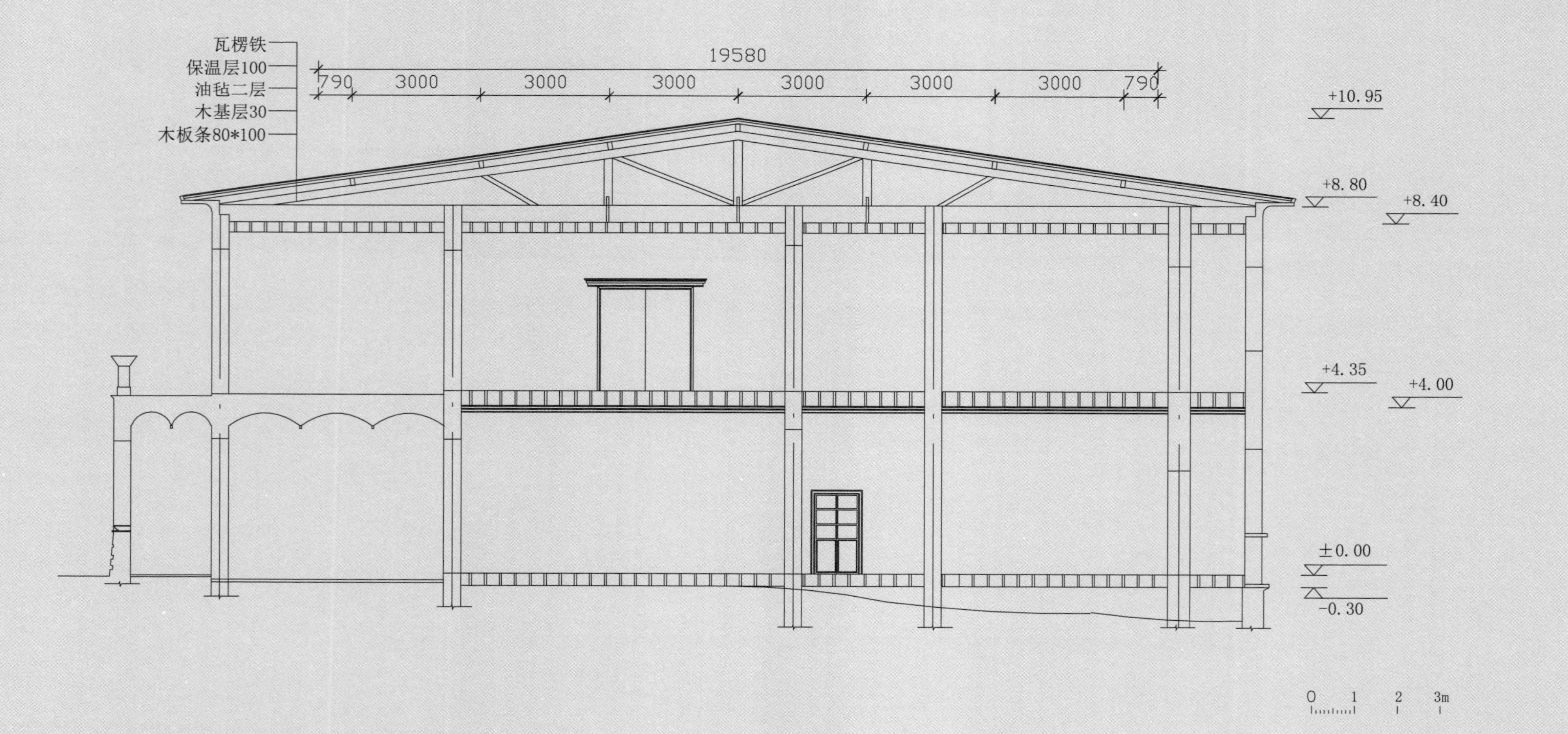

图D-3-1-1-9 英国领事馆旧址 I # I 剖面图

第二节 英国领事馆正、副领事官邸旧址（牧师楼）（1、2号楼）

一、概况

1. 建筑形态。位于英领事馆办公楼南25m处，系东西并列的两幢三层西式建筑（图P-3-1-2-1），该建筑坐北朝南，依山而建呈下瞰之势。总占地面积304.2m^2，总建筑面积1061m^2。东、南、西三立面为三层，北立面一层在山坡以下，仅见二、三层。东楼长14m、宽11.1m、高9.86m，占地152.1m^2，建筑面积513m^2；西楼长14m、宽11.1m、高12.45m，占地152.1m^2，建筑面积548m^2。是全国重点文物保护单位“英领事馆旧址”组成部分之一。

图P-3-1-2-1英国领事馆正、副领事官邸旧址（牧师楼，现镇江博物馆办公楼）（袁曾亭 摄）

2. 历史沿革。英国领事馆正、副领事官邸旧址建于1915年，镇江许成记营造厂所建（图P-3-1-2-2）。该楼又称牧师楼，原为美国基督教浸礼会牧师马里德、郭怀义住宅，后为镇江英国领事馆正、副领事及其眷属的住所。1948年曾作浸信会圣经学院。现为镇江博物馆办公楼（图P-3-1-2-3）。

图P-3-1-2-2 英国领事馆正、副领事官邸旧址（牧师楼，现镇江博物馆办公楼）旧貌（1）

图P-3-1-2-3 英国领事馆正、副领事官邸旧址（牧师楼，现镇江博物馆办公楼）旧貌（2）

3．遗存状况。英国领事馆正、副领事官邸旧址虽历经百年，但保存相对完好，主体结构完整稳固。楼内大小房间各为15间，保存完整，风貌依旧。该建筑造型独特，外形精美，青红黏土砖间隔，清水砌筑，凹凸墙面，色彩对比明显，有青（砖）、红（砖）、白（窗）、黑（屋面）等颜色。

二、主要修缮技术方案

该楼分别为英式三层三间砖木结构的建筑，屋面为西式四坡水，设有东、西、南三面气窗（相当于中式俗称的老虎窗），铺黑灰色瓦楞铝板，四面出飞沿，沿口下设木板面层小天花。外正立面，东西立面中间墙对称，斜面向前凸

图P-3-1-2-4 英国领事馆正、副领事官邸窗户形式细节

出，三面设窗，青砖清水砖砌墙面，红砖三皮，带造形砌造，红砖线条勒脚。

东立面外墙进深第二间，向外对称，斜面凸出，三面设窗，底层三皮清水红砖，做磨砖线勒脚。每层木窗的窗台为花岗岩整石板，窗台下设对称红砖造形（图P-3-1-2-4），平窗台设三皮清水红砖腰线；窗顶一层为平券，立砌红砖（240）窗券；二、三层为弧券；两层楼面，外墙设三皮清水红砖造形出飞线条，再出飞1/4丁头红砖出挑，两层楼面上外墙再向里收三皮红砖；木窗刷白色油漆。二、三层红砖窗券顶，用黏土红砖混半圆出清水青砖墙面；在二皮青砖清水上，再设三道红砖磨线条，上面再压顶红砖、出飞1/2砖长；弧形窗券券脚连接红砖四皮扁砌腰线，使整幢建筑四周外立面，形成青砖清水墙面上多道层数、形状不同的红砖清水通线条及青红相间的墙面色块，与白色门窗形成鲜明的对比。东南拐脚处，一层、二层设青砖清水砖柱，柱脚、柱顶，三层扁砌红砖磨孤圆形线条收口。东南两面通长窗，窗侧设白色罗马柱（多立克柱式），四方白柱座收孤形线到柱身，雕花四方柱头。

东楼设护坡台阶，其南沿与西楼平（图P-3-1-2-5）。两楼正立面前设小型花园广场（图P-3-1-2-6）。

外墙防水修缮技术同前节原英领事馆修缮技术。

图P-3-1-2-5 英国领事馆领事东楼南立面及护坡台阶

图P-3-1-2-6 英国领事馆与领事官邸及小型花园广场

三、建筑物修缮责任表

建筑物修缮单位：镇江博物馆

项目负责人：王永明 杨正宏

测绘、修缮设计单位：国文科保（北京）新材料科技开发公司

设计负责人：朱一青

监理单位：河北木石古代建筑设计有限公司

总监理工程师：赵珠

施工单位：杭州文物建筑工程有限公司

项目经理：李建东

施工时间：2014.3—2014.6

四、施工图

如图D-3-1-2-1 ～ 图D-3-1-2-16所示。

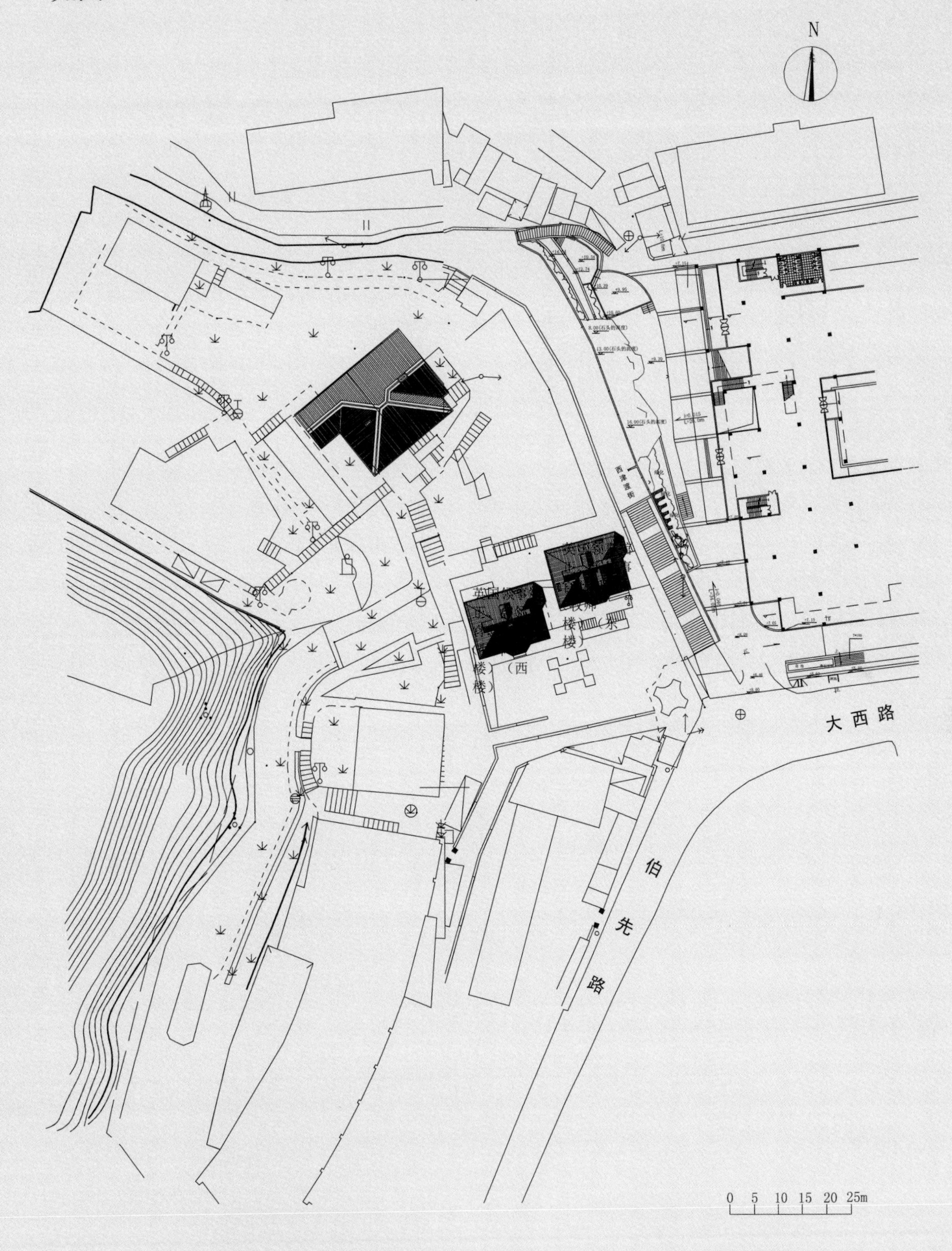

图D-3-1-2-1英国领事馆正、副领事官邸旧址（牧师楼）总平面图

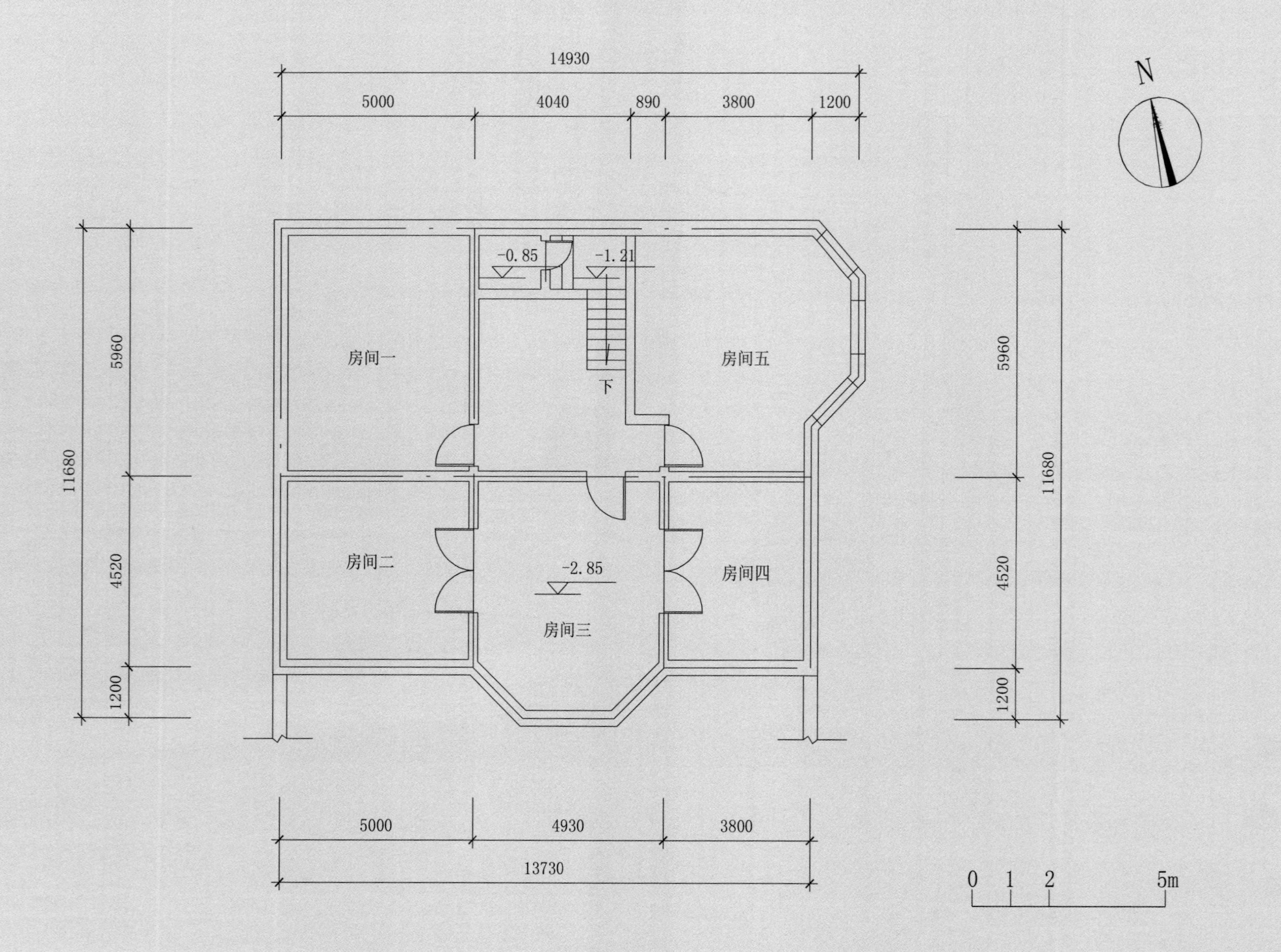

图D-3-1-2-2 英国领事馆正、副领事官邸旧址（牧师楼）（东楼）一层平面图

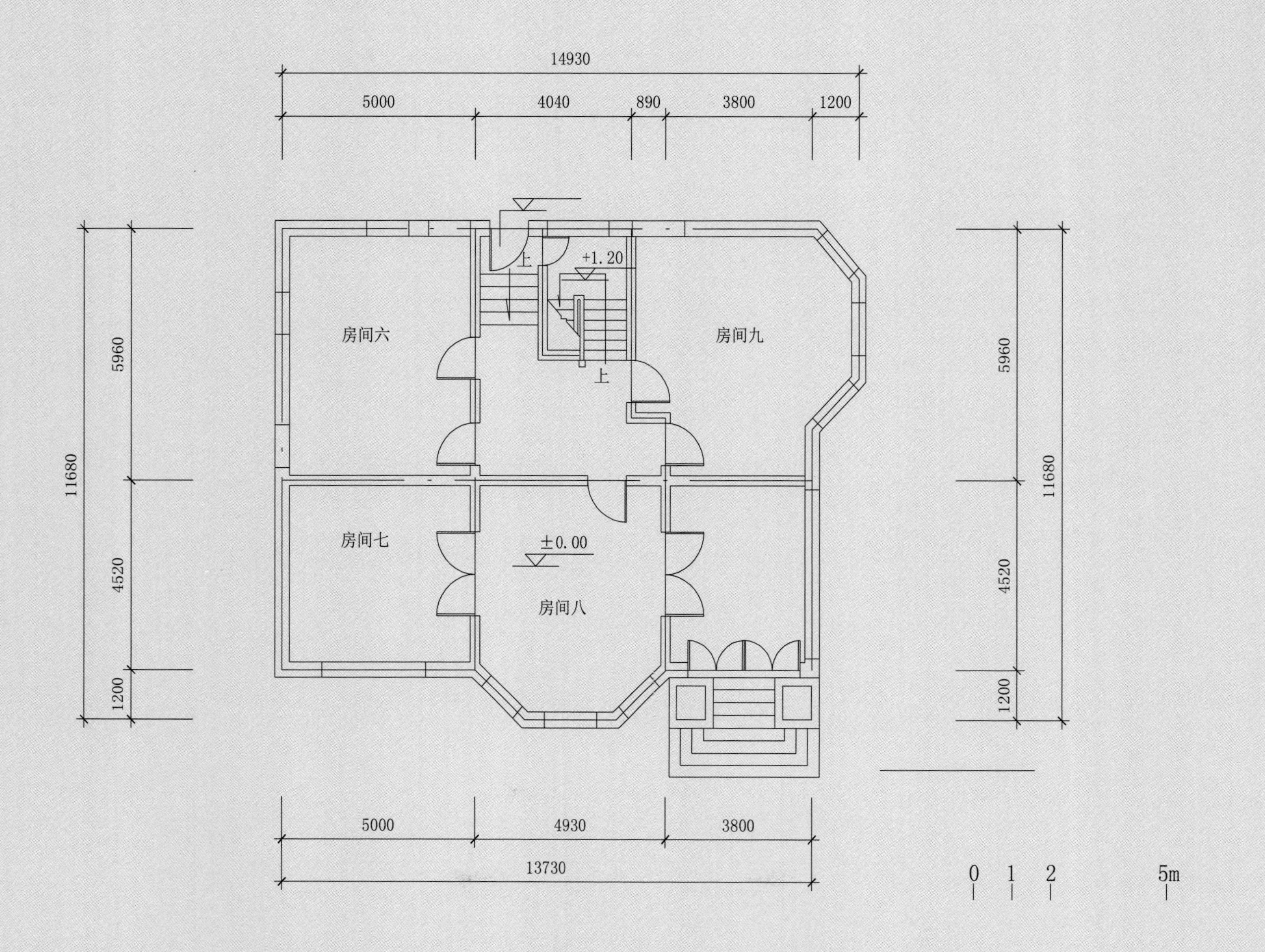

图D-3-1-2-3 英国领事馆正、副领事官邸旧址（牧师楼）（东楼）二层平面图

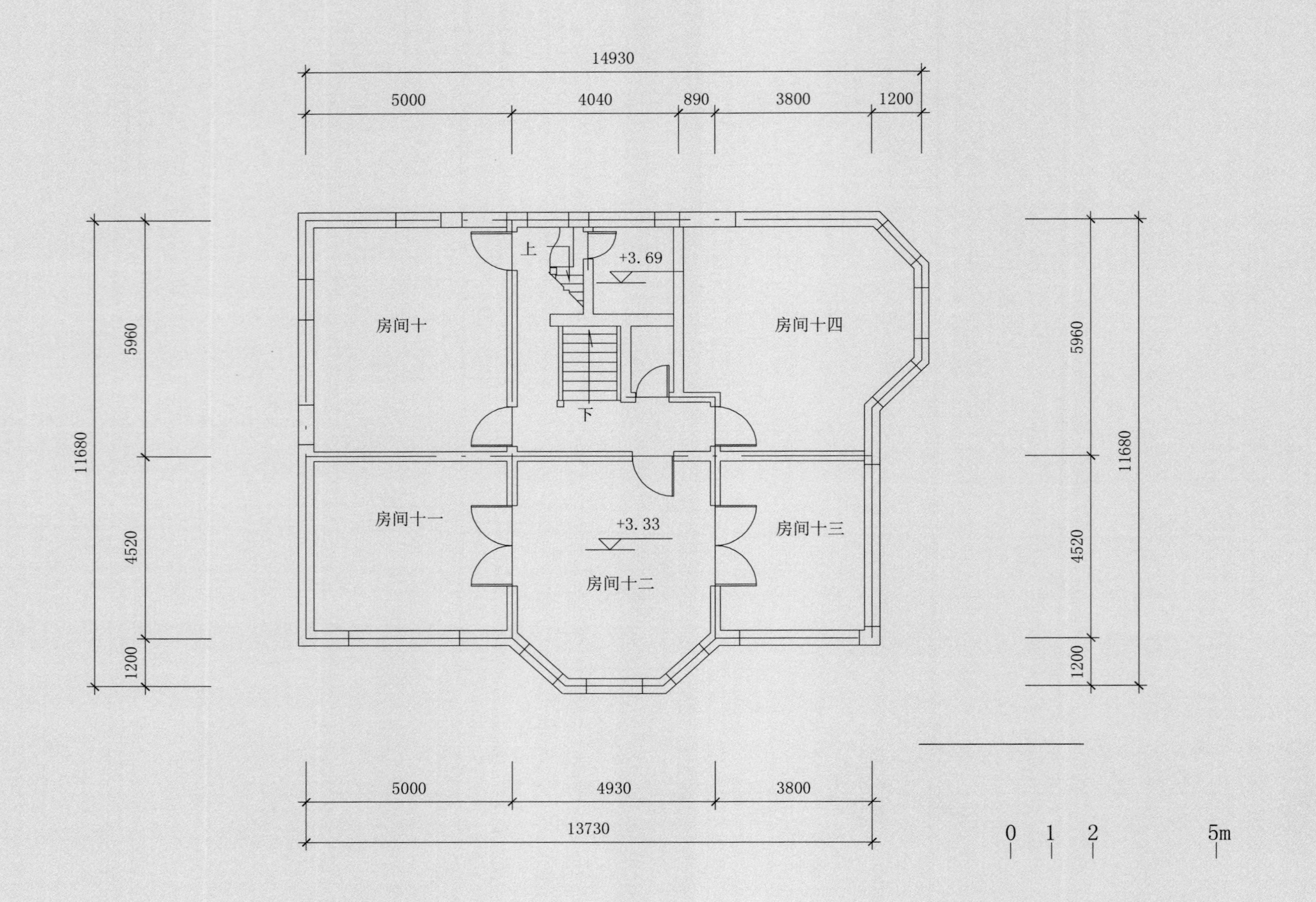

图D-3-1-2-4 英国领事馆正、副领事官邸旧址（牧师楼）（东楼）三层平面图

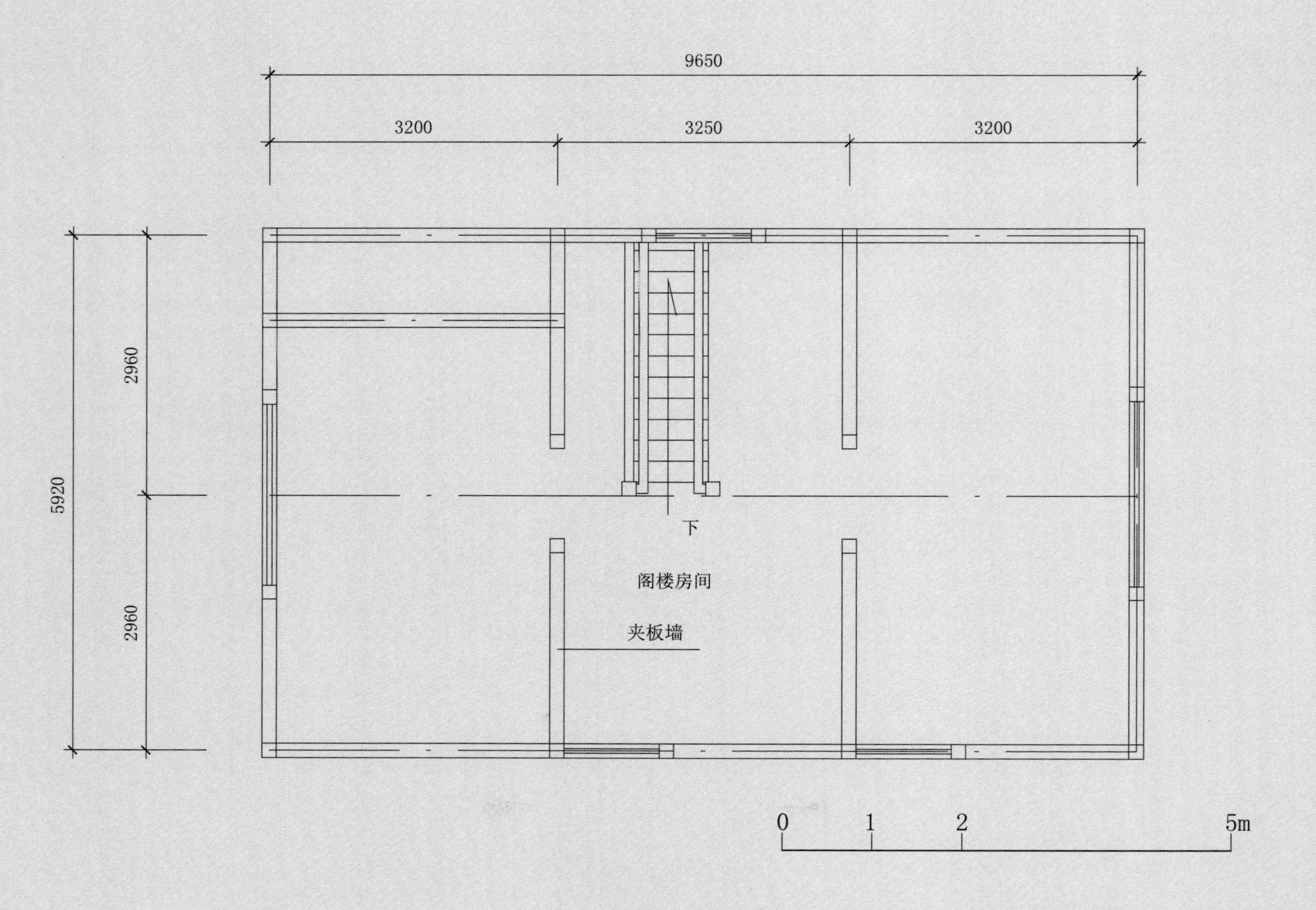

图D-3-1-2-5 英国领事馆正、副领事官邸旧址（牧师楼）（东楼）阁楼平面图

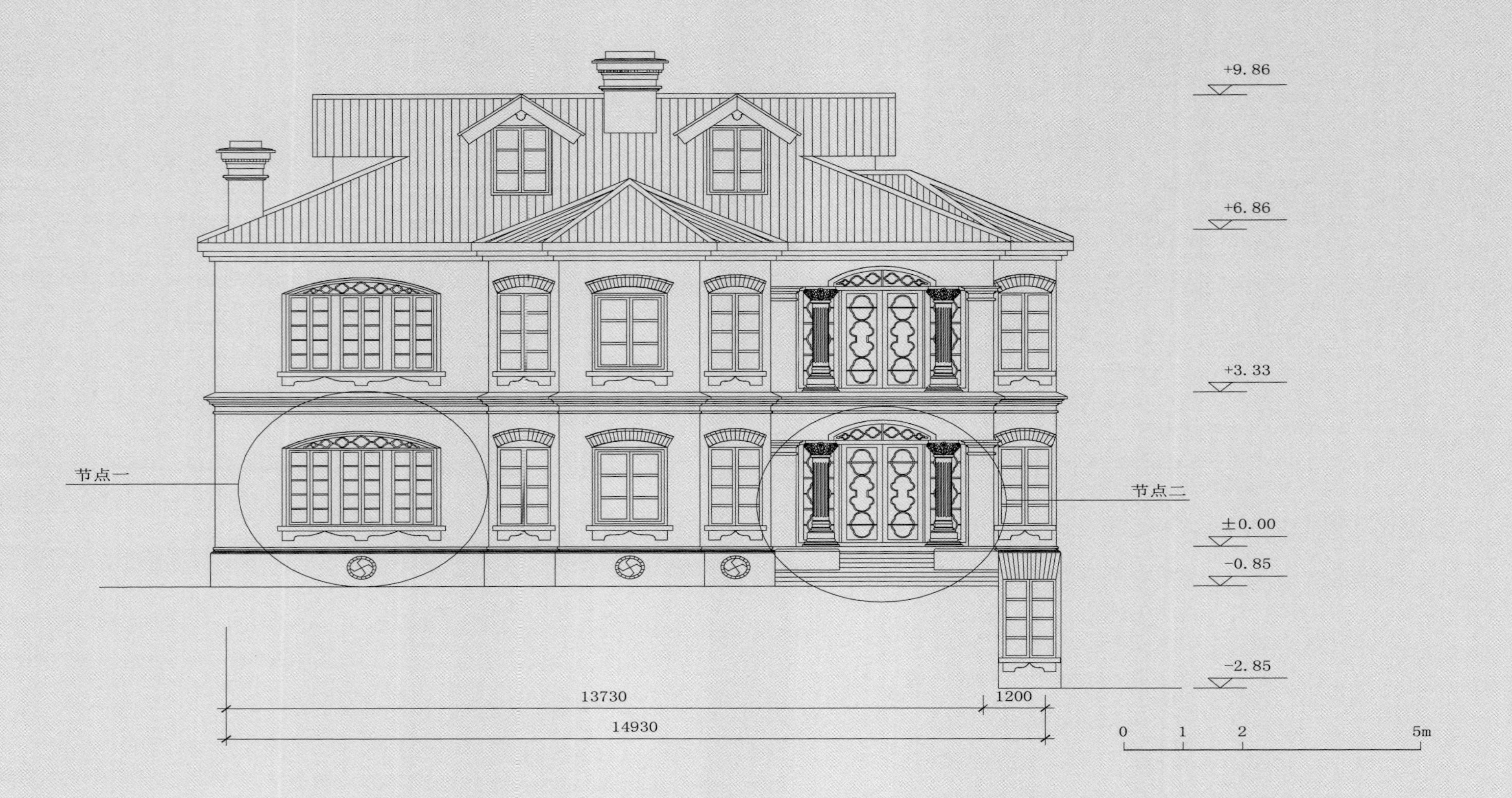

图D-3-1-2-6 英国领事馆正、副领事官邸旧址（牧师楼）（东楼）南立面图

图D-3-1-2-7 英国领事馆正、副领事官邸旧址（牧师楼）（东楼）北立面图

图D-3-1-2-8 英国领事馆正、副领事官邸旧址（牧师楼）（东楼）西立面图

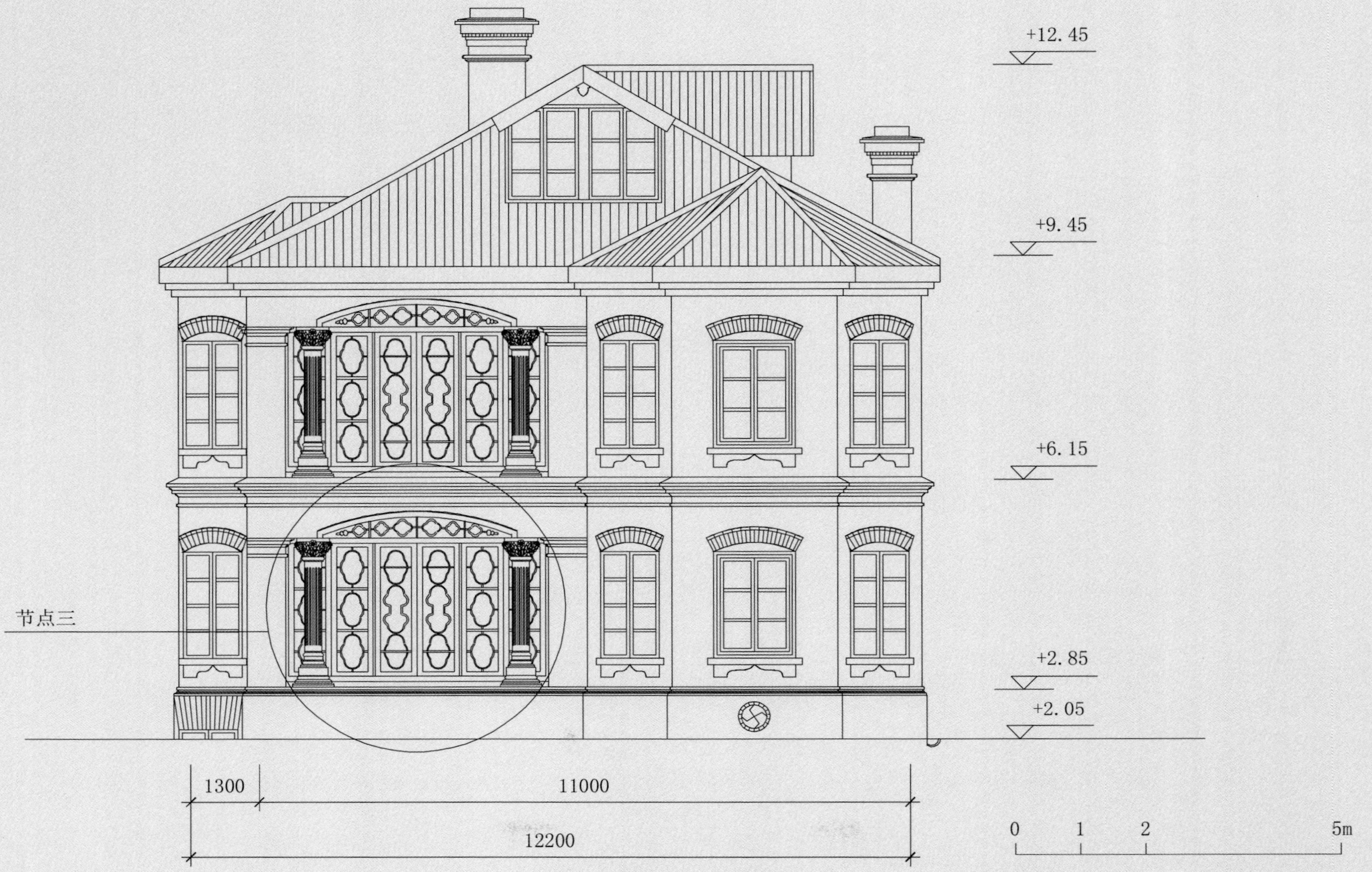

图D-3-1-2-9 英国领事馆正、副领事官邸旧址（牧师楼）（东楼）东立面图

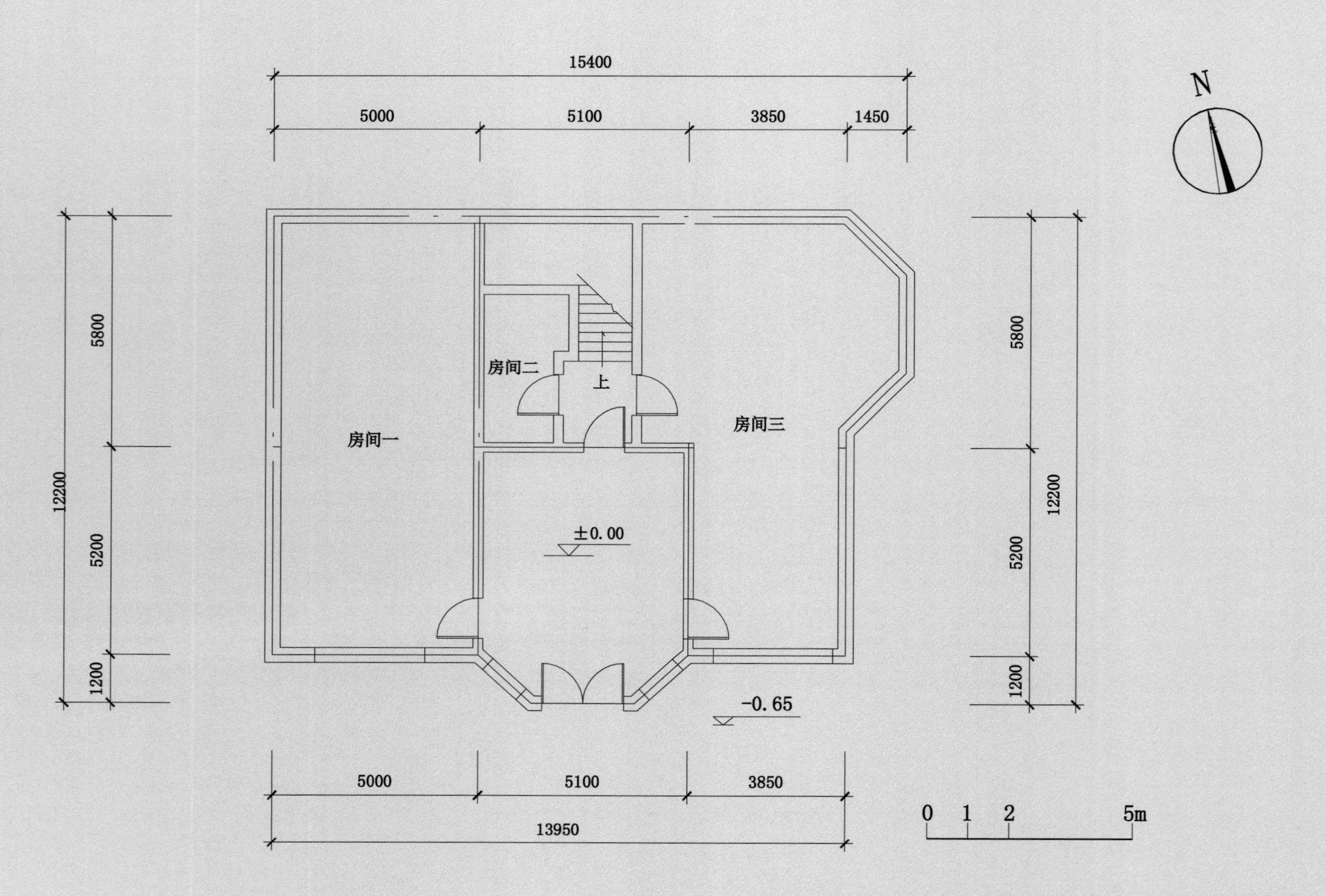

图D-3-1-2-10 英国领事馆正、副领事官邸旧址（牧师楼）（西楼）一层平面图

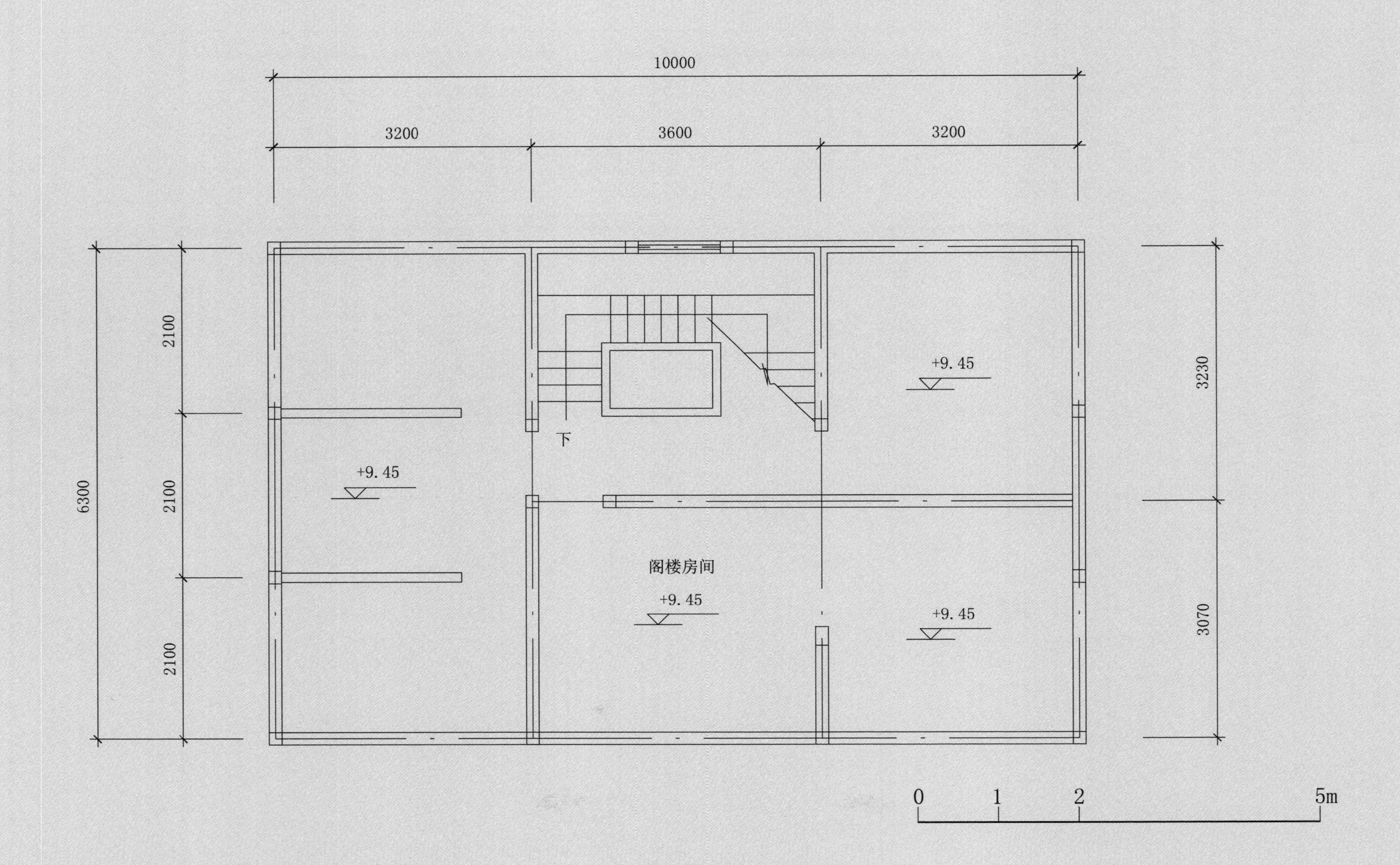

图D-3-1-2-11 英国领事馆正、副领事官邸旧址（牧师楼）（西楼）阁楼平面图

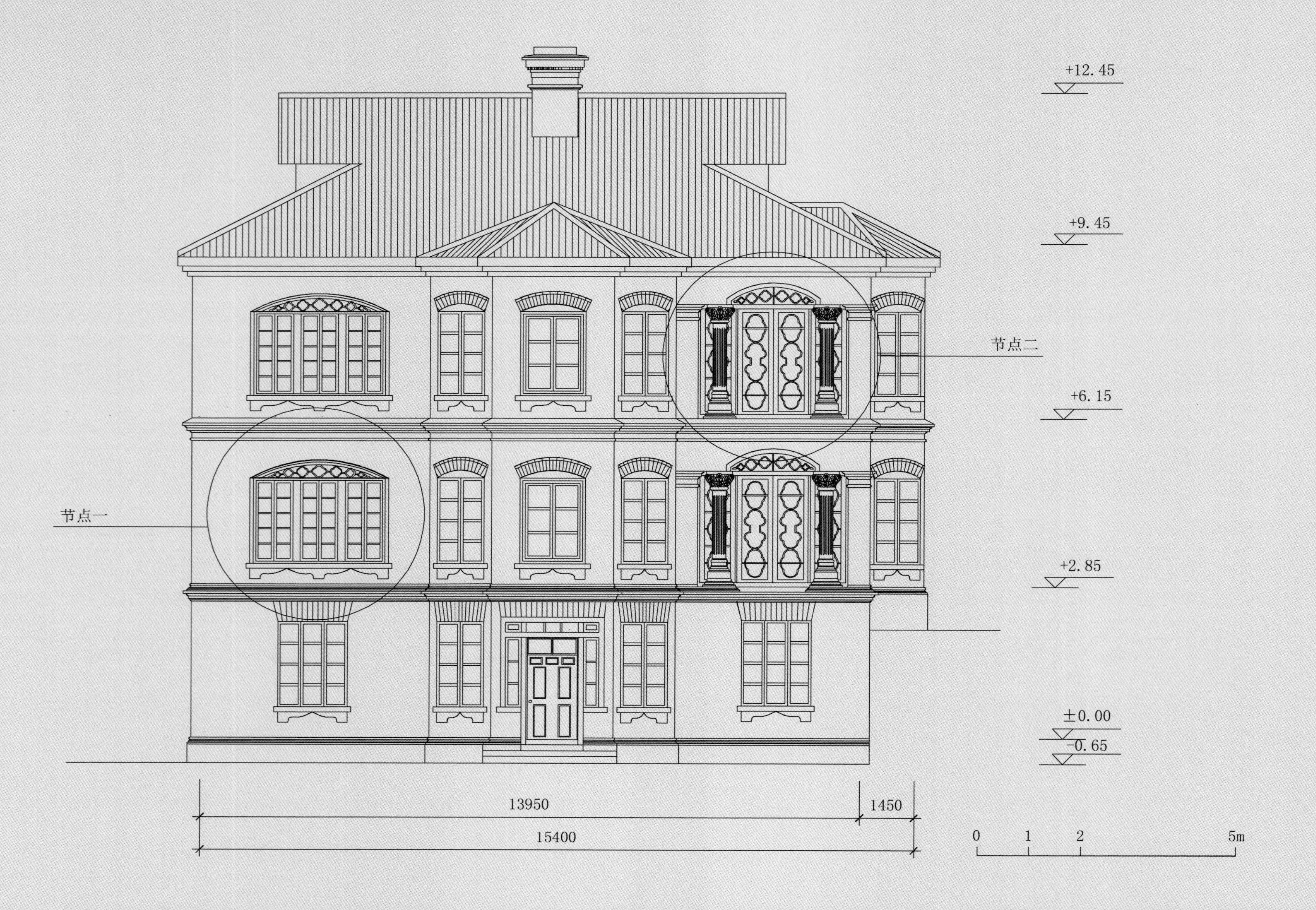

图D-3-1-2-12 英国领事馆正、副领事官邸旧址（牧师楼）（西楼）南立面图

图D-3-1-2-13 英国领事馆正、副领事官邸旧址（牧师楼）（西楼）北立面图

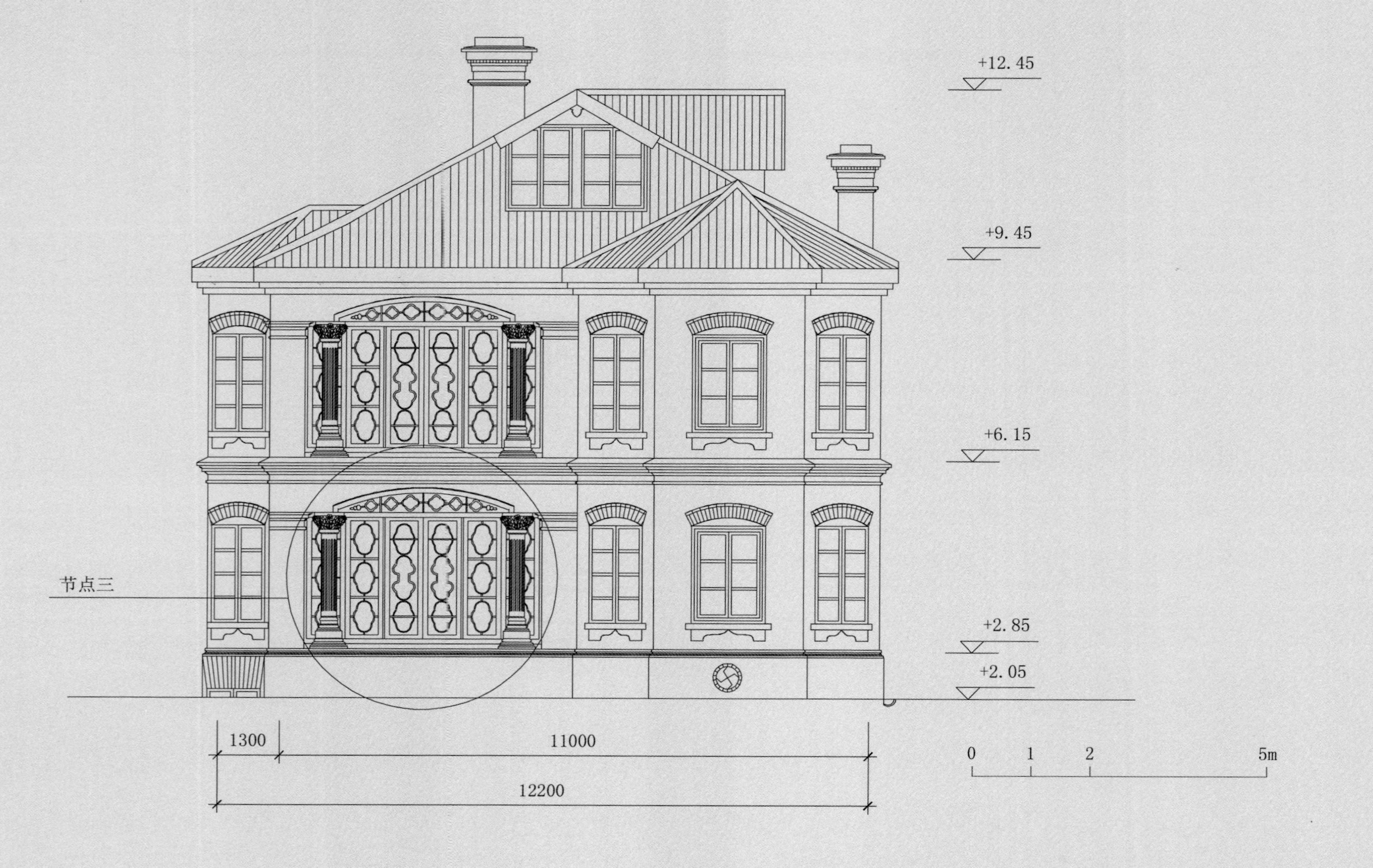

图D-3-1-2-14 英国领事馆正、副领事官邸旧址（牧师楼）（西楼）东立面图

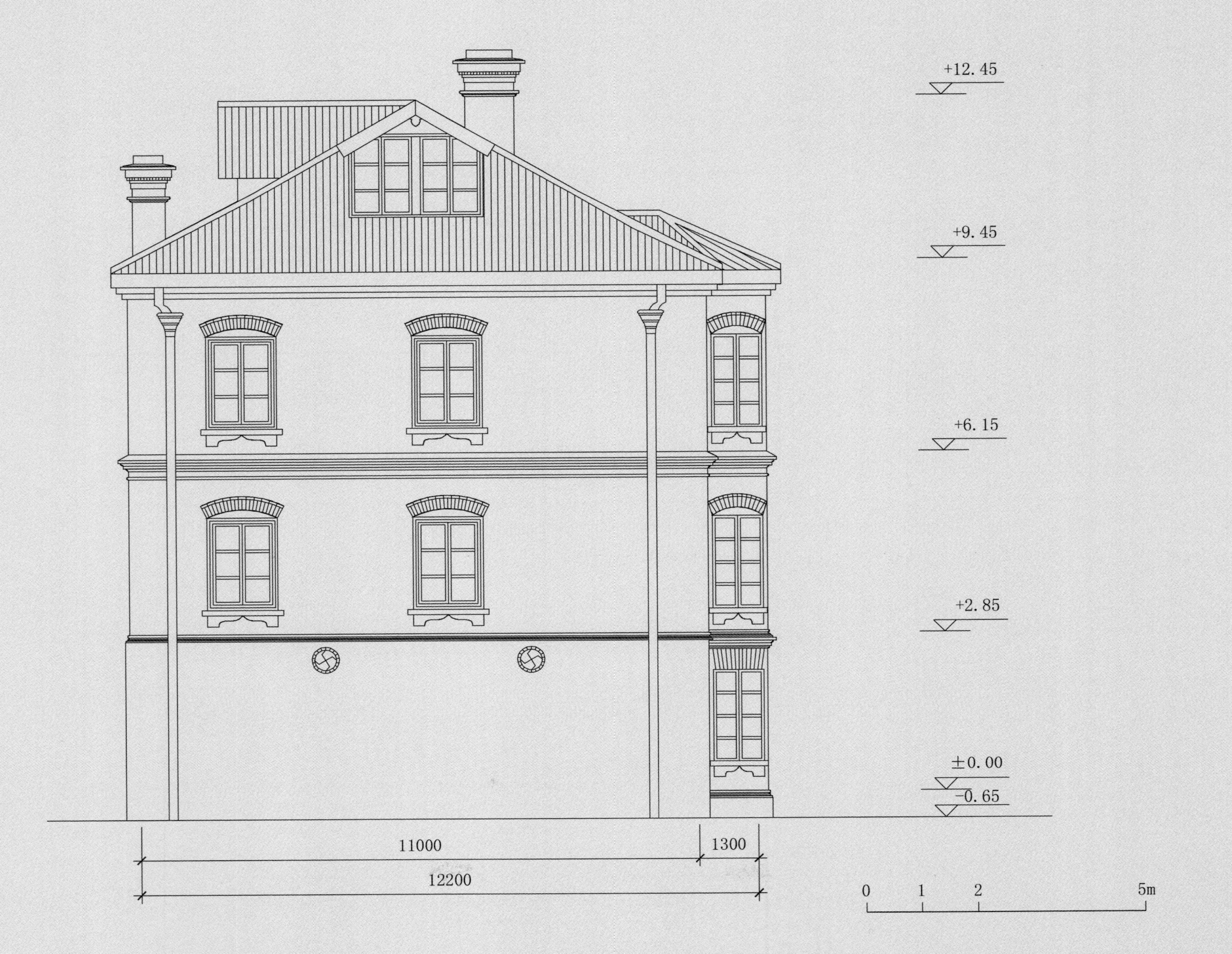

图D-3-1-2-15 英国领事馆正、副领事官邸旧址（牧师楼）（西楼）西立面

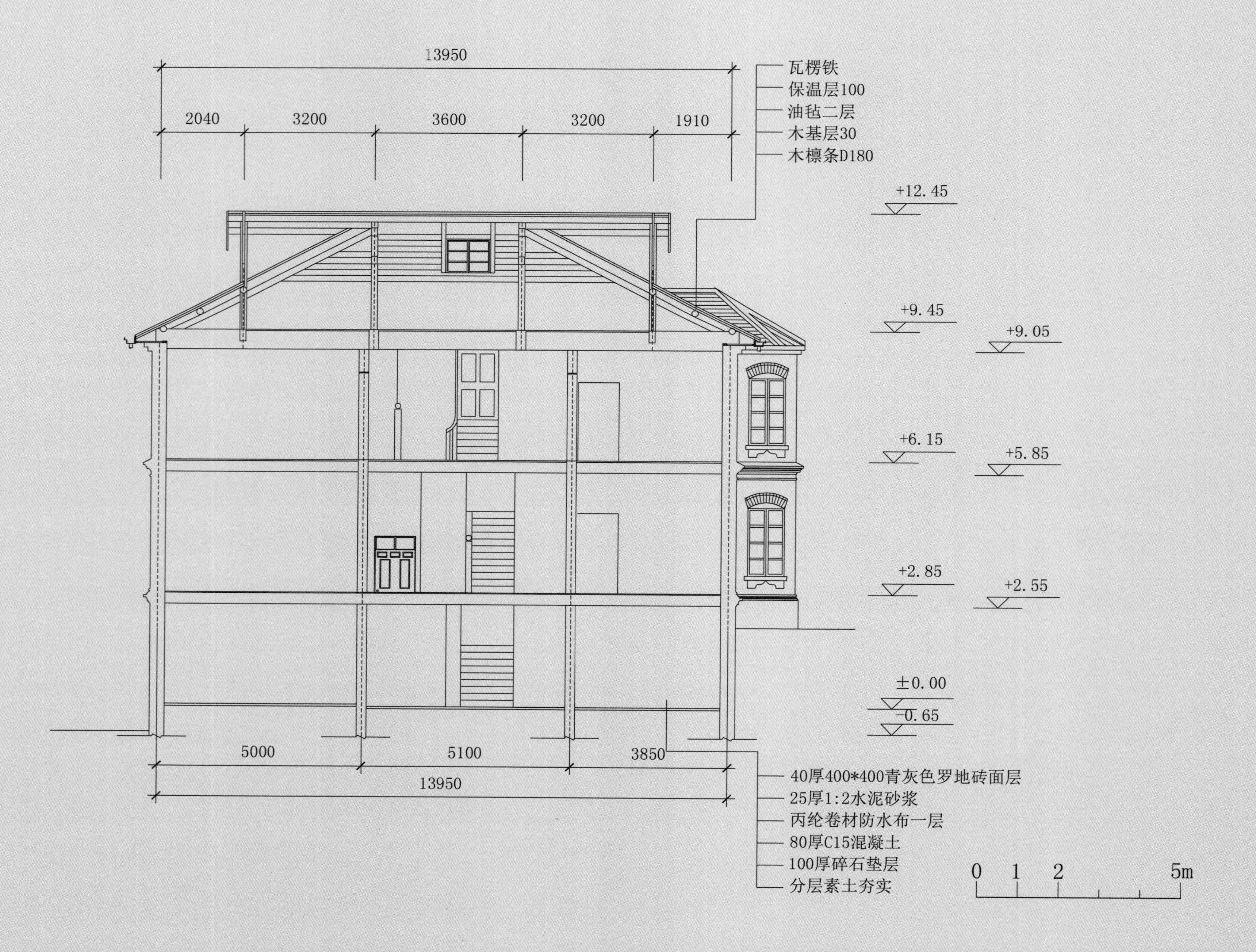

图D-3-1-2-16 英国领事馆正、副领事官邸旧址（牧师楼）（西楼）剖面图

第三节 美国领事馆旧址（5号楼）

一、概况

1. 建筑形态。美国领事馆旧址位于云台山东麓英租界内，东北侧紧邻英领事馆，北邻牧师楼，原为浑水墙面的西式两层建筑。总占地面积400m²，长17.4m、宽16.5m、高12.1m，总建筑面积574m²（图P-3-1-3-1）。

图P-3-1-3-1 镇江美国领事馆旧址

图P-3-1-3-2 镇江美国领事馆旧址（修缮前）

图P-3-1-3-3 镇江美国领事馆修缮后欧式花岗岩饰面挡土墙面

2．历史沿革。原美国领事馆建于清同治五年（1866年），后因辖芜湖、金陵及镇江等埠的通商交涉事务，于清光绪二十六年（1900年）迁往江宁。在镇办公历时34年。该建筑曾2006年改作镇江市革命博物馆，2008年8月31日改为镇江博物馆（图P-3-1-3-2）。

3．遗存状况。美国领事馆旧址虽历经百年，但保存相对完好，主体结构完整稳固。该建筑坐落在云台山半山腰，为两层砖木结构，一层有欧式花岗岩饰面挡土墙面（图P-3-1-3-3）。

两层建筑东、南两面，砖台基样式，凸出外墙面，红砖清水浆砌砖台基，下凸出半砖，平砌三皮红砖，再砌二皮红砖起半圆弧线收口，青砖清水砌十八皮台基样，上口同台基下方三皮红砖形式，造型出挑。上正身青砖清水砖，向内退半砖砌筑。

二、主要修缮技术

2005年，中国文物研究所主持设计，对该建筑进行了修缮，修缮等级为中修。外墙面部分因原墙体损毁严重，无法修复，采用了黏土青砖、红砖贴面进行

图P-3-1-3-4 镇江美国领事馆旧址前台阶

维修。该建筑一层有欧式花岗岩饰面挡土墙面，东南正立面平台下，设有花岗岩造型的石宝瓶式基台，柱基为整石爱奥尼亚柱式，设有弧形石柱基座，石柱身带退拔，柱身刻有凹槽，这些凹槽比多立克柱式的凹槽更深，凹槽之间是狭窄扁平的棱条。石柱顶为涡旋形饰（也叫螺旋饰），是装饰在爱奥尼亚式柱头上的装饰物，涡旋形饰中心部分的环形称之为眼。柱头顶三伏线（二道平面一道弧线），石柱之间上设半圆券，三道线起边，券边石样上刻六角凸起对称花饰，石柱边石门口两侧设花岗岩石附样柱，至平台下方凸起石线条，三道收顶边。罗马石柱边门洞上方石样面，凸起两道弧线脚对称方框，内设三层叠起多圆花石刻饰面（图P-3-1-3-4）。

该建筑东、南两面，砖台基样式，凸出外样面，红砖清水浆砌砖

图P-3-1-3-5 窗户建筑细节

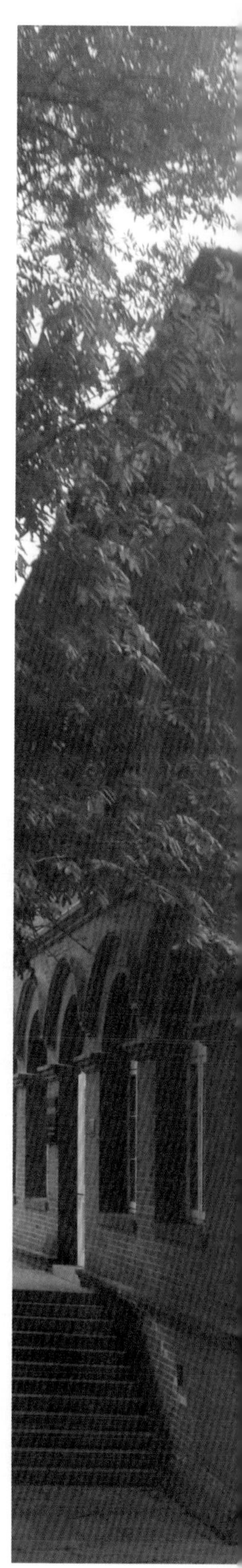

图P-3-1-3-6 镇江美国领事馆北立面

台基，下凸出半砖，平砌三皮红砖，再砌二皮红砖起半圆弧线收口，青砖清水砌十八皮台基样，上口同台基下方三皮红砖形式，造型出挑。上正身青砖清水砖，向内退半砖砌筑（图P-3-1-3-5）。

墙体为青砖清水砖墙，设连跨半圆卷拱形门窗，青砖清水，立砌窗台出墙面长砖。楼层分隔腰线，用三皮红砖制成弧线，凸出青砖墙面半砖，连跨窗间墙形成砖柱，砖柱顶立，设置砖半圆券顶青砖长立砌，压扁砌券伏砖一道，券边设三皮红砖，出挑半砖，三道装饰线脚，形成突出连跨半圆券。其他两面外墙为青砖清水砖墙面，长方形木门窗，青砖清水立砌窗盘，窗上口三皮红砖出挑做窗页。木门窗、木楼地楞、楼地板木层构架，木楼梯，瓦楞铝皮层面，四面坡水，出沿为木封沿封山板，木沿口小天棚，四面坡水层面用白铁皮落水管接地（图3-1-3-6）。

三、建筑修缮责任表

建筑物修缮单位：镇江博物馆

项目负责人：王永明 杨正宏

测绘、修缮设计单位：国文科保（北京）新材料科技开发公司

设计负责人：朱一青

监理单位：河北木石古代建筑设计有限公司

总监理工程师：赵珠

施工单位：杭州文物建筑工程有限公司

项目经理：李建东

施工时间：2014.3—2014.6

四．施工图

如图D–3–1–3–1 ~ 图D–3–1–3–5所示。

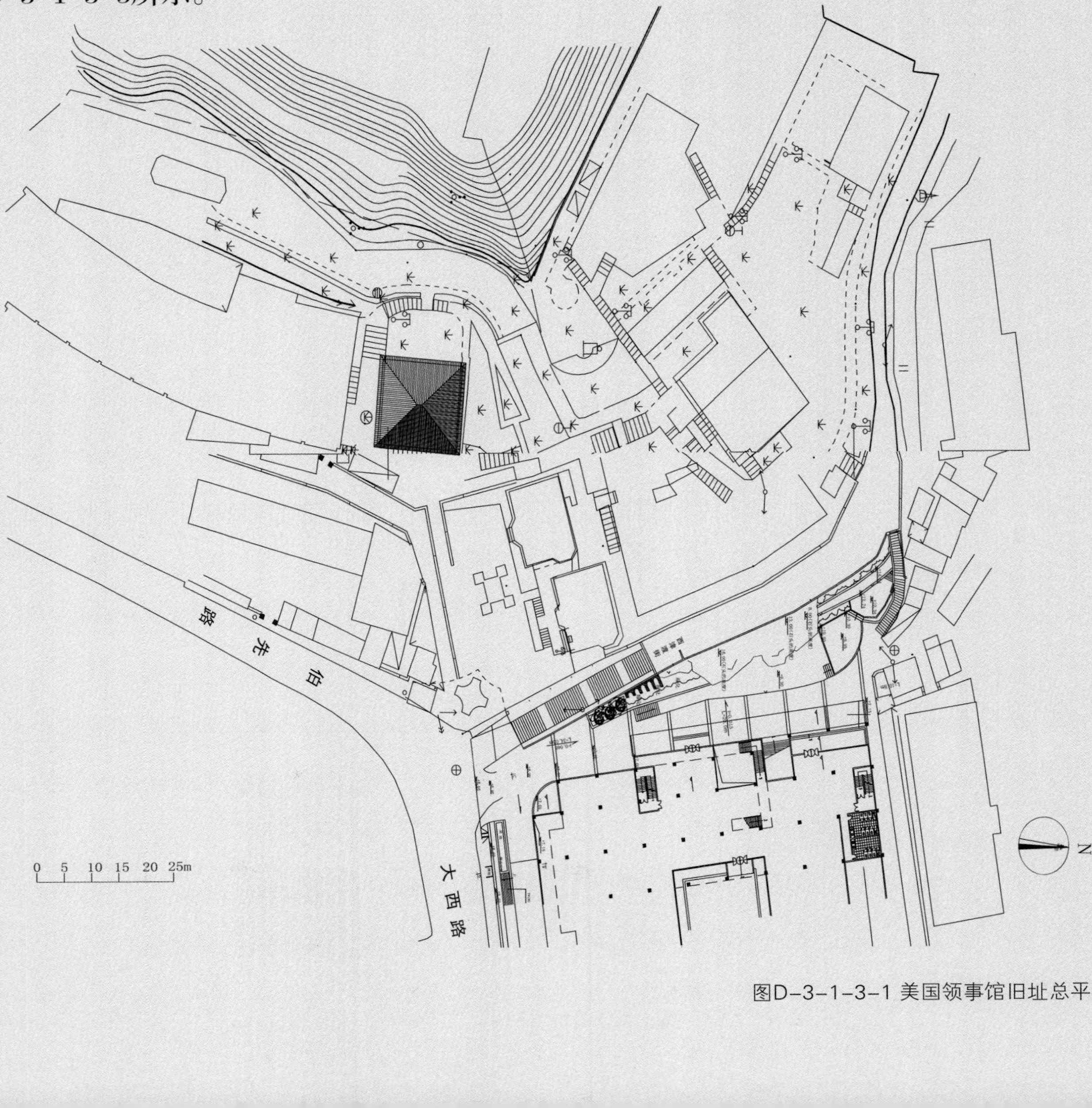

图D–3–1–3–1 美国领事馆旧址总平面图

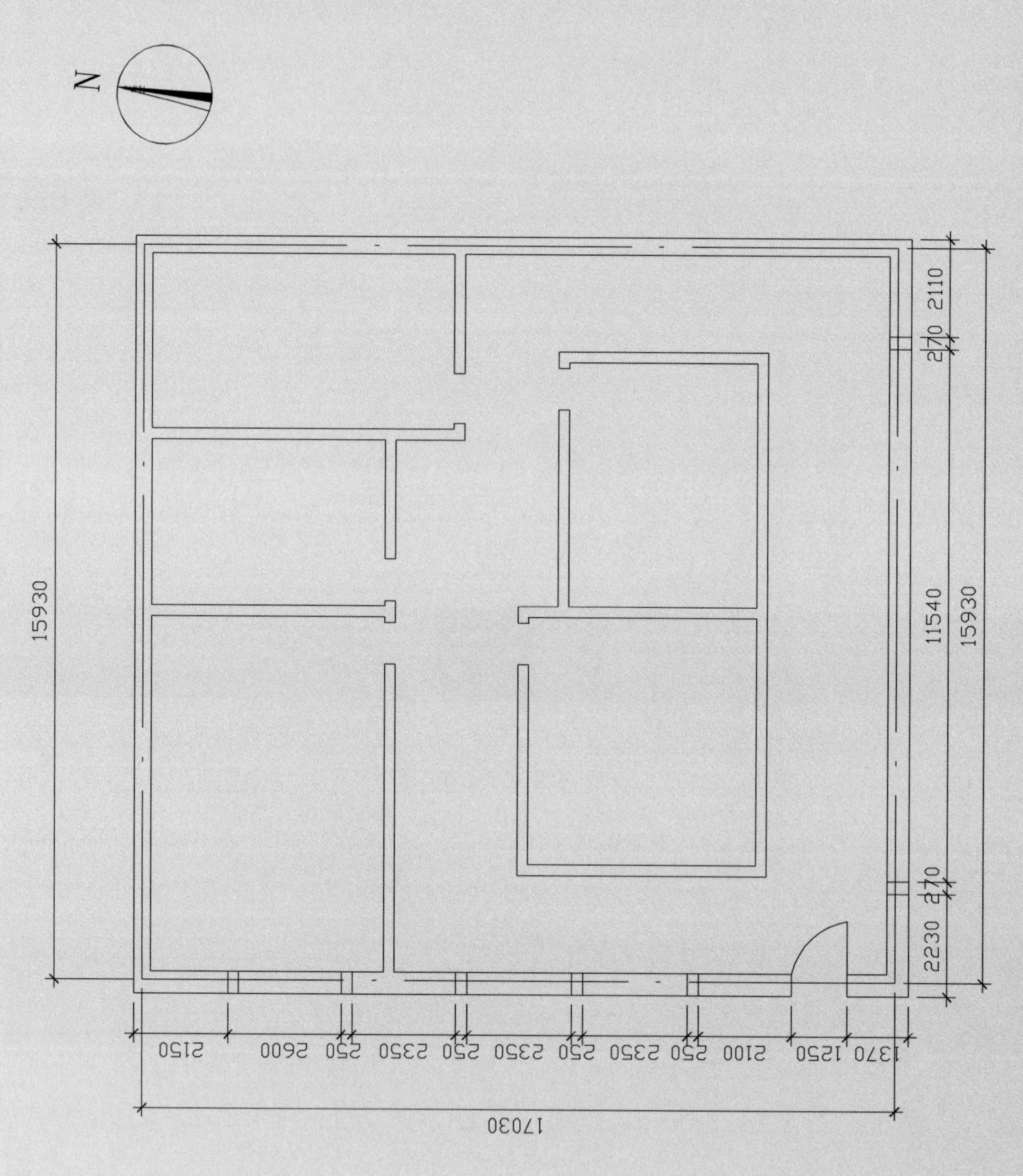

图D-3-1-3-2 美国领事馆旧址地下一层平面图

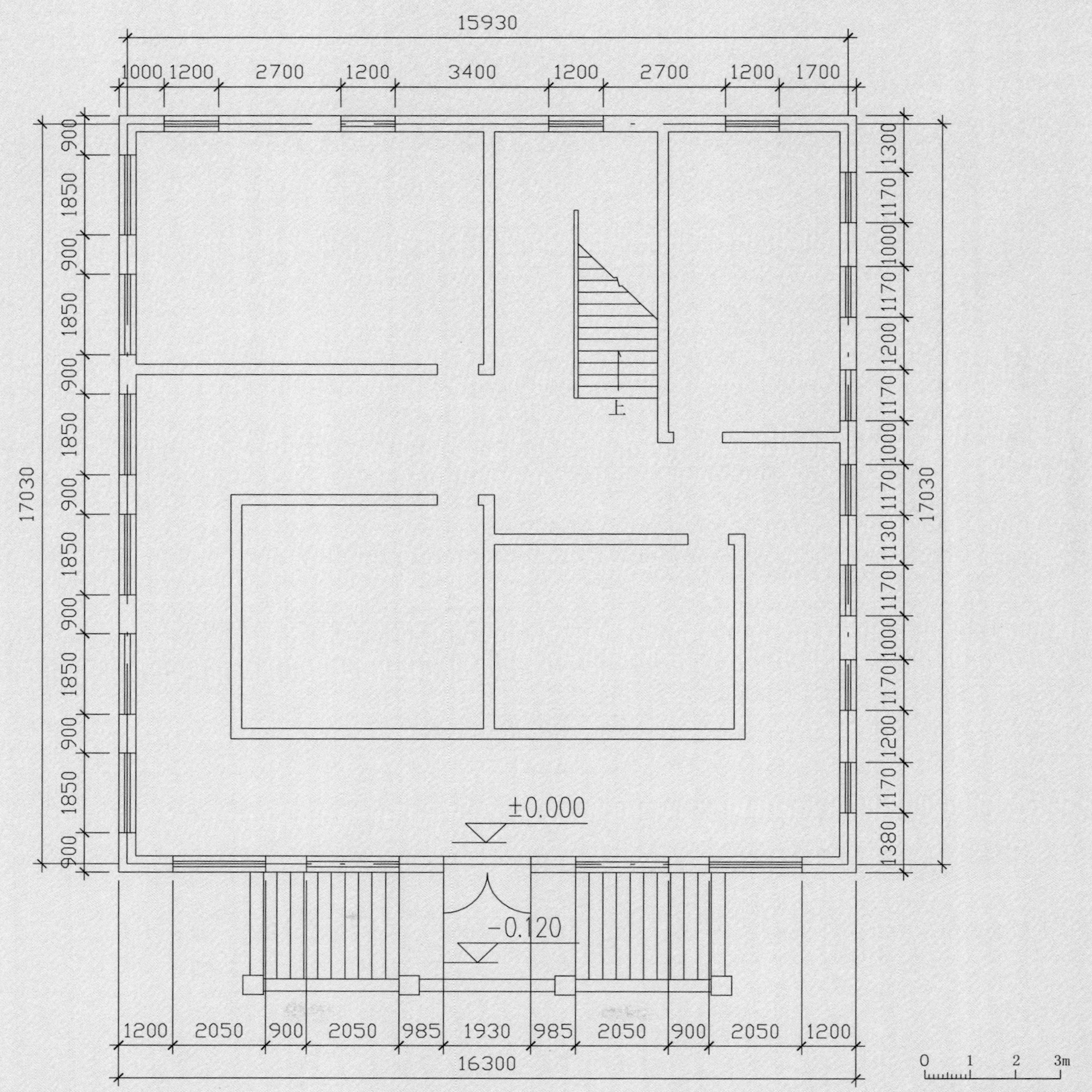

图D-3-1-3-3 美国领事馆旧址一层平面图图

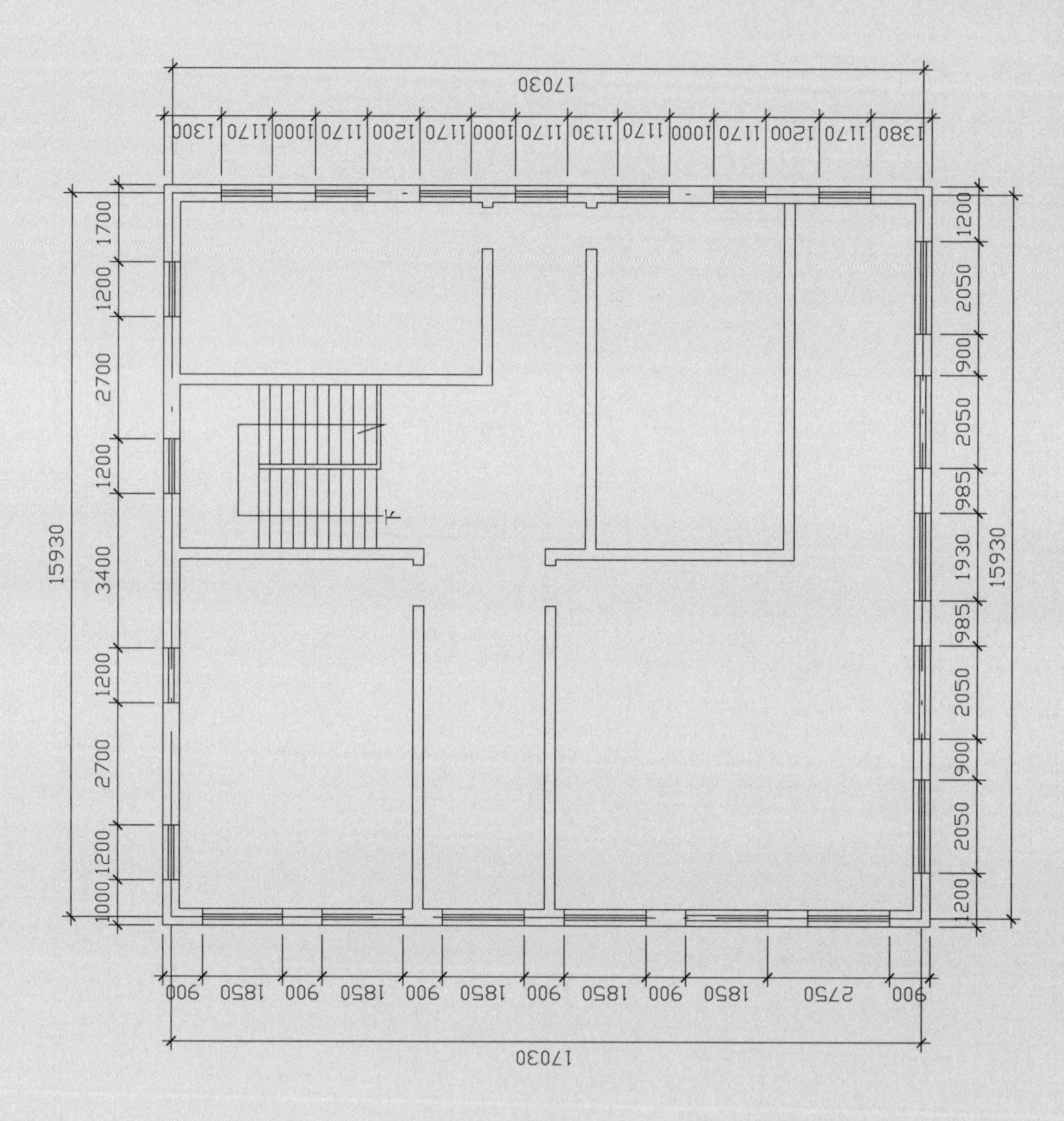

图D-3-1-3-4 美国领事馆旧址二层平面图

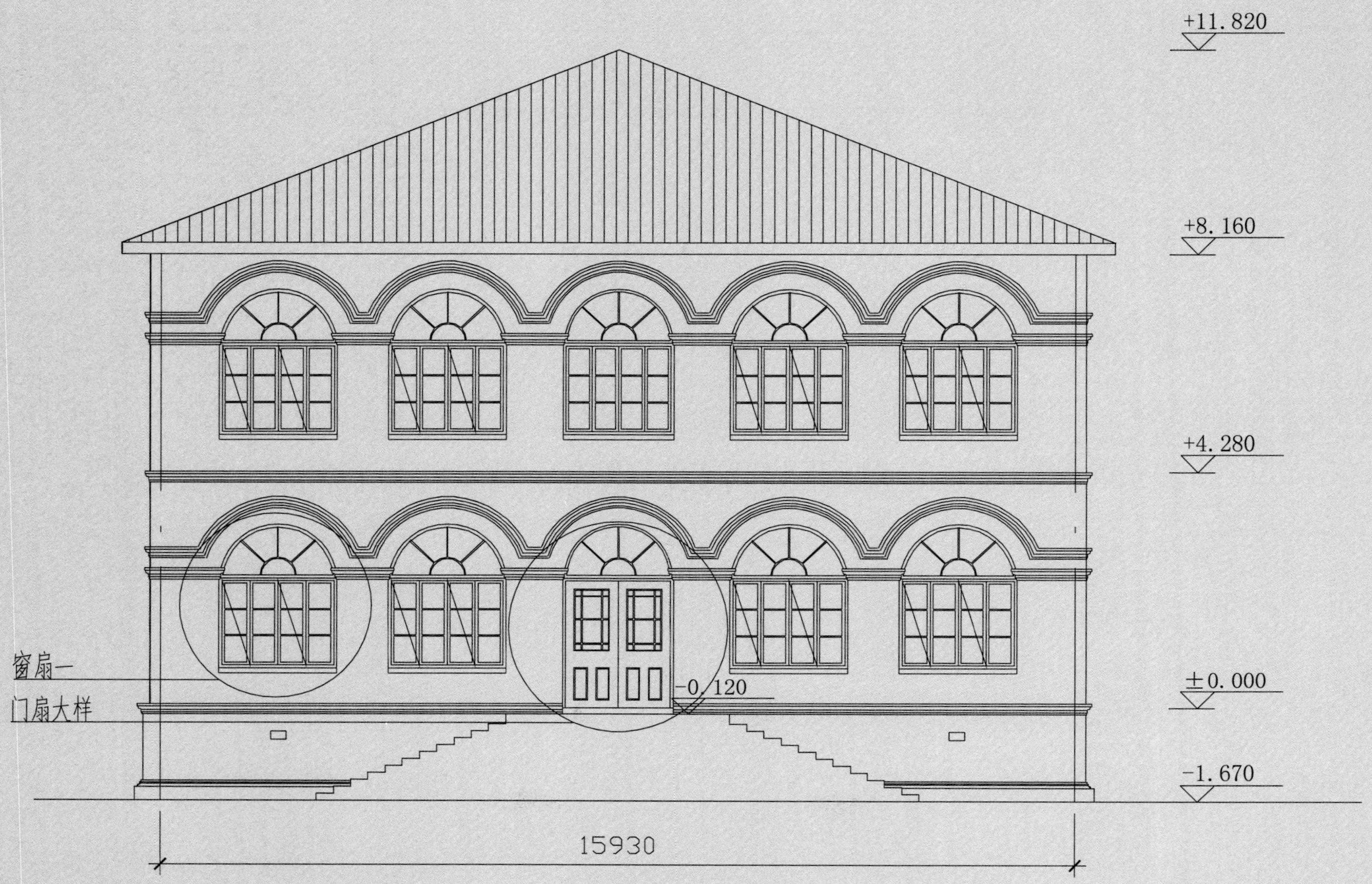

图D-3-1-3-5 美国领事馆旧址北立面图

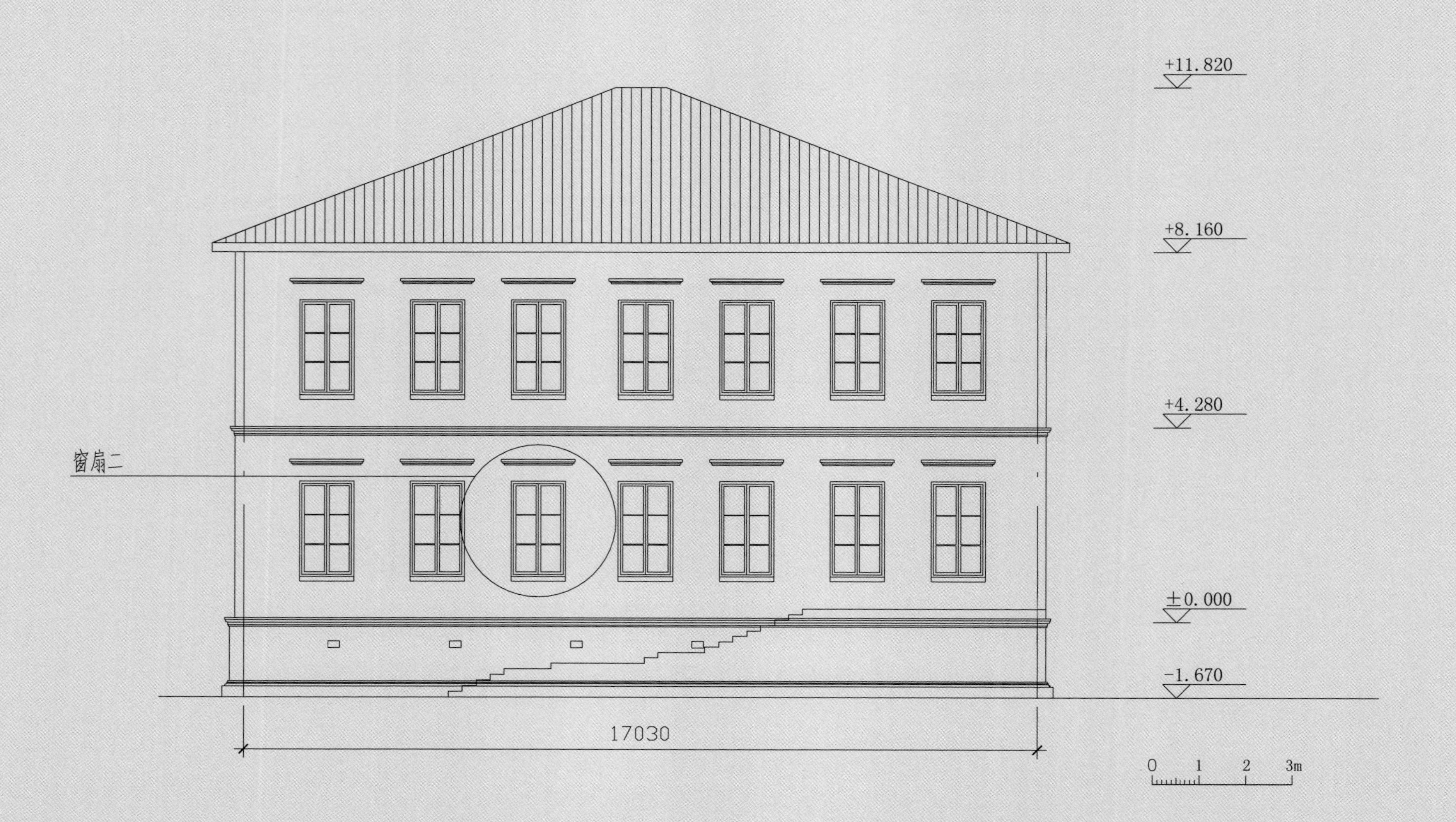

图D-3-1-3-6 美国领事馆旧址北立面图

第四节 英国领事馆附属房旧址（4号楼）

一、概况

1. 建筑形态。镇江英国领事馆附属房位于云台山东麓英领事馆内，其南邻近正、副领事官邸，北邻小码头街东端。该建筑依山而建，二层楼房，上下各有8大间，中有大厅，合计18间；建筑长19.4m、宽17.5m、高9.6m，总占地面积339m^2，总建筑面积514m^2。西式砖木结构、四坡水瓦楞铁屋面，西、北、东三面连接，形成三合院内天井。现为全国重点文物保护单位“英国领事馆旧址”重要建筑之一（图P-3-1-4-1）。

图P-3-1-4-1 镇江英国领事馆旧址附属房（南立面）

2．历史沿革。附属房原作为镇江英国领事馆职员宿舍、餐厅及娱乐用楼，也曾做过圈养马的马房。20世纪50年代后改作镇江博物馆仓库。

3．遗存状况。英国领事馆附属房旧址虽历经百年，但保存相对完好，主体结构完整稳固。东北立面楼外形为红、青砖相隔的清水两层楼房，从东北端大门上楼西南端有一三合院天井，天井东南端有一排三间厨房。

图P-3-1-4-2 镇江英国领事馆旧址附属房南立面券廊（局部）

二、主要修缮技术

该建筑东南立面部分为两层，局部一层，均设有券廊，红砖清水砌券柱勒脚，青砖清水黏土砖砌孤形券，三层红砖短方向立砌廊券，首道内券砖分三层，为红砖线条造型，廊券上两层皮青砖，墙体上设两层红砖弧圆形出飞线条，五层砖厚，平砌弧圆形挑红砖间隔花，钢筋混凝土出挑沿板，南立面廊券混凝土地伏

图P-3-1-4-3 镇江英国领事馆旧址附属房（东北立面）

压口，琉璃宝瓶栏杆，上为钢筋混凝土压顶座槛（图P-3-1-4-2）。西、北、东三面连接，形成三合院内天井；东北立面（图P-3-1-4-3）为西式两层，设有大长方形窗，其中一层呈内外双扇开合，内为玻璃窗；外为白色木质百叶窗。一层东起第四间设有大门（图P-3-1-4-4）。

图P-3-1-4-4 镇江英国领事馆旧址附属房（北立面局部）

北侧一层立面，由下而上，为红砖清水砌11层扁砌勒脚，内收半砖，窗下墙七层顶层混圆再收1/4砖，红砖横立砌窗台，钢筋混凝土窗台，厚1/2砖，底层（相当于地下室）木百叶窗，退外墙半砖，红砖清水墙窗头弧形券，窗顶锯齿1/4出挑，现出挑1/4红砖尺弧线条，外墙再出2cm，形成窗头三道直线，一道半圆尺弧线，一道锯齿矩形线条。上浇钢筋混凝土，出飞挑1/4砖，再出挑1/4砖，钢筋混凝土尺弧形，上下收进1.5cm（俗称二指线）线条（图P–3–1–4–5）。

两层北侧为青砖清水砖墙，钢筋混凝土窗台盘，窗下、墙中、窗台水平方向，均夹砌二皮红砖，扁砌退线条，红砖清水双层立砌窗券，墙顶红砖红条造型和南立面及其他立面相同（图P–3–1–4–6）。该建筑造形采用当时先进的建筑材料钢筋混凝土。

建筑外墙清洗防水及增修技术详见本章第一节英国领事馆墙体修缮技术介绍。

图P–3–1–4–5 镇江英国领事馆旧址附属房（北立面一层局部）

图P-3-1-4-6 镇江英国领事馆旧址附属房（北立面二层局部）

三、建筑修缮责任表

建筑物修缮单位：镇江博物馆

项目负责人：王永明 杨正宏

测绘、修缮设计单位：国文科保（北京）新材料科技开发公司

设计负责人：朱一青

监理单位：河北木石古代建筑设计有限公司

总监理工程师：赵珠

施工单位：杭州文物建筑工程有限公司

项目经理：李建东

施工时间：2014.3—2014.6

四、施工图

如图D-3-1-4-1 ~ 图D-3-1-4-5所示。

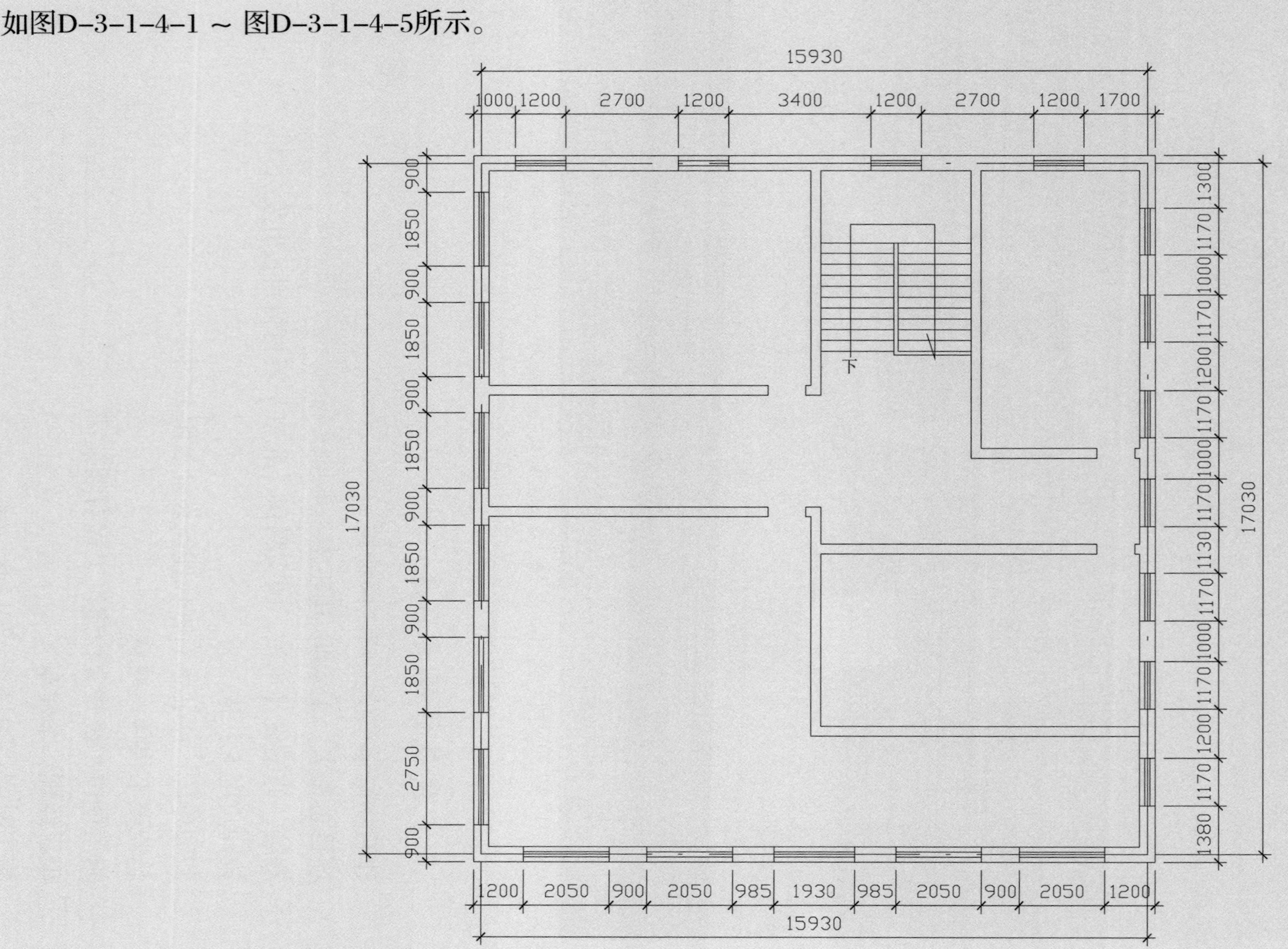

图D-3-1-4-1 英国领事馆附属房旧址一层平面图

图D-3-1-4-2 英国领事馆附属房旧址屋东面图

图D-3-1-4-3 英国领事馆附属房旧址屋南面图

图D-3-1-4-4 英国领事馆附属房旧址北立面图

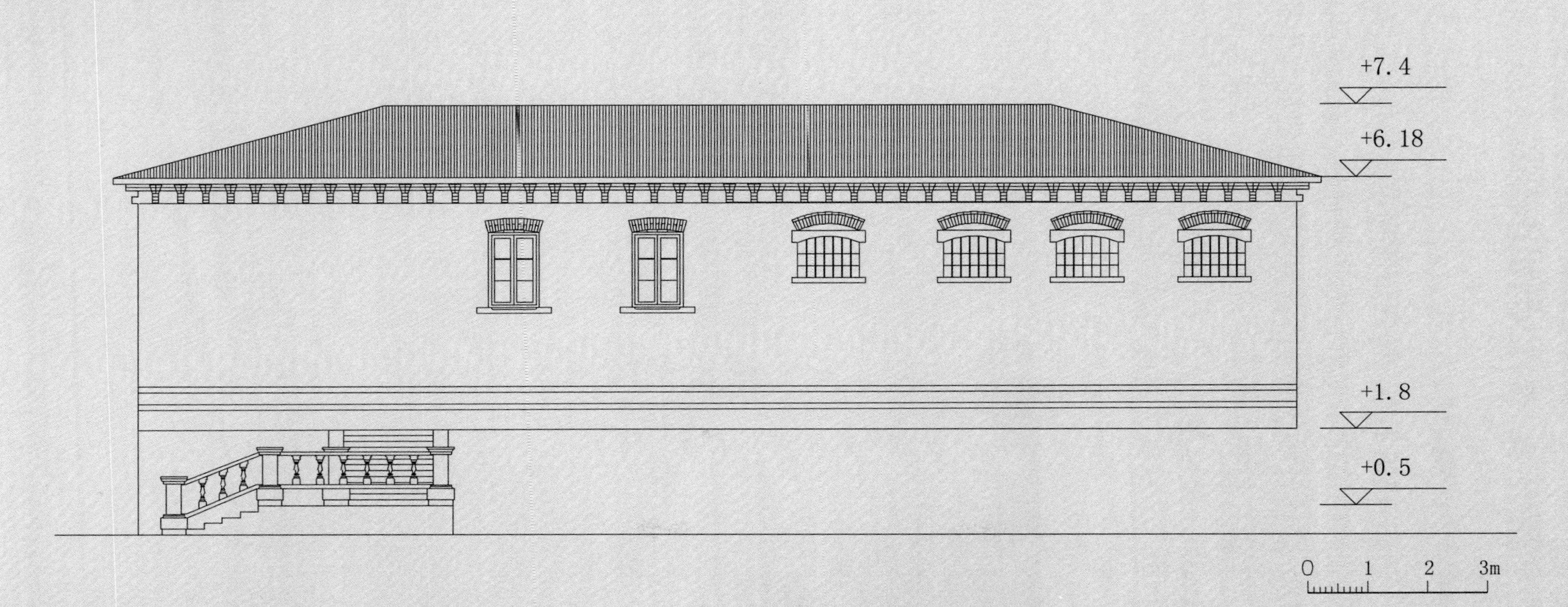

图D-3-1-4-5 英国领事馆附属房旧址西立面图

第五节 镇江博物馆新馆

一、概况

1. 建筑形态。镇江市博物馆新馆位于伯先路85号，镇江市博物馆旧馆区（英国领事馆旧址）南侧，伯先路西侧，依云台山山坡而建。主体建筑呈弧形依山而建，总体风格与博物馆原英国领事馆建筑群相和谐（图P-3-1-5-1）。

镇江博物馆新馆总占地4650m²，总建筑面积6266m²，长93.2m、宽27.8m、高19.3m；整栋建筑全部采用钢混结构、花岗岩（部分玻璃幕墙）饰面。整座建筑分三层：一层东西跨度增宽，增加了附属功能使用面积，顶楼面作为平台使用；东立面一二层中间设置楼梯门厅，通达二三楼展厅；一二楼立面仿西式券门围廊，

图P-3-1-5-1 镇江市博物馆新馆

以柱廊作为主要的立面造型，采用弧券等旧馆建筑语言，形成与旧馆的对话，色调也以灰红两色相间，但材料改为花岗岩仿砖砌块，解决耐久性问题。外墙立面也以花岗岩仿砖形式，中间饰有浮雕带状纹饰，图案选用馆藏文物青铜凤纹尊的凤纹图案（图P-3-1-5-2），体现镇江文博特色。在环境设计中以西式为主调，理性和自然互融，中式与西式互融。

图P-3-1-5-2外墙刻馆藏青铜凤纹尊的凤纹图案

2．历史沿革。该地段曾为浸信会教堂，又称浸会，是因为信徒入教受洗时须全身浸入水中而得名。浸信会是西方基督教流派之一，17世纪由英国传入美国，清同治四年（1865年）传入中国，属于美国南浸会，1885年（清光绪十一年）在此建造浸会教堂，1918年又在五条街建立润中浸会堂，并在镇江建有学校和农场。

1949年后浸信会建筑改作伯先路小学， 2003年学区调整合并后拆除。同年，时任镇江市文化局局长姚元龙主持开工建设博物馆新馆， 2005年4月29日正式竣工开馆。镇江博物馆新馆建设获得“建设部2005年部级优秀勘察设计三等奖”“江苏省建设厅2007年度第十二届优秀工程设计一等奖”（图P-3-1-

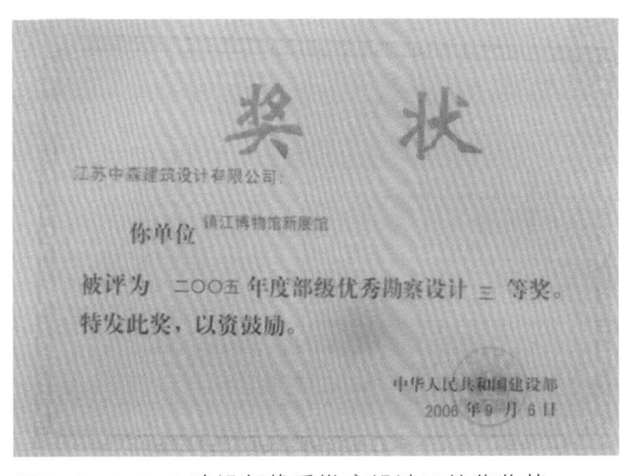

奖状

江苏中森建筑设计有限公司：

你单位 镇江博物馆新展馆

被评为 二〇〇五 年度部级优秀勘察设计 三 等奖。

特发此奖，以资鼓励。

中华人民共和国建设部

2006年9月6日

图P-3-1-5-3 建设部优秀勘察设计三等奖奖状

奖状

江苏中森建筑设计有限公司：

你单位承担的镇江博物馆项目，荣获省第十二届优秀工程设计一等奖。

图P-3-1-5-4 江苏省建设厅优秀工程设计一等奖奖状

5–3、图P–3–1–5–4）。

3．现存状况。整座建筑分三层，其中底层为旅游工艺品商场、茶社和全馆电子监控中心；二楼、三楼为展厅。二层楼面加宽部分作为集散平台使用。平台朝东迎面为两层仿西式券门围廊（图P–3–1–5–5），底层高4.5m，二层高4m，二层上口为黑色铸铁栏杆，总体风格与博物馆原有建筑相和谐（图P–3–1–5–6）。内部设施按照现代化博物馆的要求配置，安全监控报警系统、消防系统、调温调湿系统、网络系

图P–3–1–5–5 镇江市博物馆新馆二楼平台

图P-3-1-5-6 镇江市博物馆新馆正立面

图P-3-1-5-7 镇江市博物馆新馆外景（陈大经 摄）

图P-3-1-5-8 镇江市博物馆新馆外景（陈大经 摄）

图P-3-1-5-9 镇江市博物馆新馆内西侧雕塑墙（陈大经 摄）

统等均达到国内先进水平。

二、主要环境配套

在建设新馆的同时，对老馆区原英国领事馆的基础设施和环境景观也进行了整体改造（图P-3-1-5-7、图P-3-1-5-8），环境景观按19世纪英国园林风貌规划设计，改建结园、岩石园、杜鹃园、柑橘园、月季园、水剧场等。还利用治理山体滑坡的挡土墙（图P-3-1-5-9），建造了20000m^{2}的塑石假山、人工和自然结合的瀑布。

经过新馆建设和老馆改造，镇江博物馆总占地面积约20000m^2、建筑面积10600m^2。

三、建筑修缮责任表

建筑物修缮单位：镇江博物馆

项目负责人：王永明

测绘、修缮设计单位：上海戴美有限公司 江苏中森建筑设计公司

测绘、修缮设计人员：陈红 姚庆武

监理单位：镇江市建科院监理公司

监理人员：刘晓瑞

施工单位：常泰装饰有限公司 深圳装饰集团有限公司 江苏天宇建设工程公司

项目经理：何健 方胜 吴明夕

施工时间：2002.12—2005.4

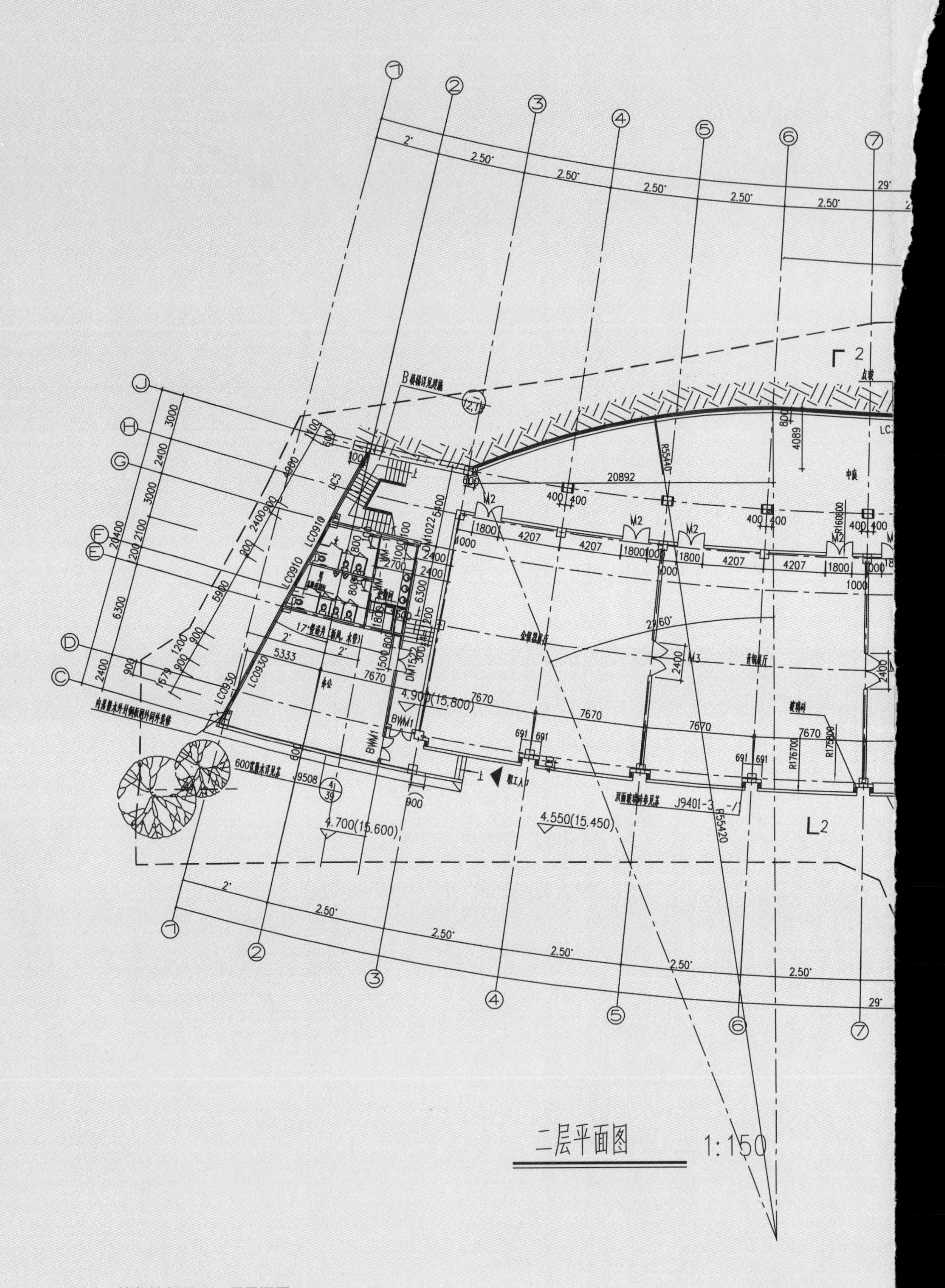

图D-3-1-5-2 博物馆新展厅二层平面图

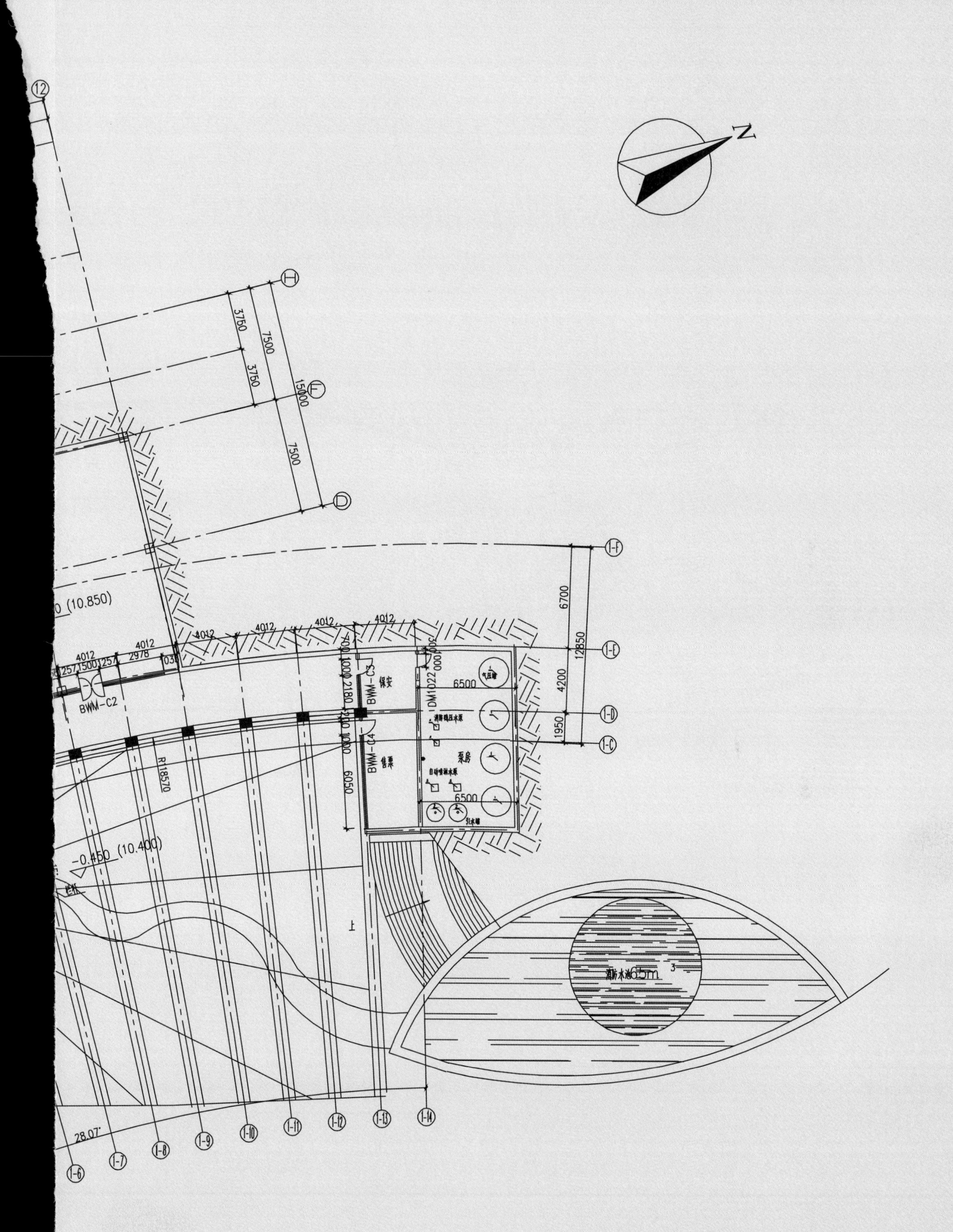

N
7500
3750
3750
15000
7500
6700
12850
4200
1950
4012
2978
BWM-C2
BWM-C3
BWM-C4
保安
售票
泵房
6500
6500
6050
R18570
(10.850)
-0.450 (10.400)
28.07°

四、施工图

如图D-3-1-5-1 ~ 图D-3-1-5-6所示。

图D-3-1-5-1 博物馆新展厅一层平面图

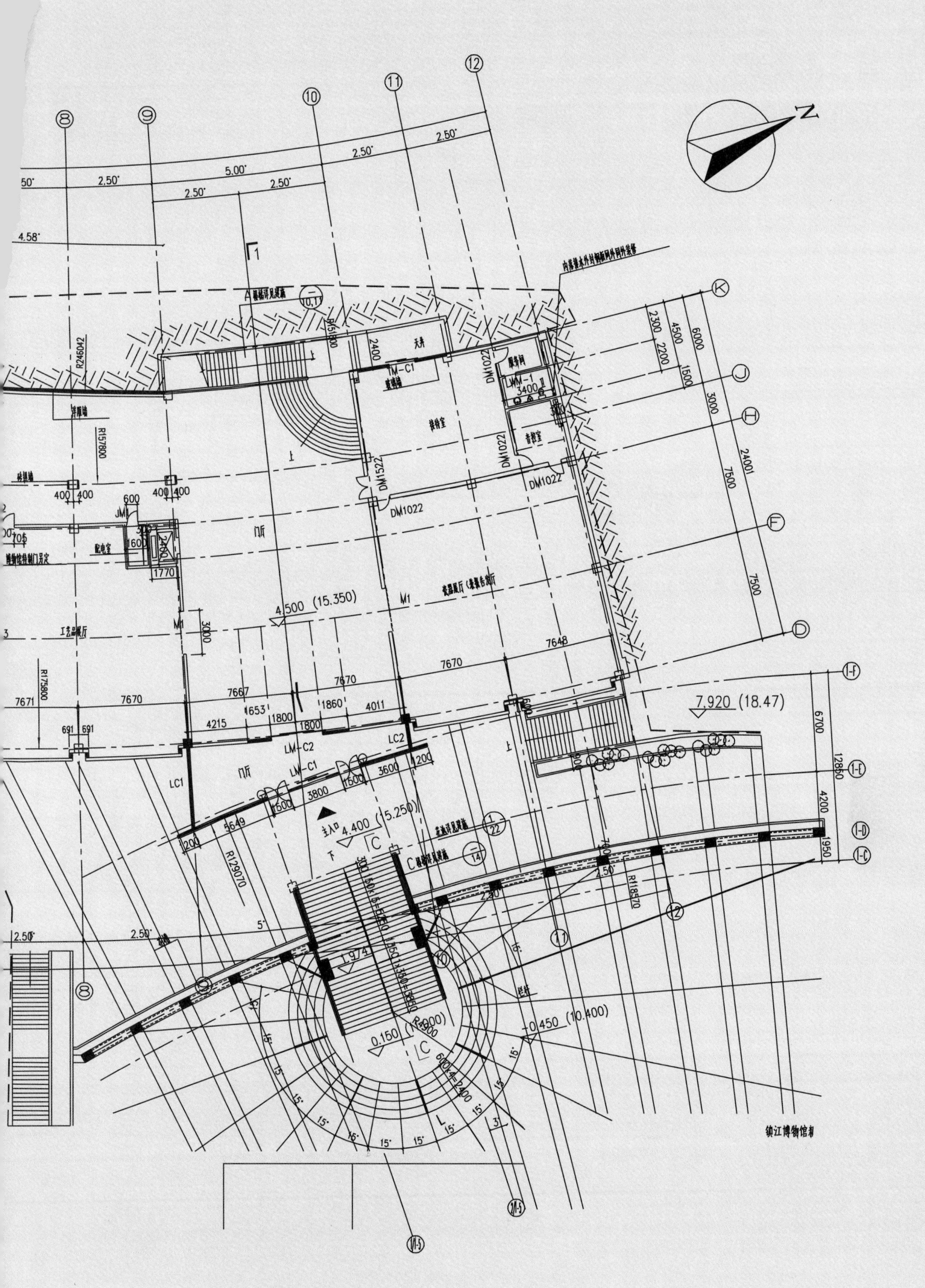

N
门厅
主入口
4.500 (15.350)
4.400 (5.250)
7.920 (18.47)
0.450 (10.400)
0.150
1.974
DM1022
DM1522
TM-C1
LM-C1
LM-C2
LC1
LC2
M1
R129070
R18570
R175800
R157800
R246042
R15000
镇江博物馆

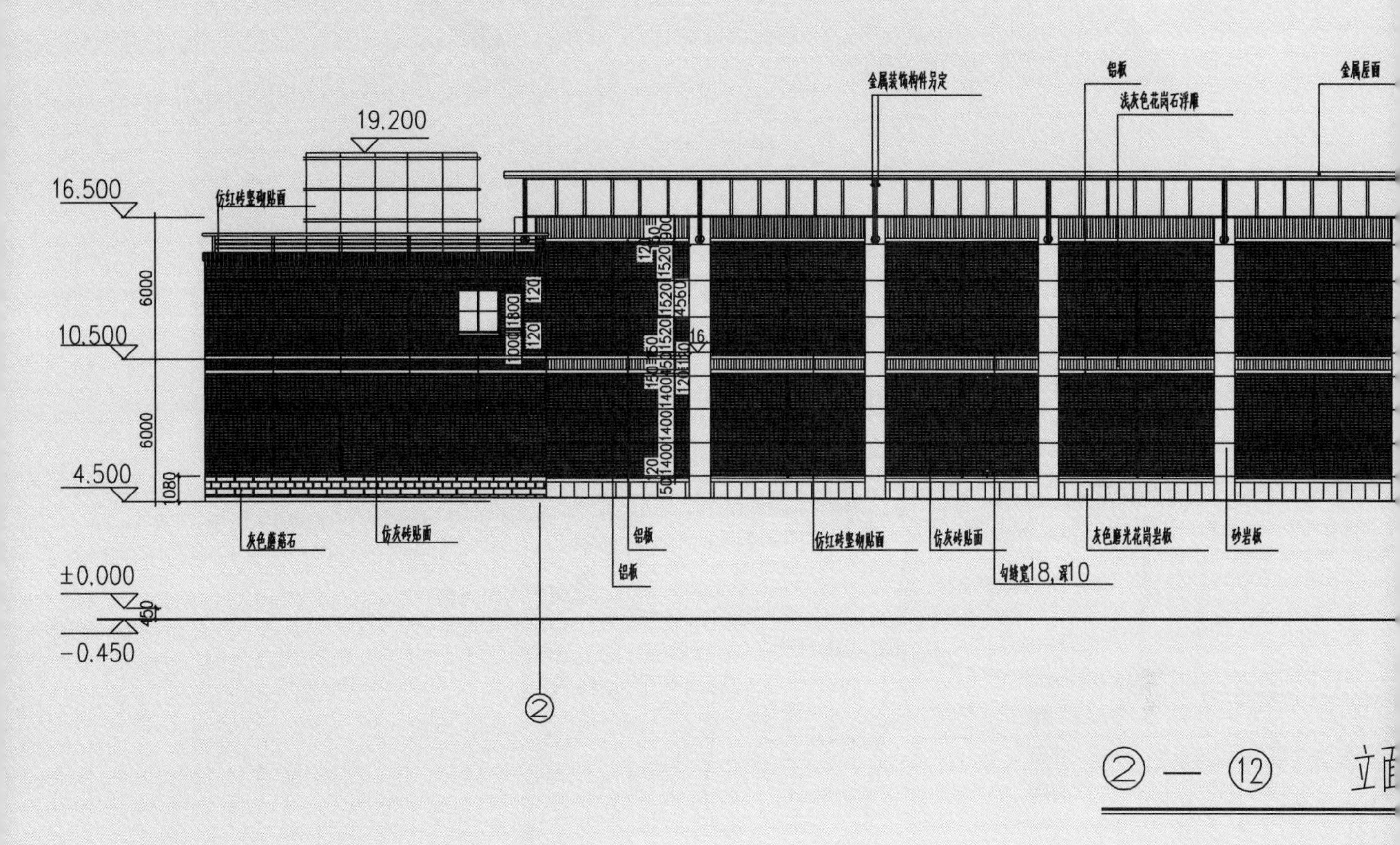

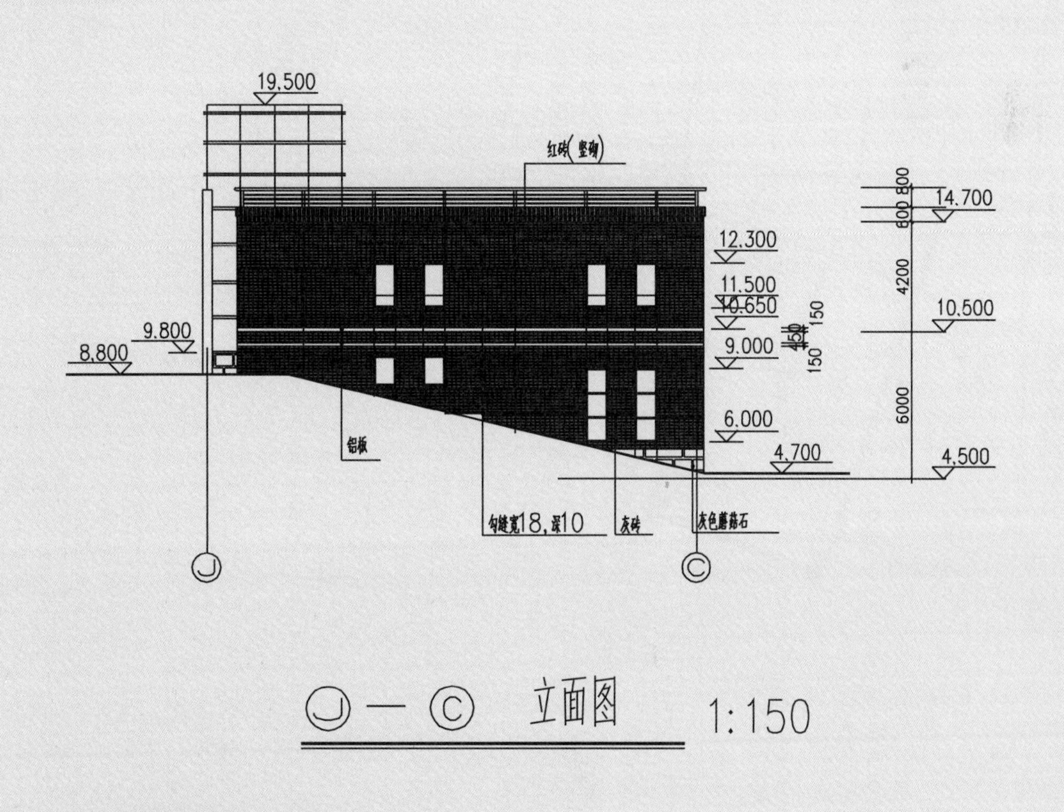

Ⓙ — Ⓒ 立面图 1:150

图D-3-1-5-4 博物馆新展厅立面图

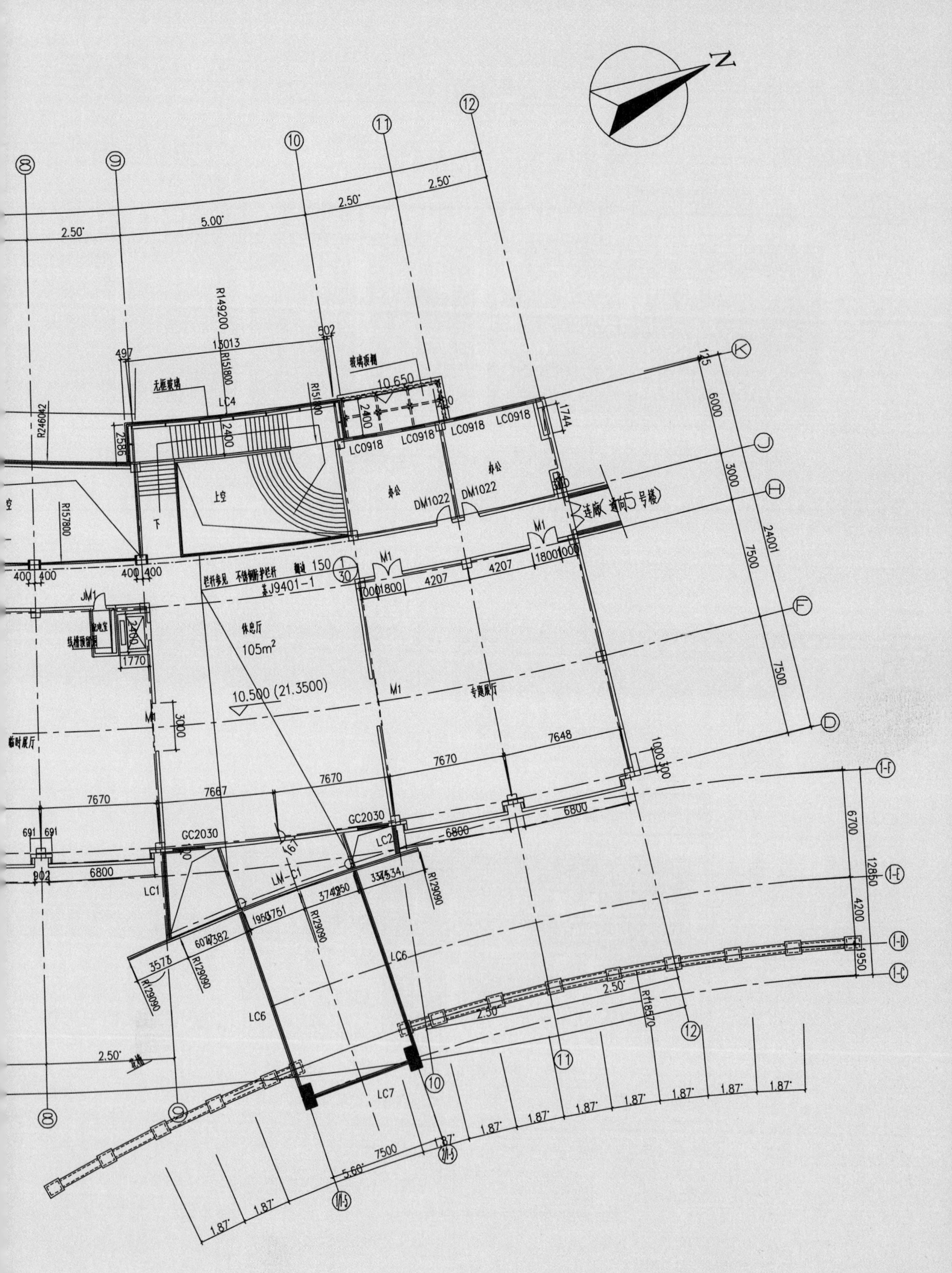

N
玻璃顶棚
无框玻璃
10.650
LC4
LC0918
上空
办公
DM1022
M1
连廊(通向5号楼)
休息厅
105m²
10.500 (21.3500)
专题展厅
临时展厅
GC2030
LM-C1
LC1
LC2
LC6
LC7

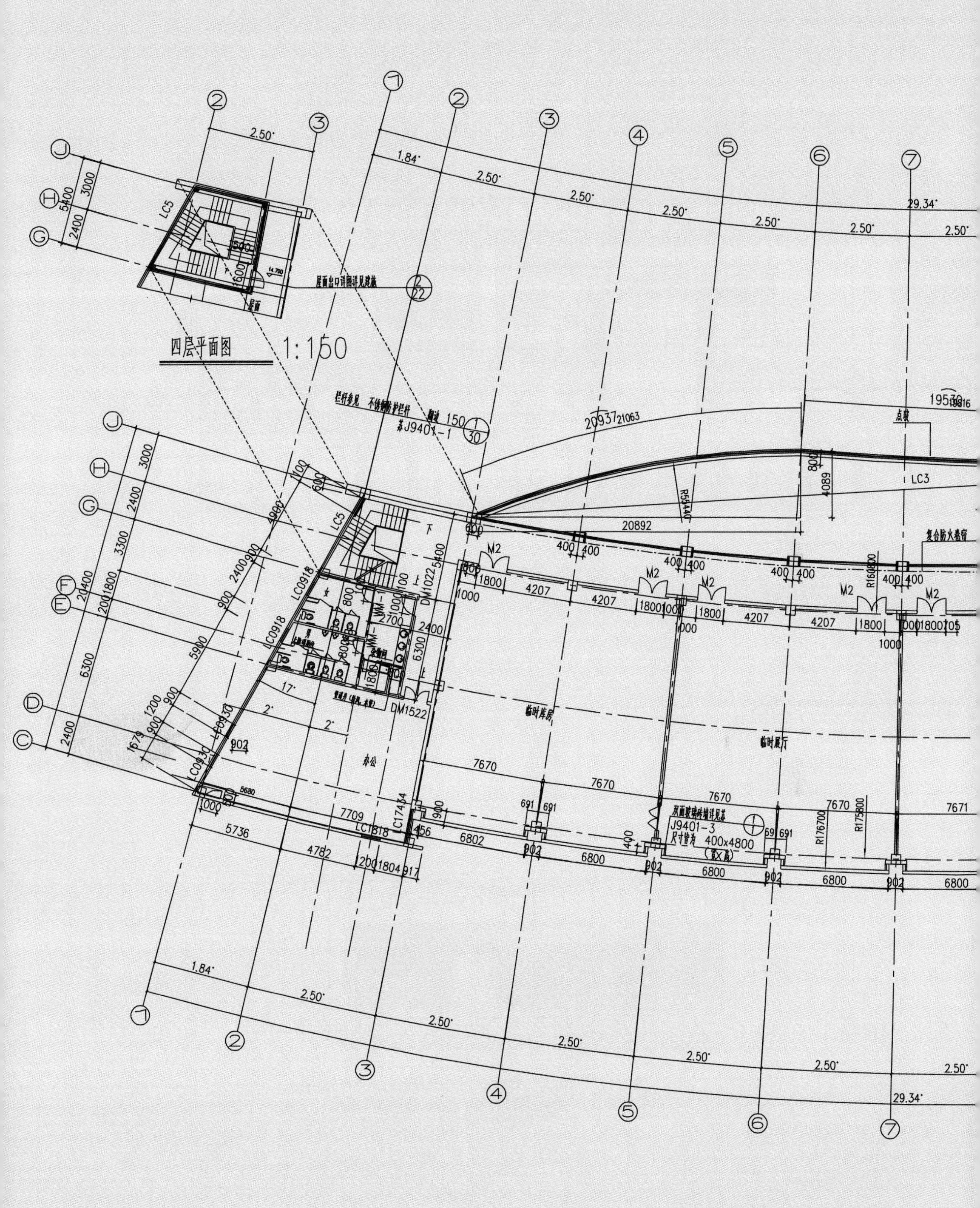

图D-3-1-5-3 博物馆新展厅三层平面

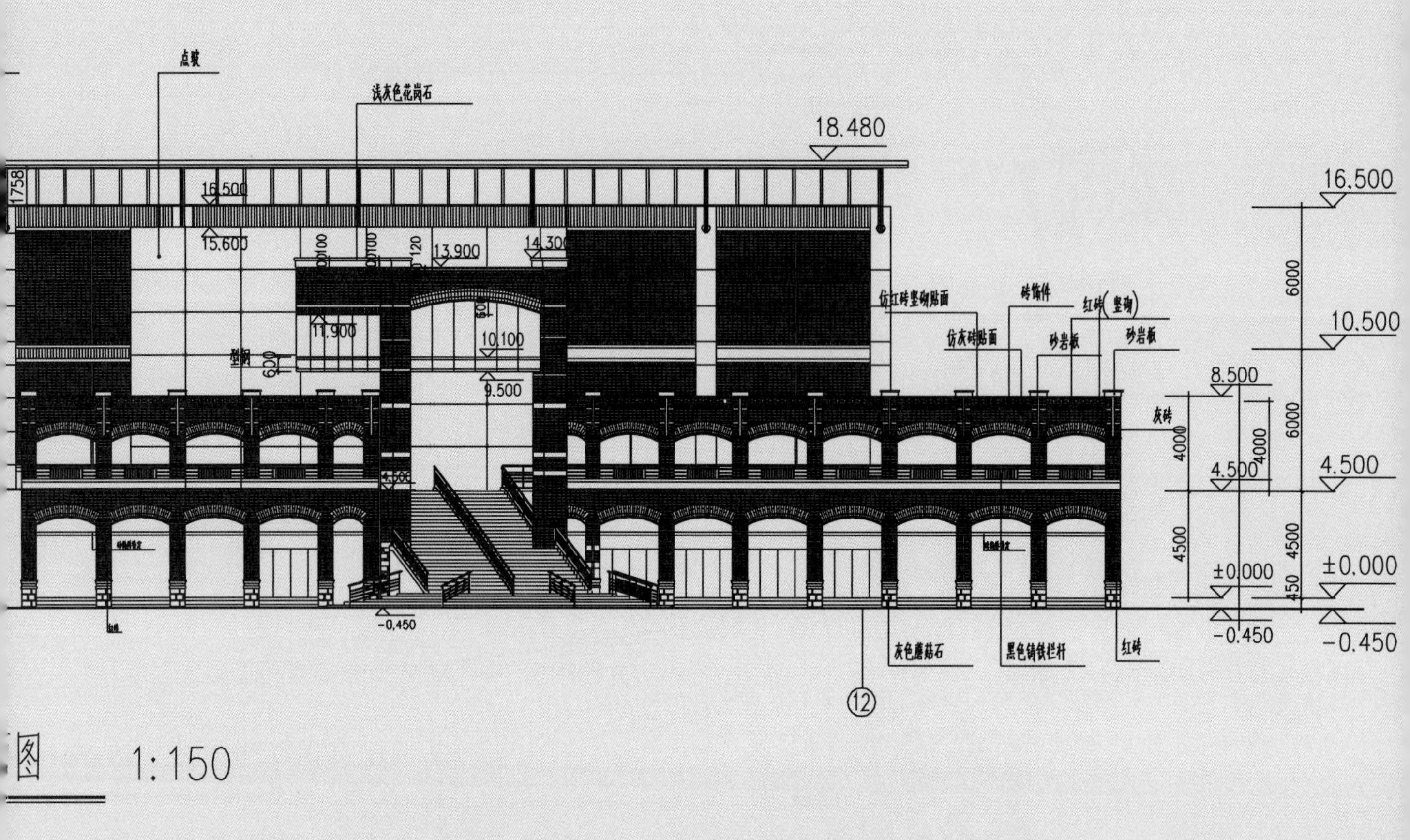

图 1:150

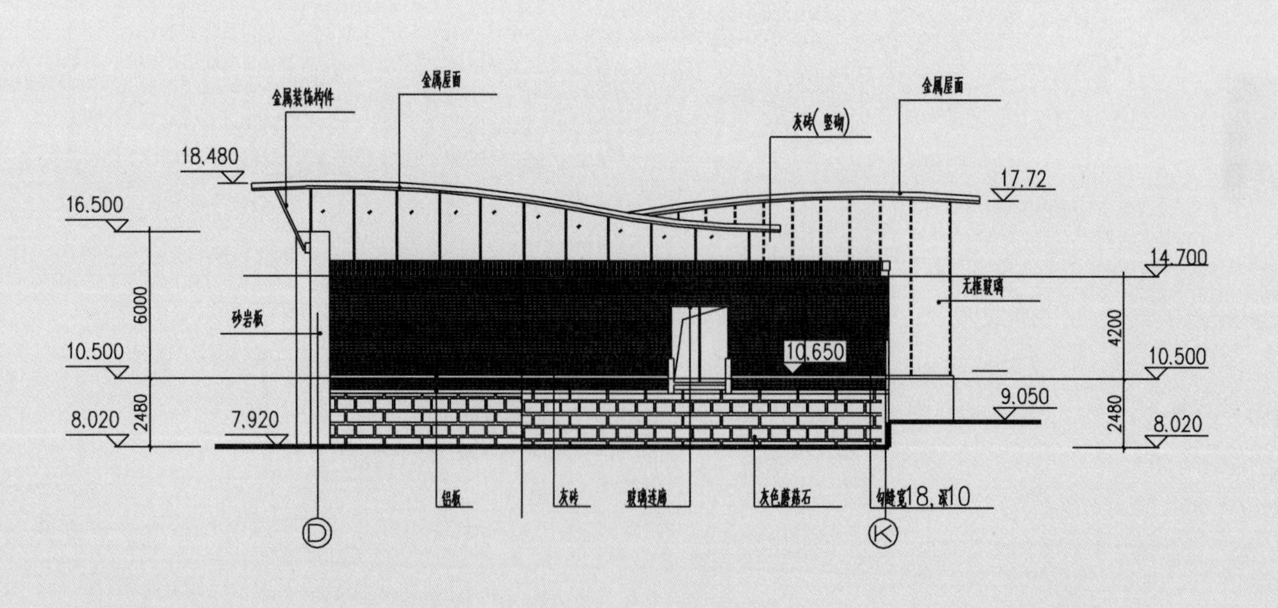

Ⓓ—Ⓚ 立面图 1:150

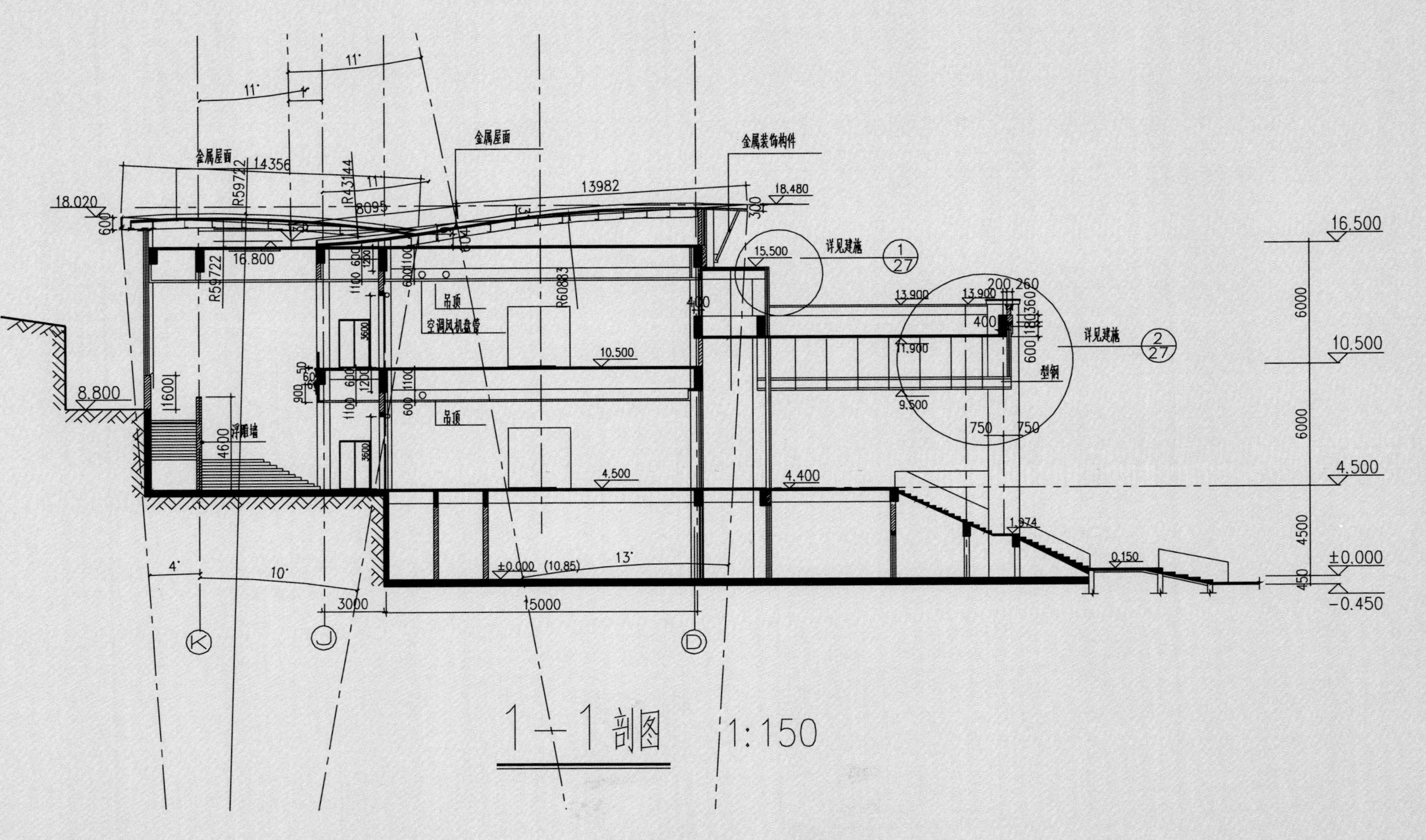

图D-3-1-5-5 博物馆新展厅剖面图

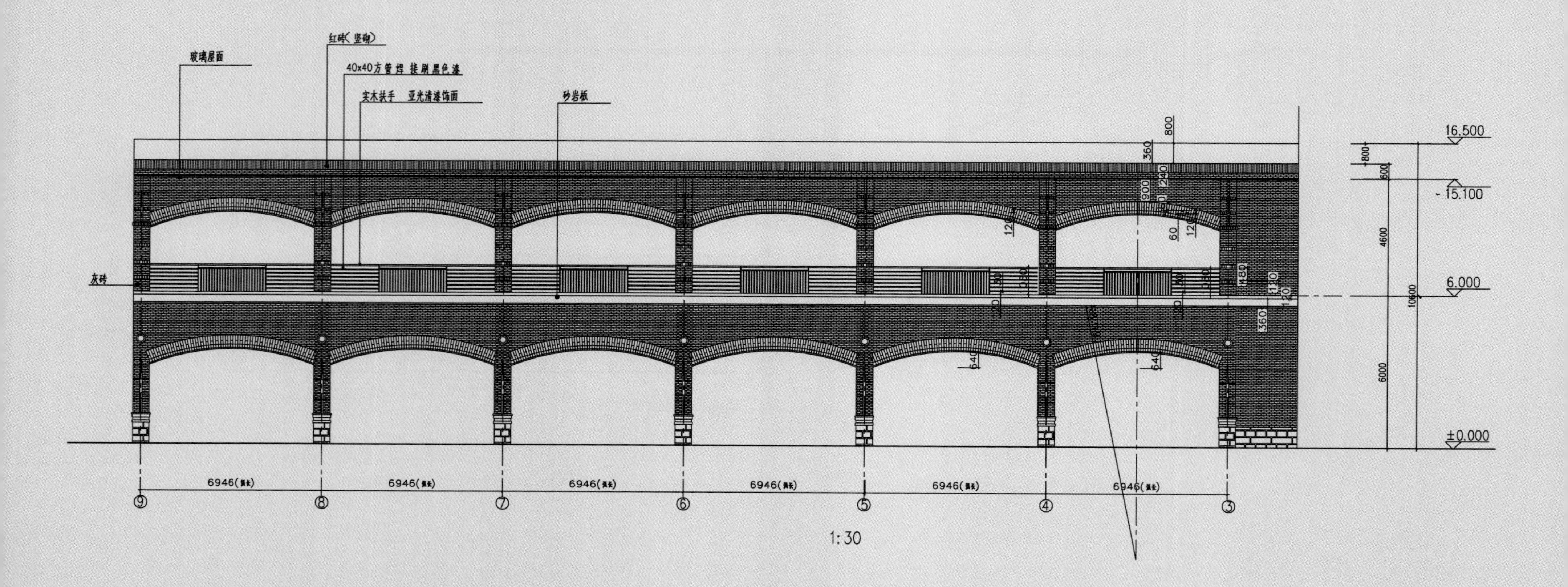

图D-3-1-5-6 博物馆新展厅柱廊图

第二章
租界其他建筑

第一节 英租界工部局旧址

一、概况

1. 建筑形态。英租界工部局旧址位于镇江英领事馆北侧，西津渡街区鉴园广场中部，北临德士古石油公司、亚细亚火油公司。该建筑坐南朝北，长22m，

图P-3-2-1-1 修缮后的英工部局旧址（正门，北立面）

宽11m，占地约255.2m²；为三层砖木结构西式楼房，使建筑平面呈长方“凹”字形。（图P-3-2-1-1），朝北立面的东、西两端各附设二层小楼，各为上下四间；其内侧各砌筑突出的方形三层小楼。该建筑也是全国重点文物保护单位英领事馆旧址建筑群的组成部分。

2．历史沿革。英工部局旧址建于光绪十六年（1890年）。该楼与英领事馆旧址办公大楼遥相呼应，是英租界内设的行政机构。工部局设警务、火政、工务、卫生、教育、财务、华文等处，统辖租界内一切行政、司法、交通大权，负责租界区域内的税收、治安、建筑、消防

图P-3-2-1-2 1929年移交时的英工部局

图P-3-2-1-3 修缮后的英工部局旧址（南立面）

图P-3-2-1-4 英工部局旧址墙面风蚀状况（1）

图P-3-2-1-4 英工部局旧址墙面风蚀状况（2）

及公共设施等。1929年11月15日，英工部局正式移交镇江地方当局（图P-3-2-1-2）。1949年后该建筑由镇江市房管局接管，成为煤机厂职工宿舍。由于100多年的风雨侵蚀，外墙风化且非常严重，加上居民因居住需要，随意更改内部结构，使之面貌全非，原来该建筑为瓦楞铁屋面，也已更换为平瓦，加上白蚁对部分木构件的侵害，使得该楼成为一座危楼。2009年，镇江市西津渡文化旅游有限责任公司（以下简称西津渡公司）搬迁了原住民，并按原样进行了修缮（图P-3-2-1-3）。英工部局（巡捕房）旧址是近代镇江英租界留下的历史遗存，见证了镇江人民难忘的那段历史。

3．遗存状况。英工部局大楼旧址为砖木三层混合结构。经过100多年的沧桑巨变，该建筑物主体结构尚可。其南立面隔层用红砖砌成两道腰檐，二、三层设有券廊，底层为墙面，上置八个拱券窗（图P-3-2-1-3），第二层隔间砖廊柱顶部用红砖雕刻立体团花纹饰，第三层隔间墙上有四个红砖雕花圆形倚柱。北立面一层中间设大门，墙体为素面青砖清水墙，三层砌筑红砖腰圈。东、西、北三面有窗无廊，北侧窗红砖砌筑窗台、平券，东西两侧为拱券；北面由一楼至三楼设木楼梯，白铁皮瓦楞铁四坡屋面。东西两侧设三层突出小楼，为岗哨了望台。北

图P-3-2-1-5 修缮前的英工部局旧址（应文魁 摄）

侧东西两边又设对称二层砖木结构坡屋顶耳房，内设造形精巧的应急木楼梯。外墙厚370cm；三角形木屋架，木檩条、木构件；每间设矩形木梁、木地楼楞、木楼地板。因年代久远，木构件局部出现劈裂、闪歪、脱榫、滚动等现象。该建筑外墙、楼面、地面、屋面均腐烂损毁破漏严重。外墙风化严重，剥蚀较多（图P–3–2–1–4）。

建筑外部和周边环境恶劣。修缮前为市煤机厂宿舍，二三十户居民居住其中；周边与棚户区住宅杂处，道路不通，存在严重安全隐患（图P–3–2–1–5）。

二、主要修缮技术方案

大修。维修该楼前，西津渡公司请镇江市地景园林设计有限公司对原建筑进行了勘察、测绘和摄影，保存有关信息。在此基础上提出了修缮方案。镇江市文物局、西津渡公司组织有关文物、考古、建设等专家，对修缮方案进行评估、论证，同意按照原建筑外貌形状和原结构形式实施修缮；同时增加抗震构造措施和相关生活设施；拆除建筑物周边简易民居和搭建的附属物，留出足够的控制地带。

该建筑屋面由多组三角木屋架组合，木三角屋架、木檩条、木构件，因年代久远，木构件多处局部出现糟腐、劈裂、闪歪、脱榫、滚动等现象。

根据专家意见，设计修缮图纸。按图纸标注修缮步骤及工艺要求。先校偏、后修补，即先对建筑墙体垂直偏差、楼面标高偏差，轴线尺寸进行校正，并对原混合结构进行加固处理，做内框架形式。墙面依原样维修，屋面改平瓦为瓦楞铁屋面，恢复原来的风貌。

对于构件轻微的裂缝，直接用扁铁做成铁箍进行加固，接头处用螺栓或特制大帽钉联结牢固，使裂缝闭合。对于断面较大的矩型构件，用U形铁兜箍，上部用长脚螺栓拧牢。裂缝较宽用木条刷胶嵌补严实、粘牢，再用铁箍夹牢。根据试验资料和经验，顺纹裂缝的深度和宽度不大于构件直径的1/4，裂缝的长度不大于构件长度的1/2，斜纹裂缝在矩形构件中不超过两个相邻的表面，在圆形中裂缝长度不大于周长的1/3，均予以加固。超过上述限度，一般考虑更换构件。腐烂、糟朽的构建，修整时先将其砍去刨光，用相同木料修配，依原梁头断面尺寸刷木胶粘补钉牢，钉帽嵌入板内。三角屋面下弧梁两端头，每间纵向梁，伸入搁置在前后沿墙砖柱上，梁头桁等部位严重糟朽影响其承载能力的、梁头出现横断裂纹（俗称大梁断脖），直接更换大梁。

该建筑有多组三角木屋架组合，在榫口接头处，两面用钉把钉牢、加固。梁端伸入砌体内和木构件直接靠在砌体边部分，均刷二度防腐沥青。所有木构件、

图P-3-2-1-6 修缮中的英工部局旧址

图P-3-2-1-7 修缮中的英工部局旧址一角

图P-3-2-1-8 修缮后的英工部局旧址（东侧副楼）

图P-3-2-1-9 修缮后的英工部局旧址（西立面）

图P-3-2-1-10 修缮后的英工部局旧址（南立面）

木制品门窗均刷防虫液，木天棚、屋架、木桁条、木望板均刷二度防火阻燃涂料，四坡屋面瓦楞铝板下铺设保温层、防燃、防水层。增设空调、水、电、卫生间等设施。

对该建筑的内墙、地基础，采用钻凿砖墙，增设钢筋混凝土的方法进行加固，基础、地圈梁、圈梁、构造柱用φ4双向@600钢筋网加固，有效保护了建筑墙体（图P-3-2-1-6、图P-3-2-1-7）。修缮后的原英租界工部局旧址基本恢复了昔日风貌（图P-3-2-1-8～图P-3-2-1-10）。

三、建筑物修缮责任表

建筑物修缮单位：镇江市西津渡建设发展有限责任公司

项目负责人：杨恒网 黄裕

测绘、修缮设计单位：镇江市地景园林设计有限公司

测绘、修缮设计人员：许忠东

监理单位：镇江市工程建设监理公司

监理人员：范谦

施工单位：江苏新润建筑安装工程有限公司

项目经理：王明森

施工时间：2009.3.16—2009.6.2

四、施工图

如图D-3-2-1-1 ~ 图D-3-2-1-7所示。

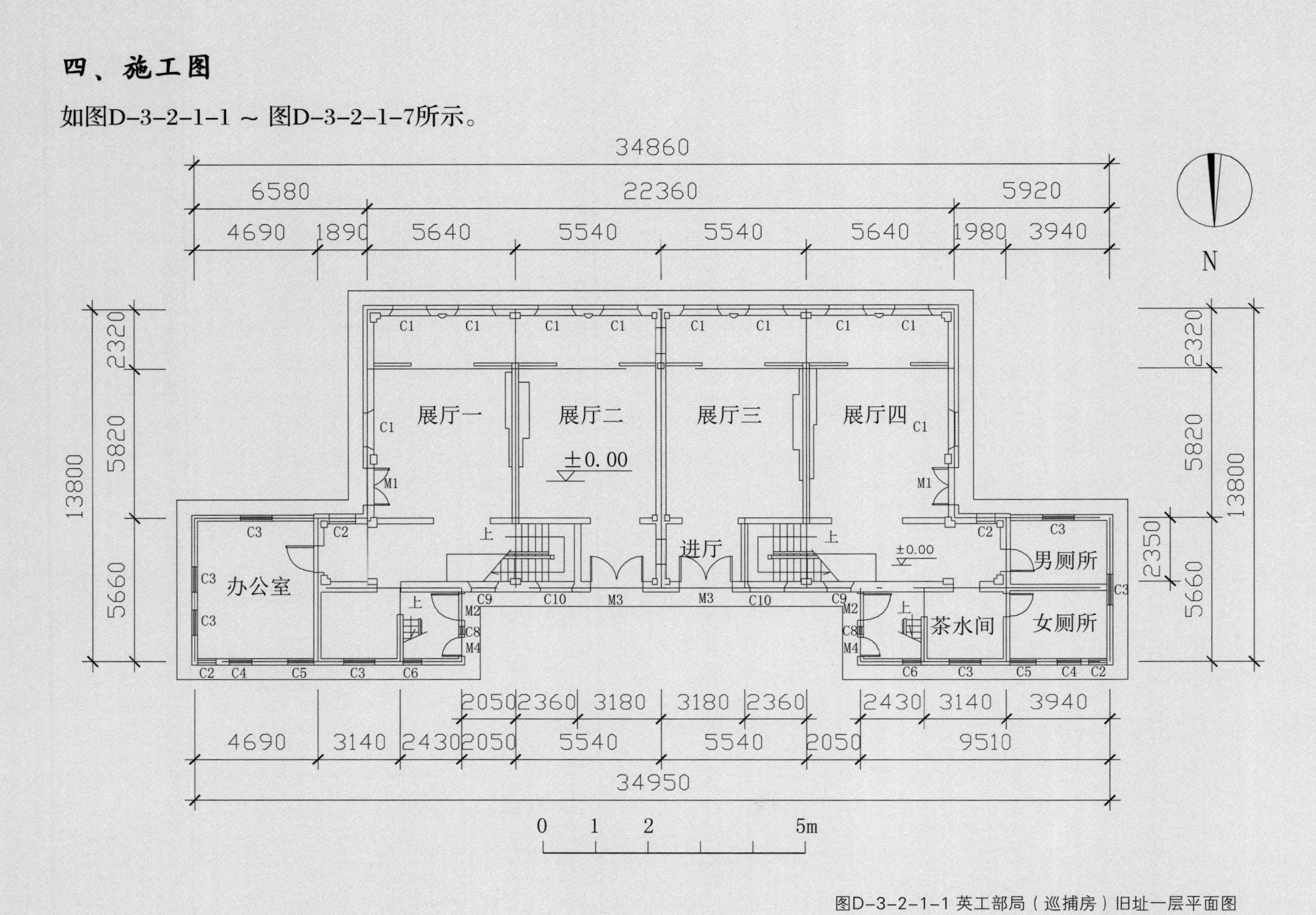

图D-3-2-1-1 英工部局（巡捕房）旧址一层平面图

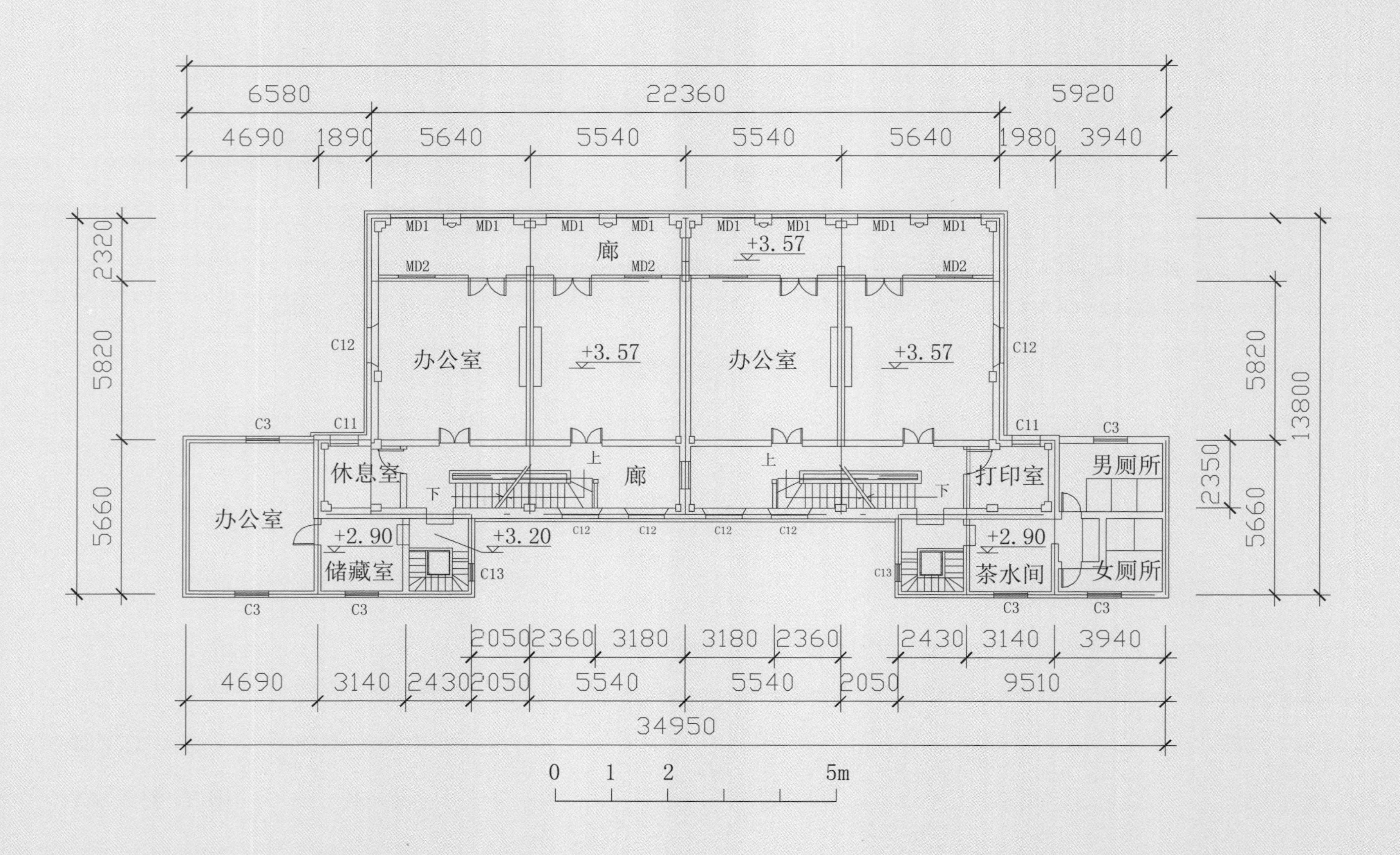

图D-3-2-1-2 英工部局（巡捕房）旧址二层平面图

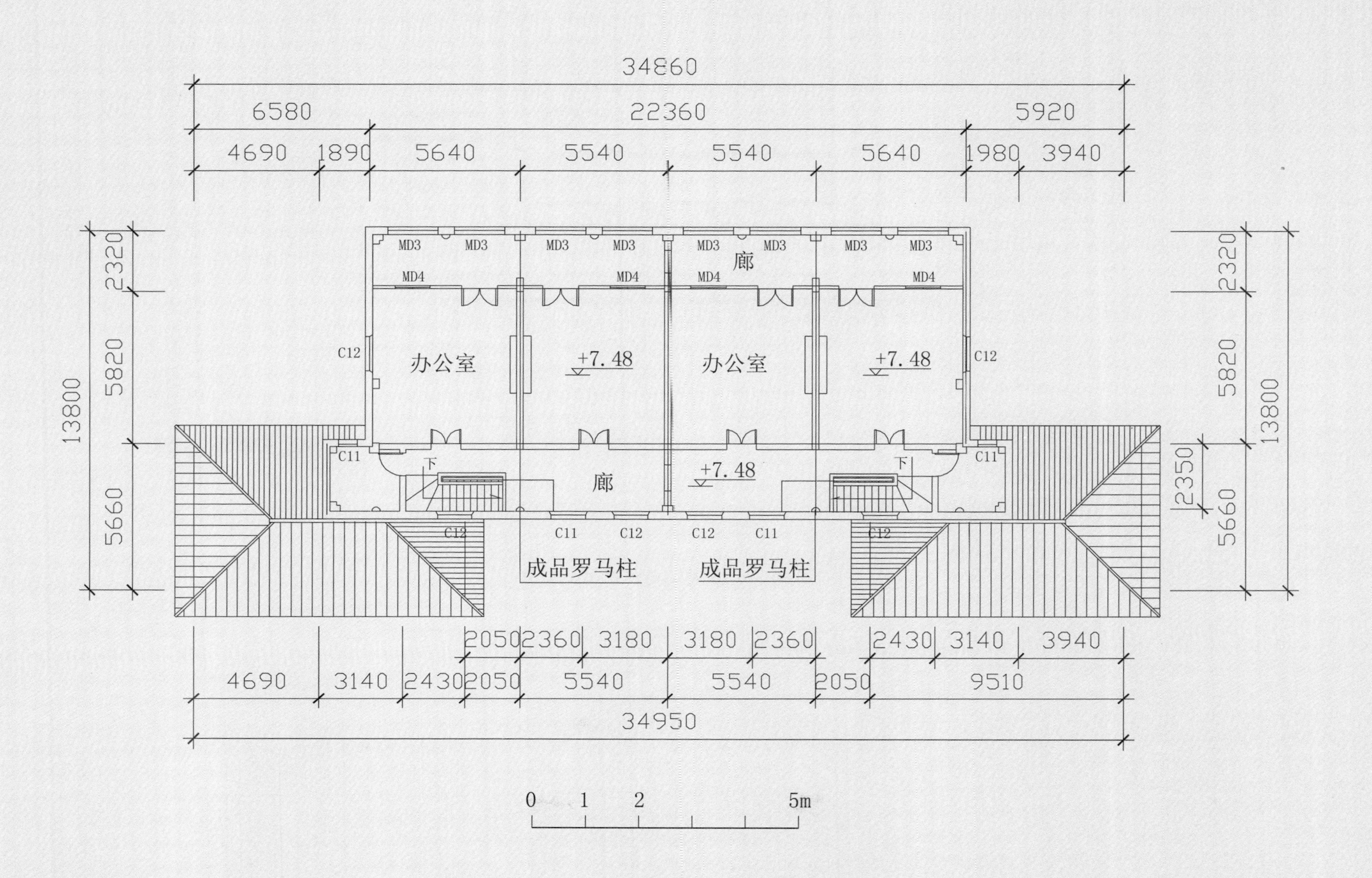

图D-3-2-1-3 英工部局（巡捕房）旧址三层平面图

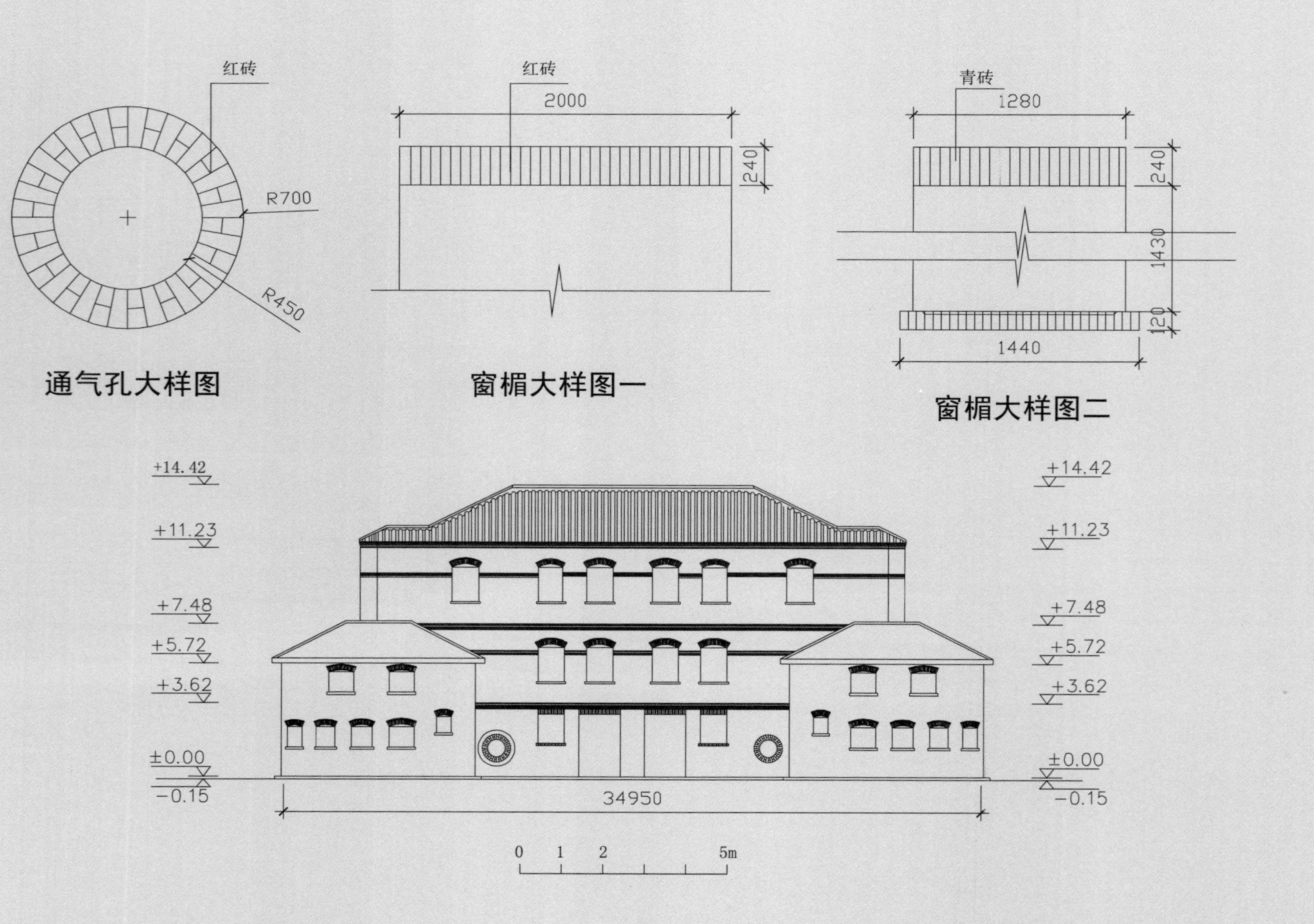

图D-3-2-1-4 英工部局（巡捕房）旧址南立面图

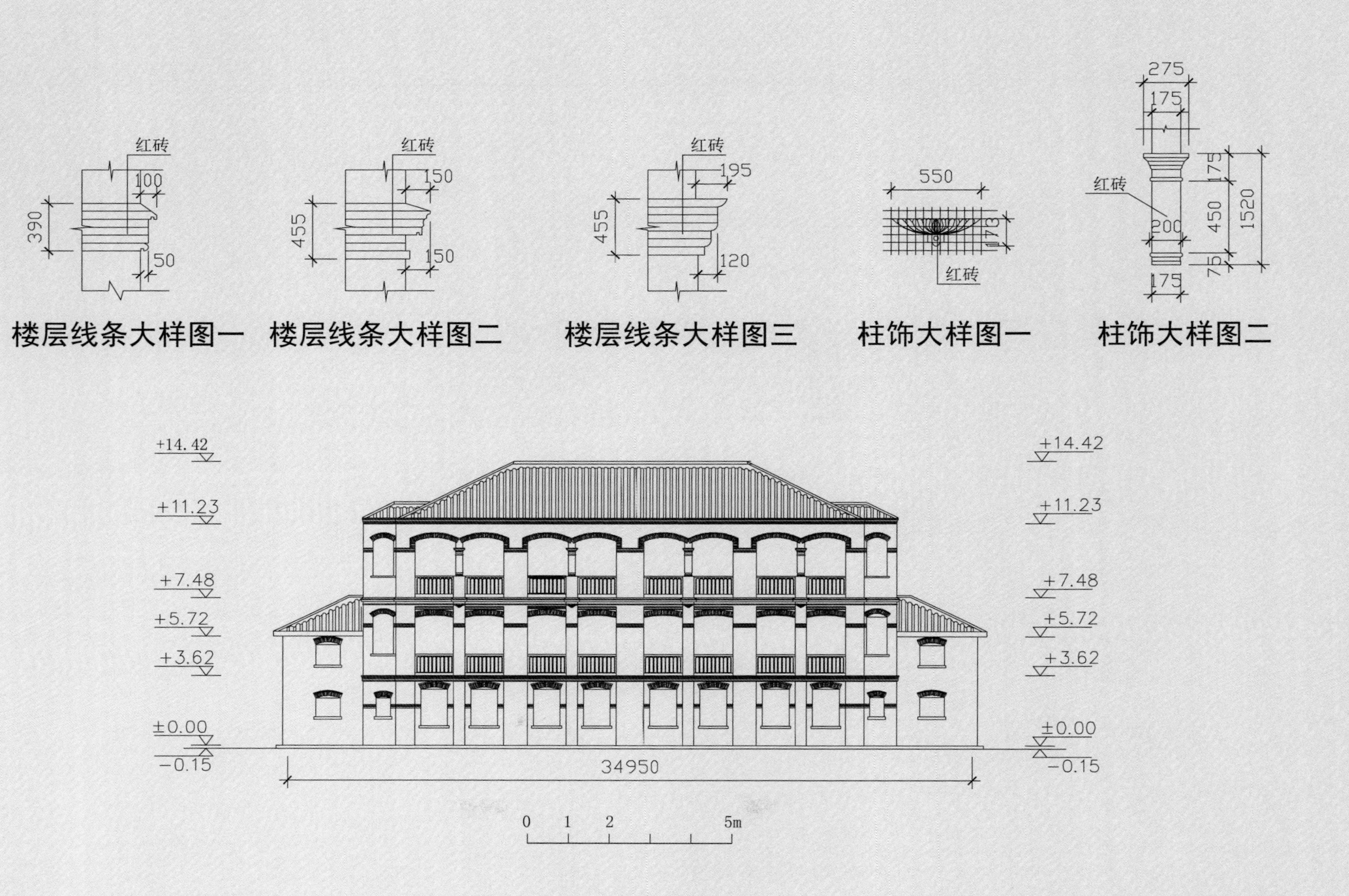

图D-3-2-1-5 英工部局（巡捕房）旧址北立面图

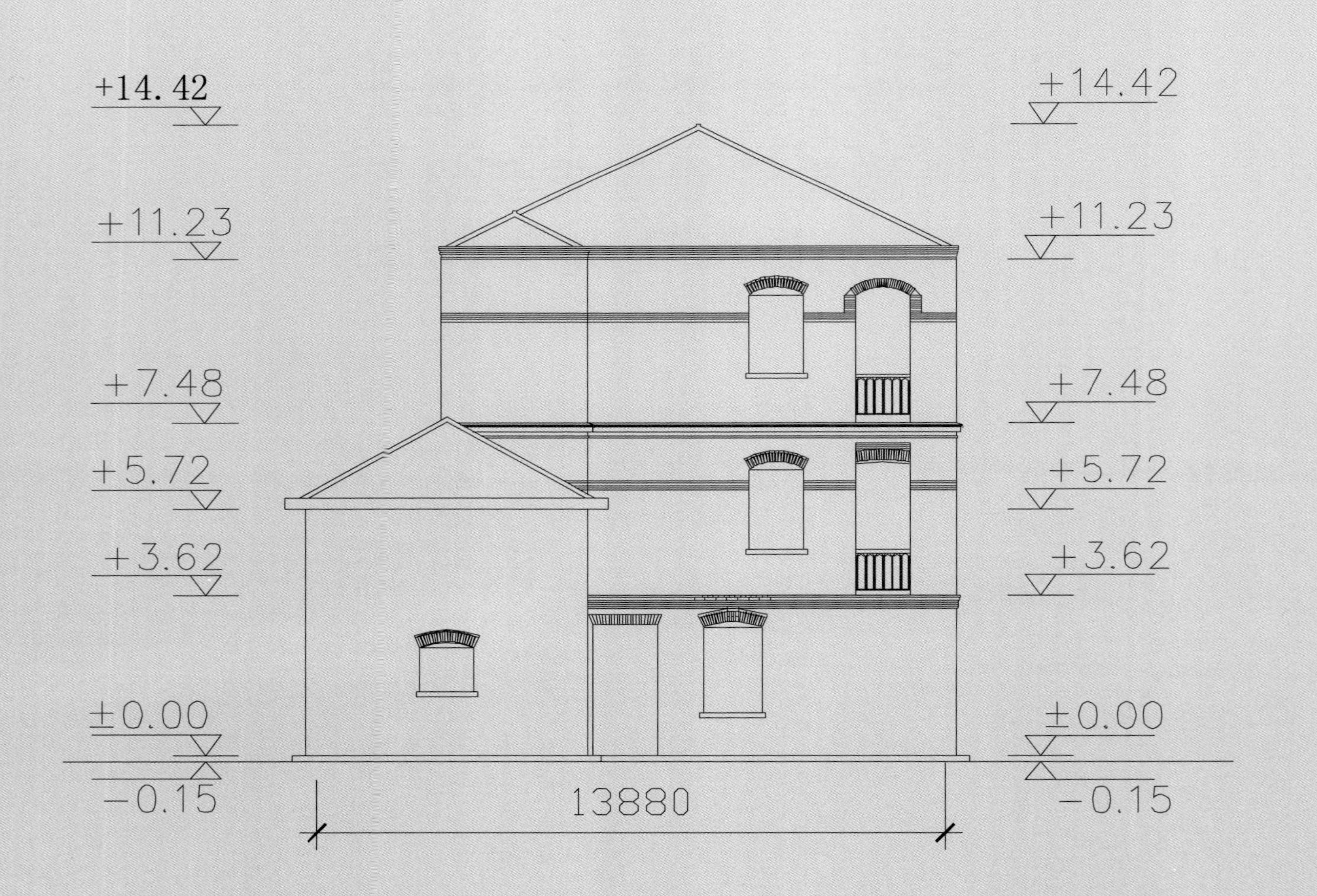

图D-3-2-1-6 英工部局（巡捕房）旧址东立面图

图D-3-2-1-7 英工部局（巡捕房）旧址西立面图

西餐厅

第二节 英租界税务司公馆旧址

一、概况

1. 建筑形态。英租界税务司公馆旧址位于西津渡鉴园广场东侧（图P-3-2-2-1），为两层西式楼房。该建筑长26m，宽16.75m，高11.5m，占地面积379m^2、建

图P-3-2-2-1 原英租界税务司公馆旧址（西南立面）

图P-3-2-2-2 英租界税务司公馆旧址（北立面）

筑面积759m²。其主体建筑为两层砖木结构西式楼房，上下18间，铁皮瓦楞顶；两层四面墙体均等各设置6个门券；南北立面一层设有拱券大门（图P-3-2-2-2）。

1982年，该建筑由镇江市人民政府批准为市文物保护单位。

2．历史沿革。1865年，镇江海关从焦山迁到江边新址办公，在建造镇江海关关署的同时，英国人在其西部，英租界内的第三段地、江边大马路的中部，建造税务局署即税务司公馆（图P-3-2-2-3）。镇江海关税务司，以常镇道海兵备道监督关务，由英国人总税务司赫德选派洋员帮办进行收税。镇江税务司建署后，首位税务司负责人为比利时人克士可士吉（C.Kleczkowski）。镇江海关机构形式上由中国政府任命的海关监督与总税务司任命的外籍税务司共同管理。实际上，税务司凌驾于海关之上，成为海关的真正主管。但另一方面，税务司制度的实行，引进了西方先进的管理制度，并集聚了一批管理人才，

图P-3-2-2-3 英租界税务司公馆旧照

图P-3-2-2-4 修缮前英租界税务司公馆旧址

图P-3-2-2-5 修缮前英租界税务司公馆旧址墙体损毁状态

对促进中国民族工商业的发展，也起到了一定的作用。

1912年，南京临时政府成立，镇江海关和税务司交由中国人自己管理。20世纪50年代成为前进印刷厂办公楼。2003年，该厂破产，镇江市西津渡建设发展公司斥资收购，该楼遂纳入西津渡街区保护规划实施管理。

1982年，英租界税务司公馆旧址由镇江市政府公布为市级文物保护单位。

3．遗存状况。英租界税务司公馆旧址历经沧桑，由于年久失修，面貌全非。经过160多年的使用，原南立面、西立面损坏严重，砖墙已严重倾斜，外表风化、腐蚀、表面脱落，且原墙门窗洞口多，建筑上的木构架、楼楞、地板腐烂，白蚁侵蚀严重。原南立面、西立面损坏严重（图P-3-2-2-4），砖墙已严重倾斜，外表分化、腐蚀、表面脱落（图P-3-2-2-5），2007年该建筑经过精心修缮，恢复了昔日的面貌。

二、主要修缮技术

大修。2007年修缮前，西津渡公司请镇江市地景园林设计有限公司对原建筑进行了勘察、测绘和摄影，保存有关信息。在此基础上提出了修缮方案。镇江市文物局、镇江市西津渡公司组织有关文物、考古、建设等专家，对修缮方案进

图P-3-2-2-6 修缮后的英租界税务司公馆门窗

行评估、论证，同意按照原建筑外貌形状和原结构形式实施修缮；拆除了原在楼西面，与该建筑风貌不一致的一幢两层砖混结构的办公楼，和南面一幢两层楼建筑，保证该文物保护建筑周边控制地带的空间环境，恢复了该楼的历史原真状态。该楼为砖木两层结构，经现场实测该建筑基础沉降变形不大，按原形制式样和工艺进行了全面修缮。

在墙面的修缮上，选用材质相同的石料，对花岗岩石勒脚、窗盘进行石活修缮。对原砖砌体进行挖补，先用水冲洗，并用钢丝刷将砖缝表面泥浆清理干净，用1:2水泥浆重新补勾砖缝，凹进砖面5～10mm，待水泥砂浆粉刷浆与墙体粘接，在墙面铺设φ4.@30cm双向钢筋网片，用1:2水泥砂浆粉刷墙面，二次成活。粉刷前要确保原墙砖砌体清洁、湿润。

对该建筑的木构架、楼楞、楼地板，采用原材种，对损毁腐烂严重的，进行更换，对原有少量框扇保存较好的木门窗，加以修缮后保留使用。对不能恢复的，选用同一种材质配料使用，保留了原木门窗的原材质形制、形式、风格样式和风貌。外立面门窗镶嵌德国进口彩色玻璃，有酒红、绿、黄等颜色，玻璃四周钳铜条（图P-3-2-2-6、图P-3-2-2-7）。

对建筑外立面窗线、窗券线条、拱券样式，采取原样保留的办法，修补出

图P-3-2-2-7 修缮后的英租界税务司公馆门窗彩色玻璃

图P-3-2-2-8 修缮后的英税务司公馆旧址墙面和门窗式样

新；对楼层腰线线条，外墙屋顶线条样式，也采用原样保留，修补出新。建筑外墙为细白云石子（70砂）水泥砂浆粉刷面层，底层窗间墙，按原式样分等距水平线条（图P-3-2-2-8）；屋面铺设瓦楞铝板，角钢沿坡横放，保温挤塑板，水泥钢系网片保护层，软性防水层，屋面企口为3cm厚木望板，木屋架、木天棚内刷防火涂料。在室内增设卫生间、水、电、消防箱、空调、网线等设施，用来满足现代生活的基本要求。

该项目通过市有关文物、建设专家验收，被评为优秀工程（图P-3-2-2-9）。

图P-3-2-2-9 修缮后的税务司公馆旧址（西立面）

三、建筑物修缮责任表

建筑物修缮单位：镇江市西津渡建设发展有限责任公司

项目负责人：庞迅 郑洪才

测绘、修缮设计单位：镇江市地景园林规划设计有限公司

测绘、修缮设计人员：许忠东

监理单位：镇江市工程建设监理公司

监理人员：易立 刘晓瑞 曾建志 江跃

施工单位：常熟古建园林建设集团有限公司

项目经理：许文昌

施工时间：2007.7.8—2007.10.28

三、施工图

如图D-3-2-2-1 ~ 图D-3-2-2-6所示。

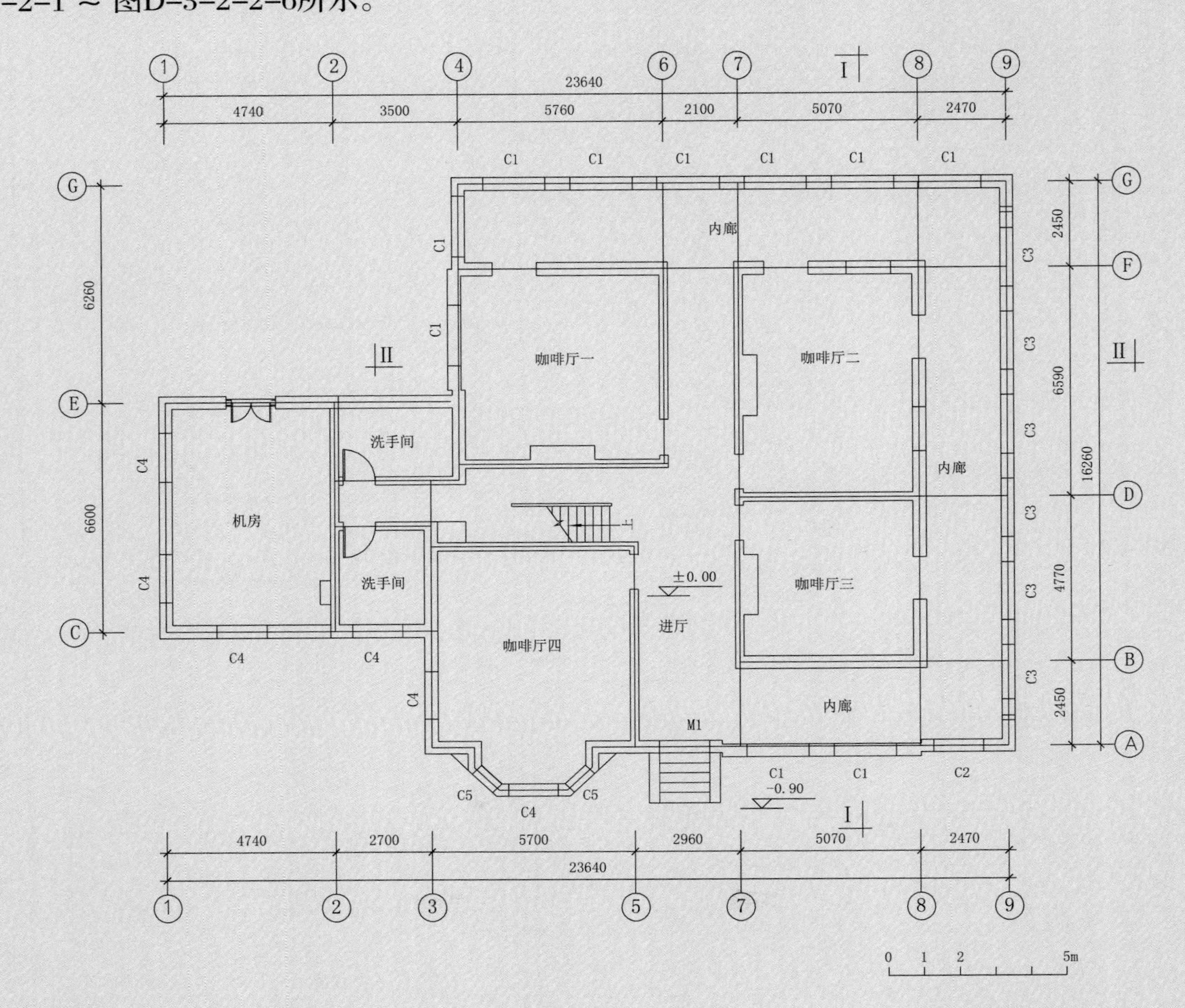

图D-3-2-2-1 税务司公馆旧址一层平面图

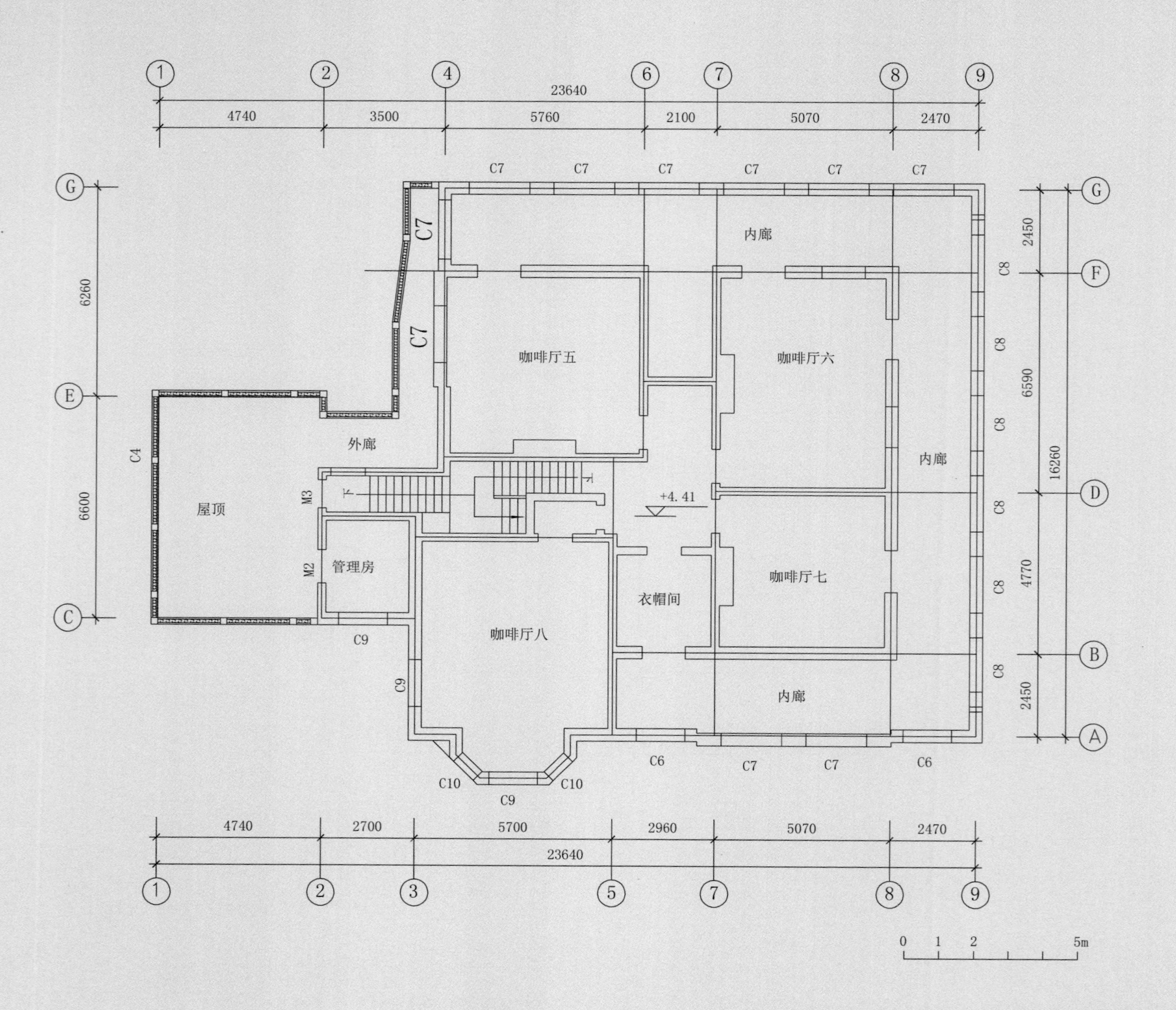

图D-3-2-2-2 税务司公馆旧址二层平面图

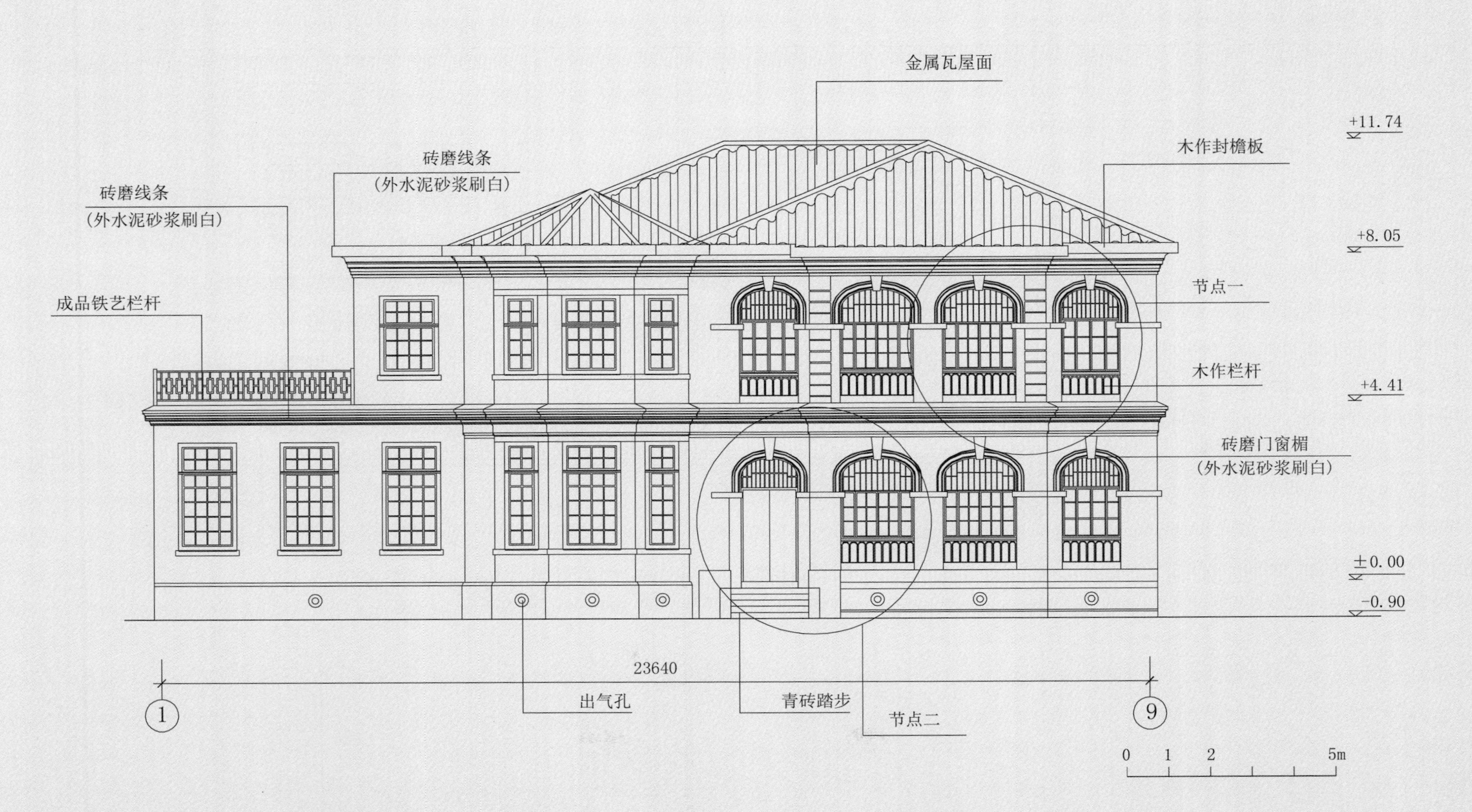

图D-3-2-2-3 税务司公馆旧址北立面图

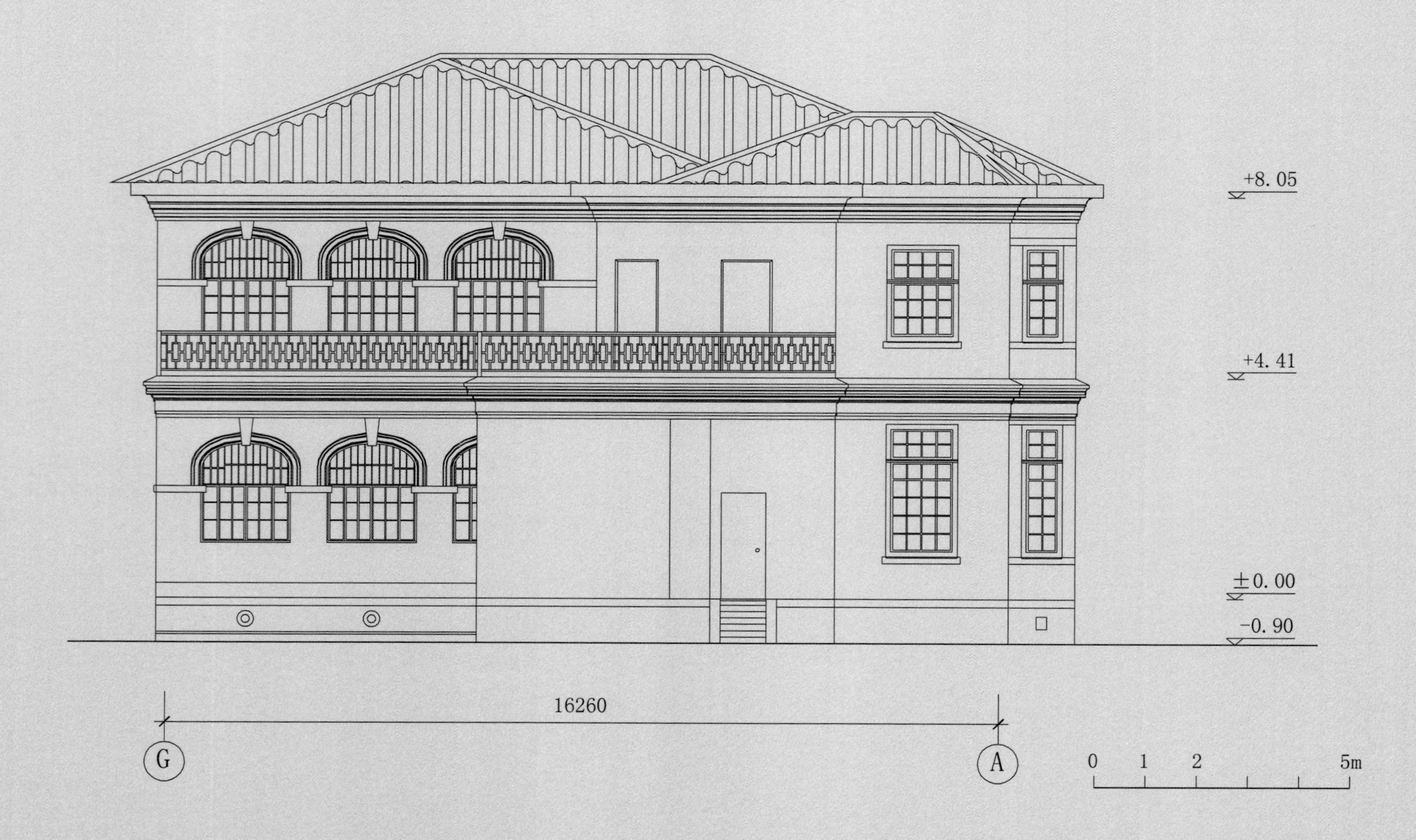

图D-3-2-2-4 税务司公馆南立面图

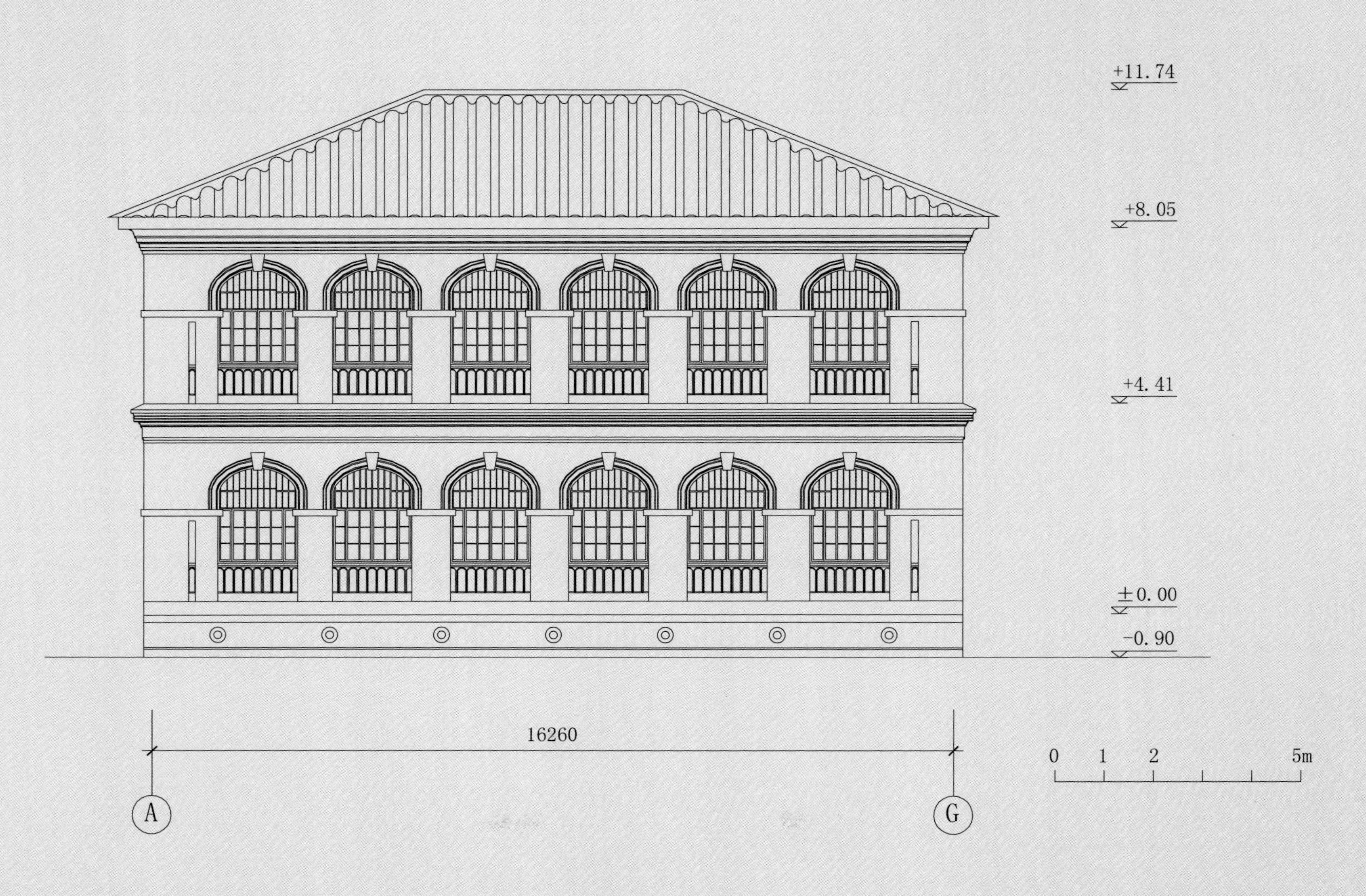

图D-3-2-2-5 税务司公馆旧址西立面图

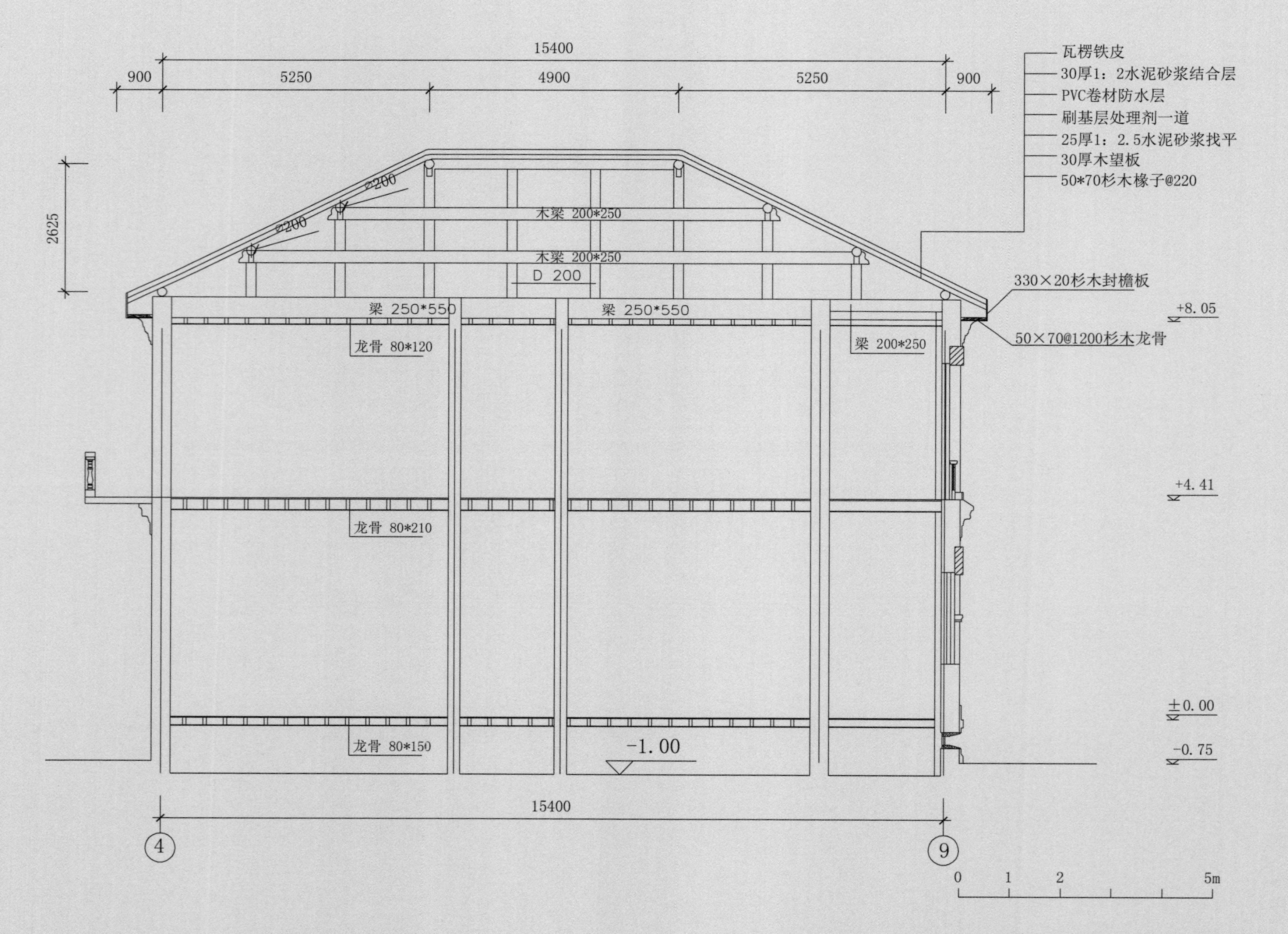

图D-3-2-2-6 税务司公馆旧址剖面图

第三节 原亚细亚火油公司旧址

一、概况

1．建筑形态。亚细亚火油公司旧址，位于镇江苏北路207号（图P-3-2-3-1），坐南朝北，为凹字式两层砖木结构西式楼房，长33m、宽18m、高13.8m，占地面积约478m²，建筑面积956m²，共计36间。

1982年被镇江市人民政府核准为市文物保护单位。

图P-3-2-3-1 修缮后亚细亚火油公司旧址（北立面）

2．历史沿革。亚细亚火油公司属英（国）荷（兰）壳牌石油公司，是当时世界上第二大石油垄断组织。光绪三十三年（1907年）在上海成立机构，次年成立镇江支公司。其内部机构有：大班室、营业部、财务部、运输部、栈房部等。该公司先由油轮将石油从上海运到镇江中转，然后转售大江南北各县城、乡镇。20

图P-3-2-3-2 1960年代亚细亚石油公司旧址改为长江旅社

图3-2-3-3 修缮后的亚细亚火油公司旧址（南立面）

世纪50年代以后，该楼多次易主，60年代前后归镇江市房管局管理，曾作为长江旅社（图P-3-2-3-2），80年代中期改制出售给北固水泥厂赵育林先生，21世纪初由赵先生捐赠给镇江市文化局，曾辟为镇江市民间文化艺术馆（图P-3-2-3-3），直到2018年底。

3．遗存状况。该建筑为砖木结构，两层西式楼房，经过近百年的使用，建筑主体良好，风貌犹存。部分木梁、檩、桁、屋架腐朽。该建筑是一座凹字式两层砖木结构西式楼房，造形别致。正面北向迎江，朝北下层正中为大门，上有门檐，檐下设置有一对火炬形灯柱装饰，两边墙面伸出雕花支架衬托（图P-3-2-3-4），楼房迎江两层上下各有相对称的5个铁框架的玻璃窗，大门上部一窗最大。正立面外墙起线较多，花岗岩大弧浑圆边勒脚，窗台、窗眉、门厅雨篷都是典型西式建筑特点；一二楼门窗周边凸出墙面起弧形线，在楼身腰部窗间墙墙面塑有6个立体空十字，四角正圆凸起（图P-3-2-3-5）。矩形空心十字形矩形线条；木窗选用洋松（美国松木）。

由大门入内为明间，深红色水磨石子地面。另设两道券门，在大门内左侧有一小门，里有小台阶通向地下室，内有地下油库，大门前两边原设有输油管道，上覆钢筋混凝土质地的圆形盖板，直径约0.6m，可以启合。在明间的第二道券门左侧有台阶，铁栏杆上有木扶手盘旋梯上楼，第二道券门进入东西向走廊，朝北左右各为3大间、1小间。朝南为大厅，其东西端南北向亦设走廊，两边房屋各5小间。南立面中部内收4m设庭院，铁栅栏围挡；东部设楼梯直上二楼（图3-2-3-6）。

图P-3-2-3-4 亚细亚火油公司旧址门口壁灯

图P-3-2-3-5 亚细亚火油公司旧址外墙图案

图P-3-2-3-6 修缮后的亚细亚火油公司旧址（南立面）

二、主要修缮技术

中修。该建筑的木屋架、桁条，经过近百年的使用，部分已经腐朽，修理时用同样木材或强度、密度等技术等级更高一级的木材配换，并对承重结构木材的强度进行检验，按木结构设计规范的验收标准进行验收。在木结构施工过程中，每一主要工序交接时或隐蔽前，均进行质量检查并做好维修记录。加固屋架，增

图P-3-2-3-7 拆除南侧破旧民居后的亚细亚火油公司旧址

强承载能力。加固前用千斤顶或竖向临时支撑卸荷，支撑点设在上弦节点附近；加固时在原构件两侧加木夹板，用螺栓固定。

屋架端部节点受剪面承载能力不足，或受剪面附近出现裂缝时，用两块钢板夹在屋架下弦，用双排穿孔钢螺栓，将新硬垫块夹紧固定，屋架下弦端顶头用槽钢的钢拉杆4根，将槽钢与下弦钢板拉紧。端头上部加硬木垫块，借以传梯上弦推力。木屋架端部，梁支座端部和两侧留出空隙，均不小于5cm，刷防腐的沥青漆，

图P-3-2-3-8 修缮后的亚细亚火油公司旧址（南立面）

设防腐垫木，使承重木构件，尽量不直接拉触砌体和混凝土。屋面防水。拆除南侧破旧民居，留下了足够建控地带（图P-3-2-3-7、图P-3-2-3-8）。

三、建筑物修缮责任表

建筑物修缮单位：镇江市西津渡建设发展有限责任公司

项目负责人：张颀科

监理单位：镇江建科工程监理有限公司

设计单位：镇江市地景园林设计公司

监理人员：刘晓瑞 景宝富

施工单位：镇江市新润建筑安装工程有限公司

四、施工图

如图D-3-2-3-1～图D-3-2-3-6所示。

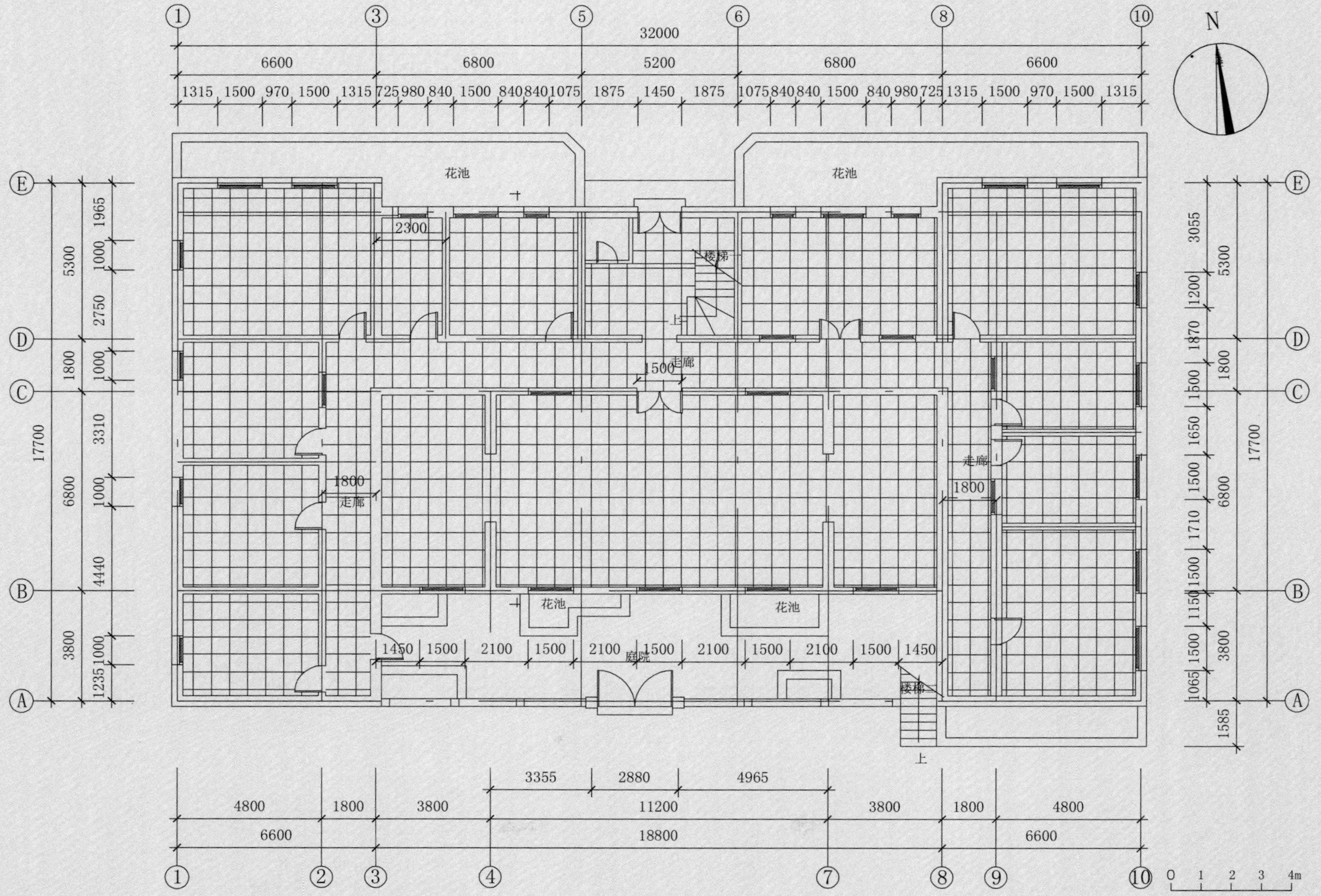

图D-3-2-3-1 亚细亚火油公司旧址一层平面图

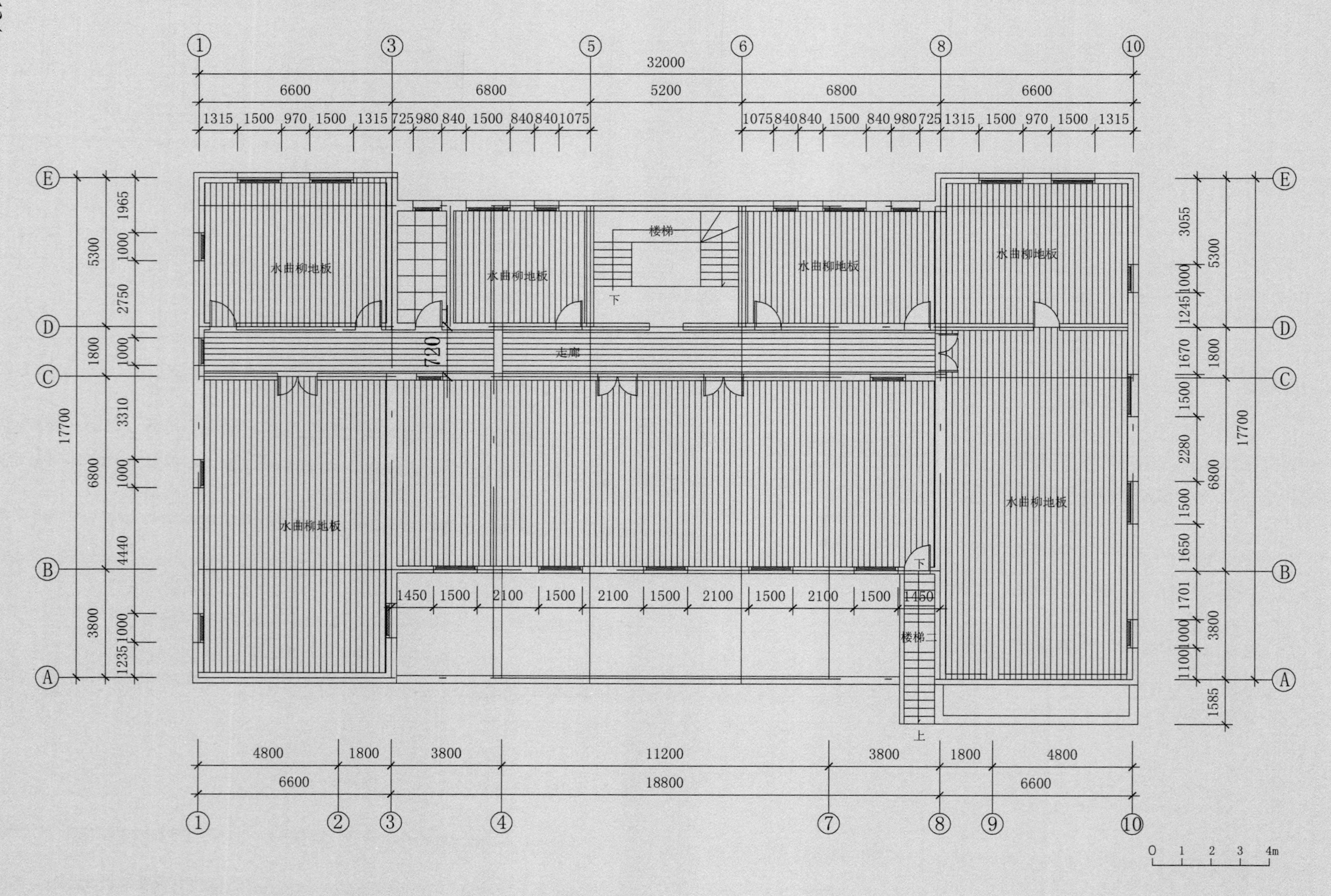

图D-3-2-3-2 亚细亚火油公司旧址二层平面图

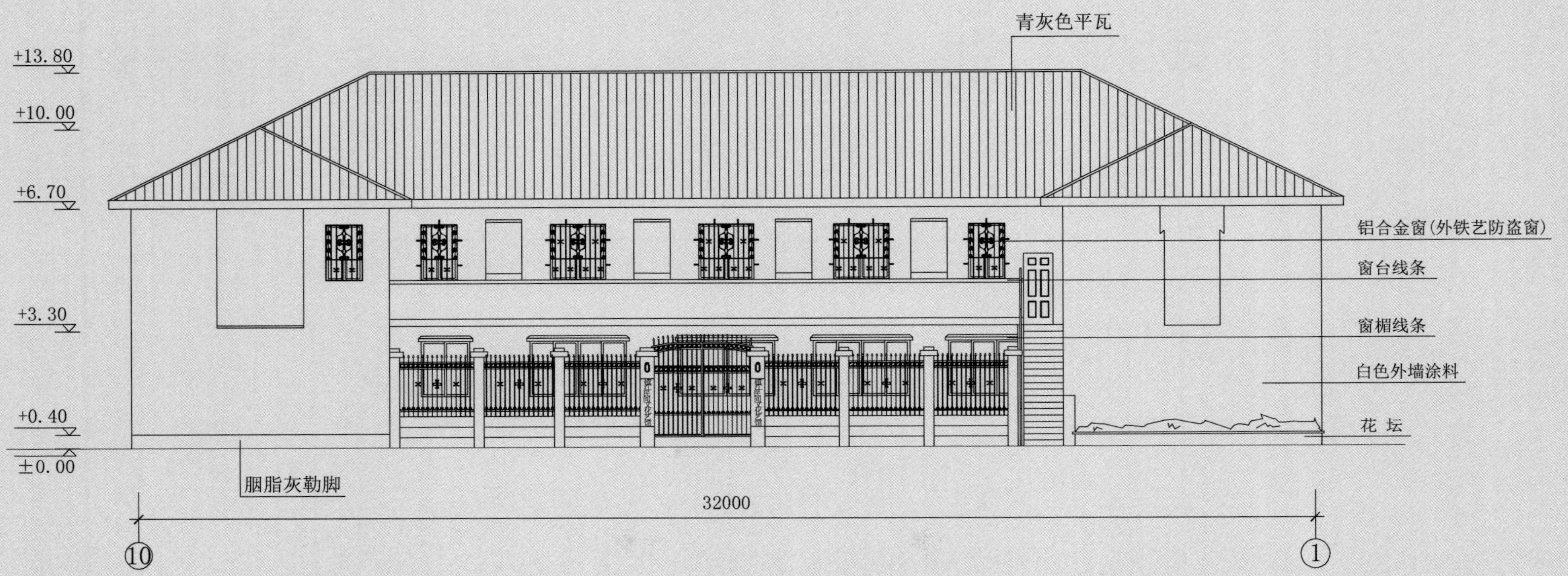

图D-3-2-3-3 亚细亚火油公司旧址南立面图

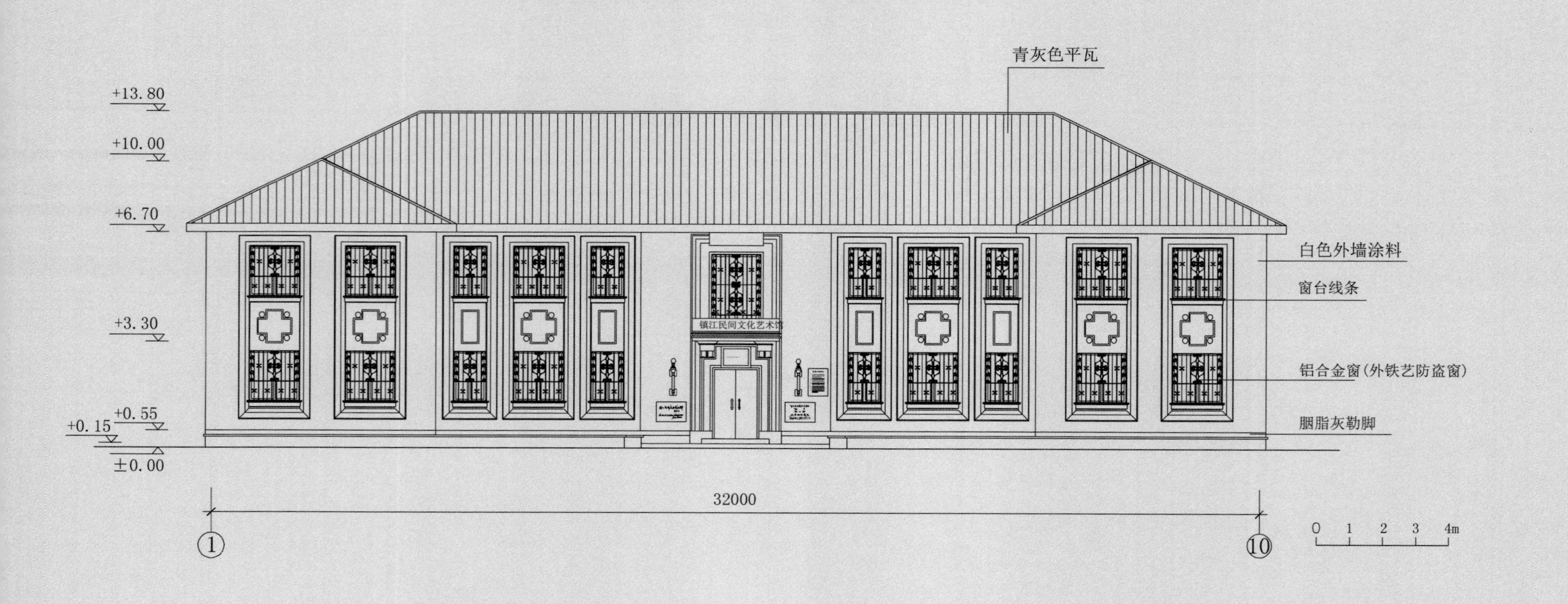

图D-3-2-3-4 亚细亚火油公司旧址北立面图

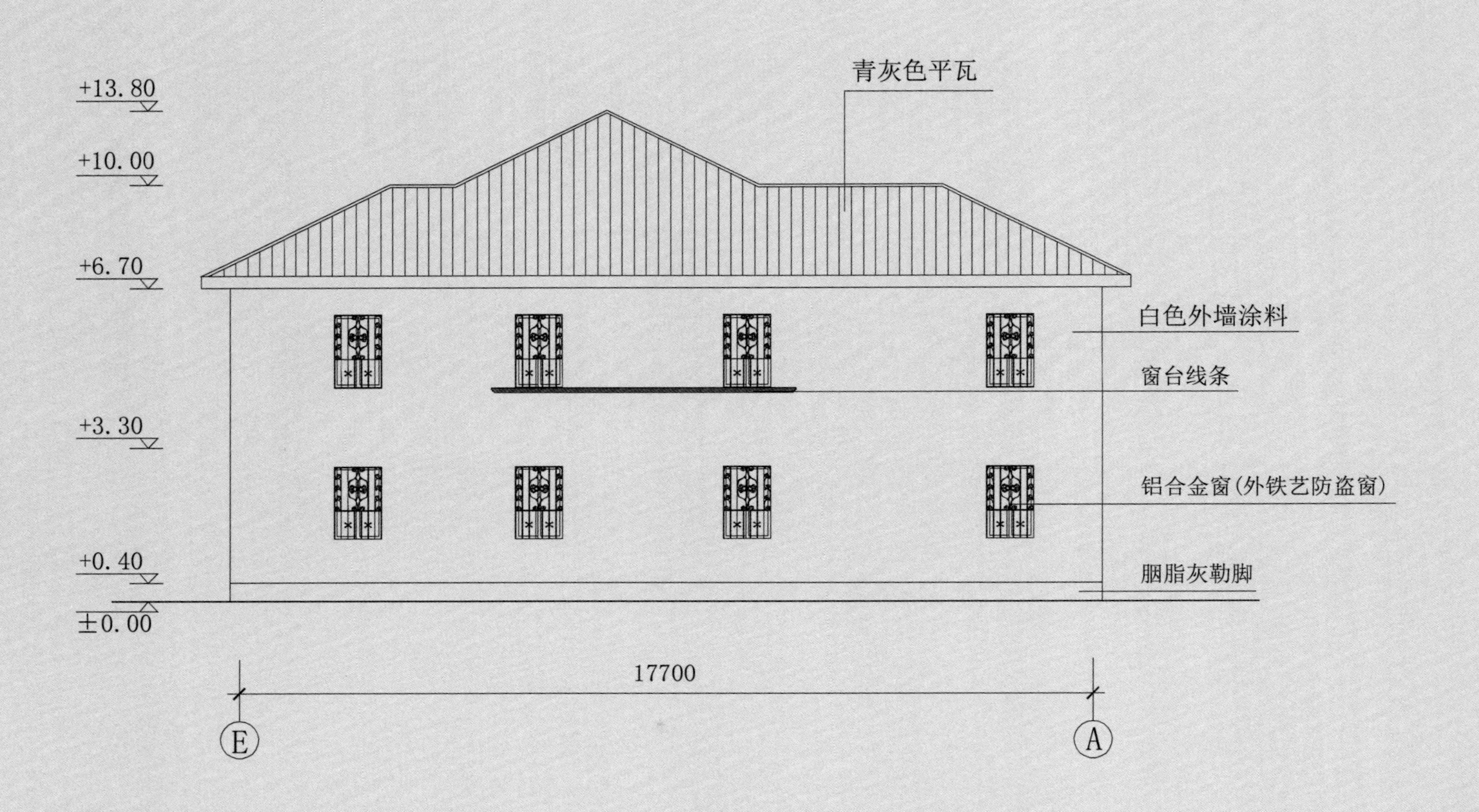

图D-3-2-3-5 旧址亚细亚火油公司西立面图

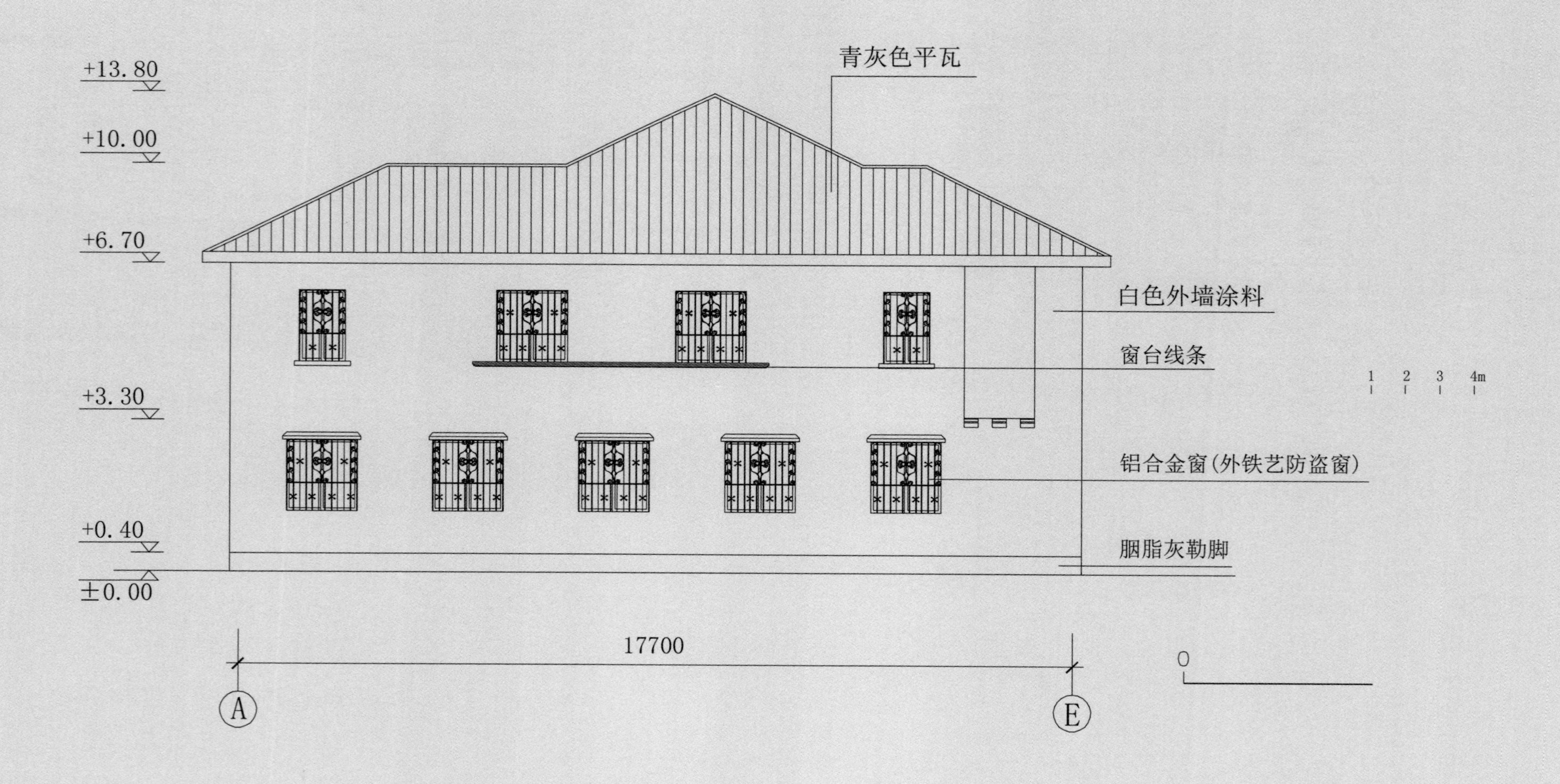

图D-3-2-3-6 亚细亚火油公司旧址东立面图

第四节 原美孚火油公司旧址

一、概况

1. 建筑形态。原美孚火油公司旧址位于迎江路16号（原属英租界）。该建筑坐东朝西，呈“L”形布局，为典型西式三层（北侧中部两层）砖混结构（图P-3-2-4-1）。西面（大门）朝迎江路，北面朝原二马路，南侧为原工人电影

图P-3-2-4-1 美孚火油公司旧址（西北立面）

院，东临镇屏山。整栋建筑长38.3m、宽29.1m，高12.5m，总占地面积1115m^2，总建筑面积1699m^2。

美孚火油公司旧址于1992年由镇江市人民政府公布为市级文物保护单位。

2. 历史沿革。美孚火油公司建于清光绪三十二年（1906年），是当时镇江最大的一家外国石油公司（图P-3-2-4-2）。公司建筑所在地位于原英租界内。该公

图P-3-2-4-2 民国时期美孚火油公司旧址

图P-3-2-4-3 民国时期美孚火油公司江边码头油栈和制罐车间

图P-3-2-4-4 修缮中的美孚火油公司旧址

司在江边设有码头、油栈等，还有制罐车间（图P–3–2–4–3）。经营范围至苏南、苏北20余县、镇，以火油为大宗业务（图P–3–2–4–4）。当时因没有电源，火油主要用于照明，所以业务量很大。1937年遭日机轰炸，内部焚毁，后于1950年修复。20世纪50年代起曾作为镇江市工人文化宫，直到2009年。修缮后曾作为镇江西津渡文化旅游有限责任公司办公地址。

图P–3–2–4–5 西立面外墙雕有卷花纹饰的圆形倚柱

图P-3-2-4-6 西侧南端三间内设罗马廊柱

图P-3-2-4-7 修缮后美孚火油公司南立面外墙楼梯

3．遗存状况。该建筑遗存总体保存良好。三层楼（局部两层），西、北、东立面皆为红砖叠砌墙，设立直拱形窗，每层隔间立面均设有突出的混凝土质地的通天柱凸出墙面。南侧3间隔间柱设有上端雕有卷花纹饰的圆形倚柱（图P–3–2–4–5）。西立面自楼正面中部开门为明间，与后门相对，是为走廊，中有券门，南端三间内设罗马廊柱（图P–3–2–4–6）。L形内侧南、东外立面青砖石灰浆清水墙，其南侧设有外楼梯登楼（图P–3–2–4–7）。楼内敷设企口木地板和石灰抹面平顶天花。楼顶为四周围有瓶式栏杆的阳台平面，设钢筋混凝土现浇圈梁、压顶造矩形凹凸和弧形线条，钢筋混凝土、宝瓶、栏杆、压顶，上人平顶屋面。总体建筑坚固、庄重、美观，颇为引人注目。

2010年，西津渡公司对该建筑实行了修缮，并依照原样式，在楼东侧增加了部分建筑，整体形成一个凹字形建筑。建筑面积增加到2700m^2（图P–3–2–4–8）。

图P–3–2–4–8 修缮后美孚火油公司旧址凹字形内侧立面

二、主要修缮技术

中修、扩建。维修该楼前，西津渡公司请镇江市地景园林设计有限公司对原建筑进行了勘察、测绘和摄影，保存有关信息。在此基础上提出了修缮方案。镇江市文物局、西津渡公司组织有关文物、考古、建设等专家，对修缮方案进行评选、论证，同意按照原建筑外貌形状和原结构形式实施修缮；同时增加抗震构造措施和相关生活设施；拆除建筑物周边简易搭建的附属物。

根据专家论证方案，该建筑外墙清水砖墙保持原状。墙体修补技术及工艺如下：外墙的修补，采用和它年代相近的红、青砖材料，局部拆除重砌。外墙外侧填缝操作时，先将裂缝清理干净，根据裂缝宽度不同，分别用钢拖条、勾缝、抿子等工具，采用水泥砂浆，或比原砌体用灰浆高一等级的混合砂浆，将裂缝填抹严实。抹灰可用作裂缝处理，也可于砌体表面做酥碱等缺隐的处理及防水、防渗的措施。抹灰将原粉刷层砖缝剔除清洗干净，用水泥砂浆勾内墙砖缝，设直径3mm钢成品钢板网，每50cm与墙体设连接点，钢筋混凝土圈梁构造柱，预埋设胡子钢筋跟其绑扎连接，在底层用防水水泥砂浆，

图P-3-2-4-9 美孚火油公司旧址（东北立面）左侧三跨增修建筑

粉刷两层以上用水泥混合砂浆粉刷。择砌时，将酥碱或破坏的部位砖挖掉，清扫浮动灰浆，重新选用同质同样的砖和比原砌体高一等级的灰浆补砌好，随挖随砌，细心操作，尽量减少对原砌体的震动和损伤。砌体局部出现严重空鼓的拆除补砌。补砌的墙体应搭接牢固、咬槎良好、砂浆饱满。对严重损坏腐蚀的底部墙体，采用“架梁掏砌”的方法，采取钢木分段模支撑，对腐蚀的墙体分段拆掏，每段不宜超过支撑点长，且不宜超过1.5m，留出接槎连续进行接槎掏砌。掏换后的砌体顶头缝，用坚硬的材料塞紧，并镶足高标号水泥砂浆。上述墙体修补工艺也适合街区类似墙体的修补。

砌体安全度不足实施加固的部分，外立面、内部结构由地基扩大砖基础，接地的接触面，增设钢筋混凝土基础、地圈梁、构造柱，侧面设钢筋连接；每层楼面墙顶均设钢筋混凝土圈梁构造柱。屋顶增设钢筋混凝土叠合板，以增加该建筑的抗震性能。

将原粉刷层砖缝剔除清洗干净，用水泥砂浆勾内墙砖缝；设直径3mm钢成品钢板网，每50cm与墙体设连接点，钢筋混凝土圈架构造柱，预埋钢筋跟其绑扎连接，在底层用防水水泥砂浆，粉刷两层以上，用水泥混合砂浆粉刷。

楼顶用局部拆除重砌，择砌（挖补）的方法，处理对安全已发生影响的截面减少1/5、歪闪、裂缝等损毁现象。重做屋面防水，整修或重装宝瓶栏杆。

根据专家论证会审意见，同意在整体修缮保护原建筑的同时，增设东部建筑。要求东部建筑的外部立面结构与原美孚洋行建筑保持一致，使整栋建筑由原来的L形转化为凹字形建筑，完善建筑使用功能（图P–3–2–4–9）。

三、建筑物修缮责任表

建筑物修缮单位：镇江市西津渡建设发展有限责任公司

项目负责人：邵浜

测绘、修缮设计单位：镇江市地景园林设计有限公司

测绘、修缮设计人员：许忠东

监理单位：镇江建科工程监理有限公司

监理人员：刘晓瑞 沈珉

施工单位：镇江光大建筑有限公司

项目经理：谭世茂

施工时间：2011.3.10 — 2011.12.30

四、施工图

如图D-3-2-4-1 ~ 图D-3-2-4-7所示。

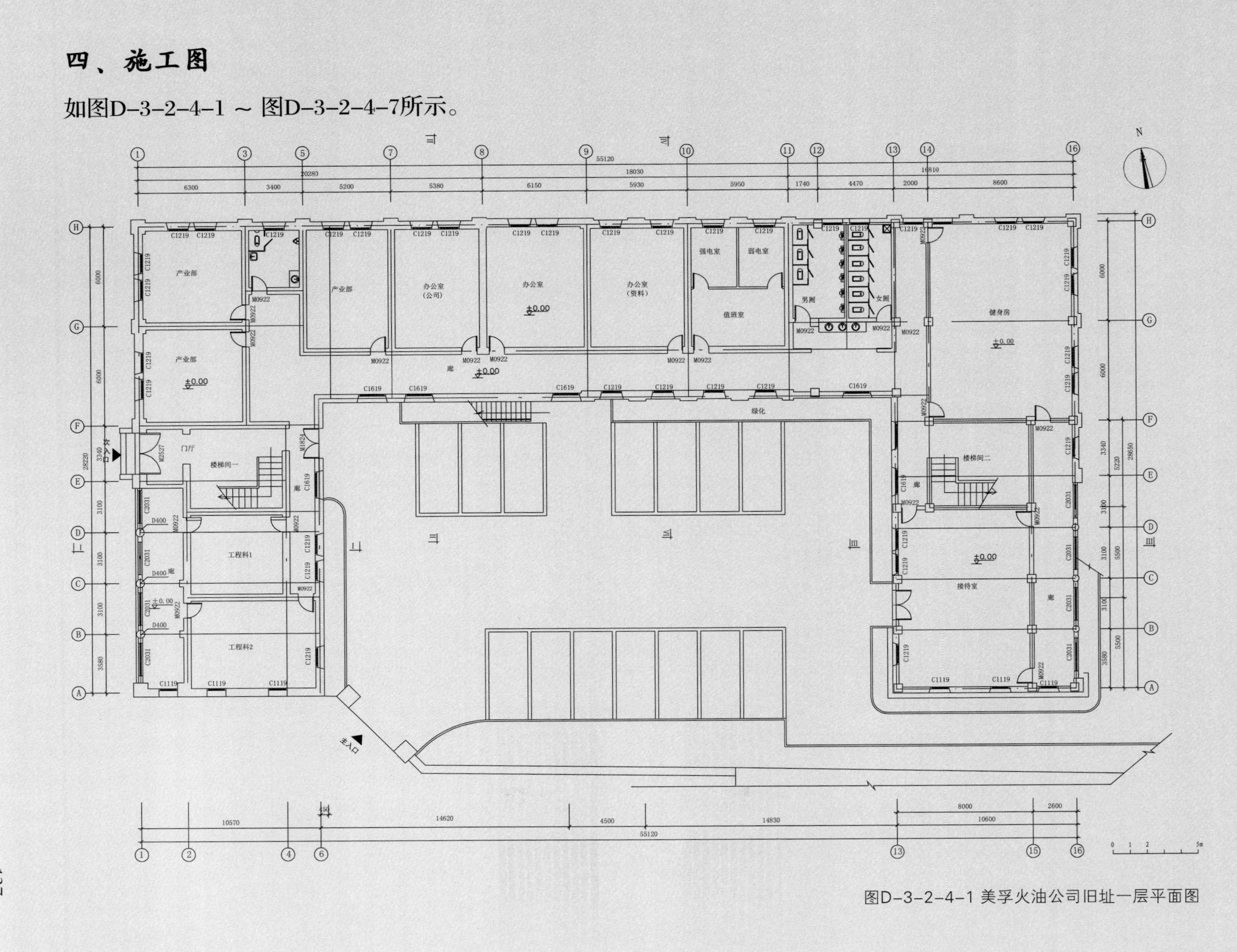

图D-3-2-4-1 美孚火油公司旧址一层平面图

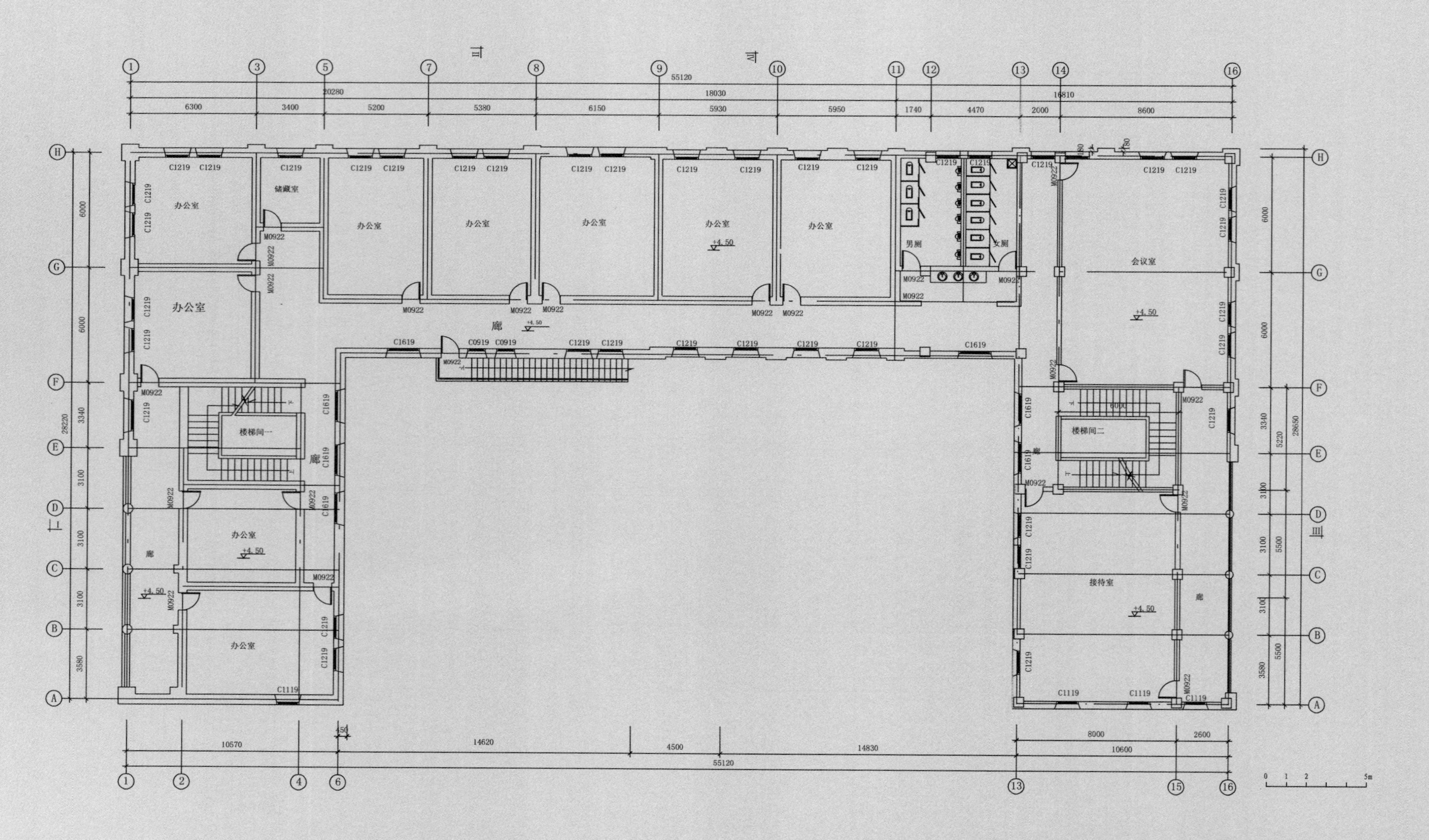

图D-3-2-4-2 美孚火油公司旧址二层平面图

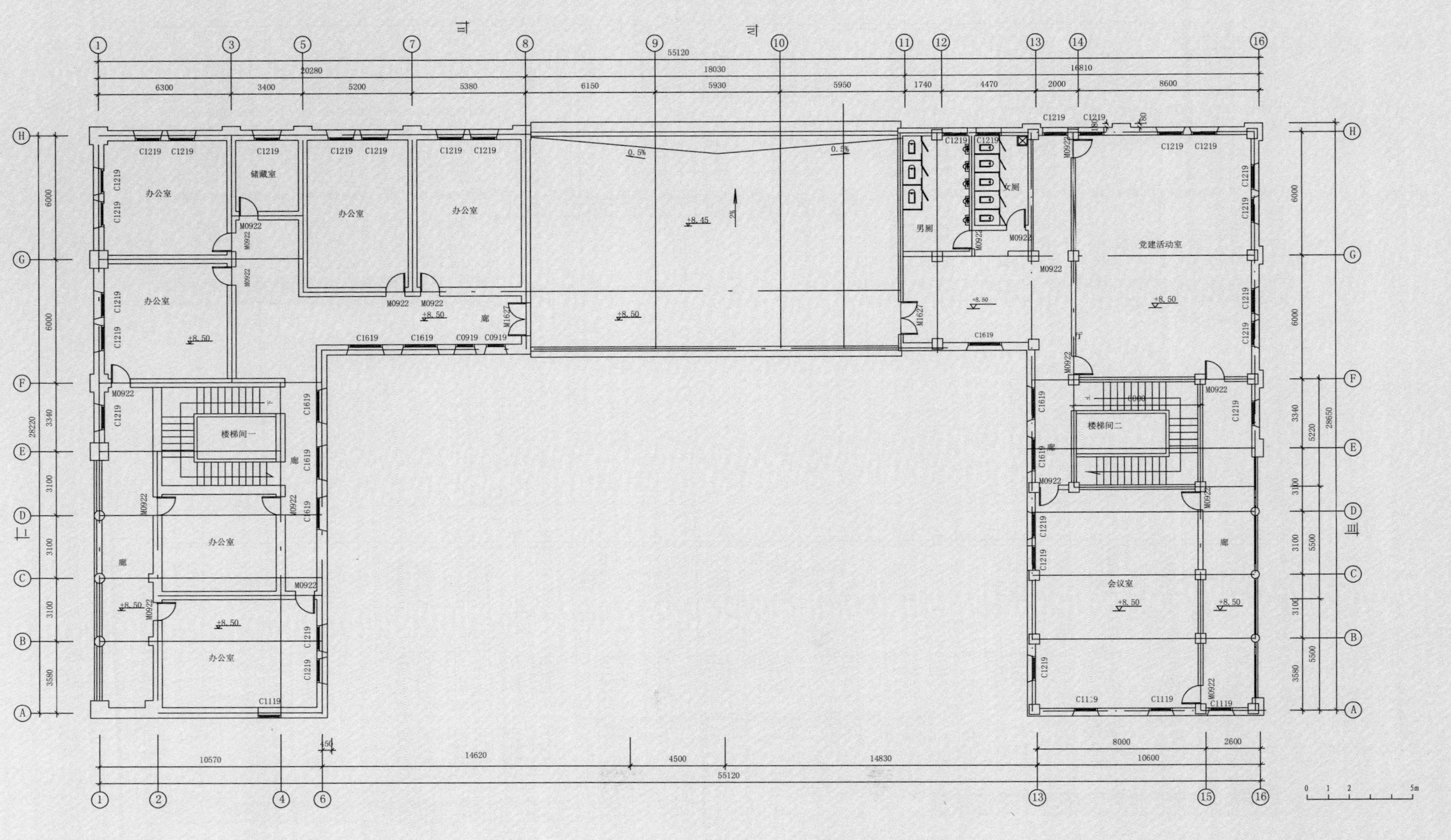

图D-3-2-4-3 美孚火油公司旧址三层平面图

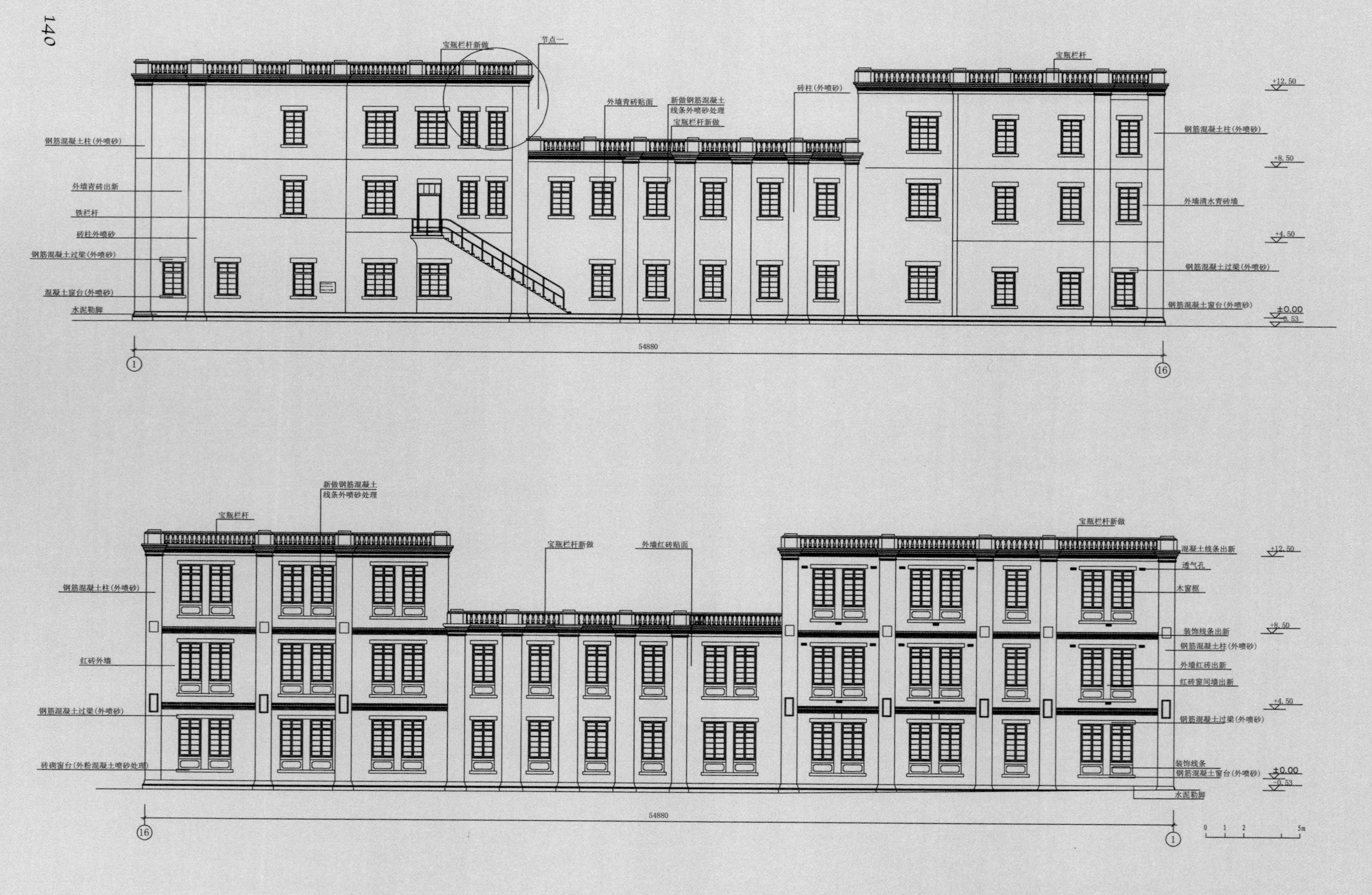

图D-3-2-4-4 美孚火油公司旧址南、北立面图

图D-3-2-4-5 美孚火油公司旧址东立面图

图D-3-2-4-6 美孚火油公司旧址西立面图

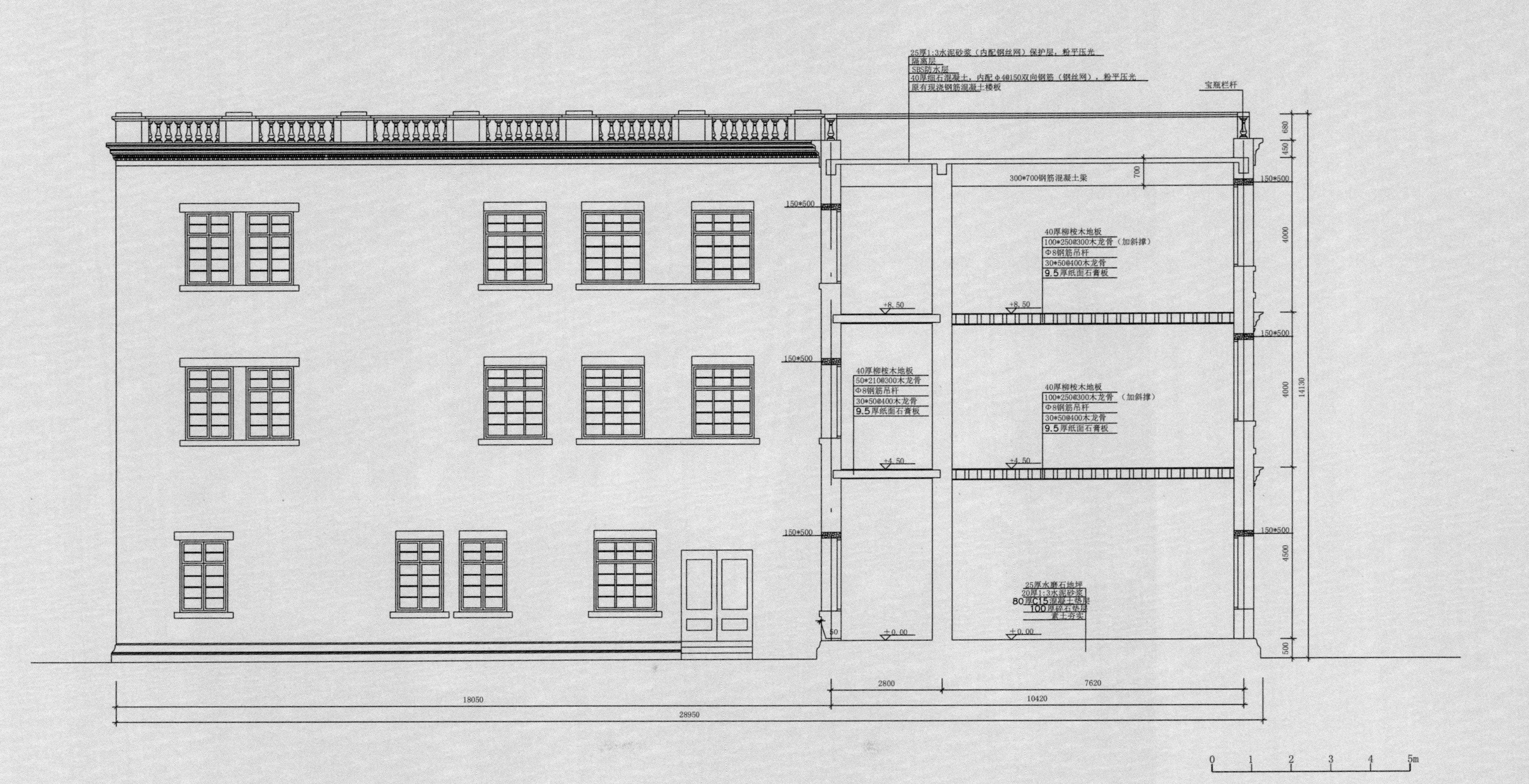

图D-3-2-4-7 美孚火油公司旧址剖面图

第五节 迁建的德士古火油公司

一、概况

1. 建筑形态。德士古火油公司迁建后位于西津渡鉴园广场内（图P-3-2-5-1），坐东朝西，东临税务司公馆、北邻亚细亚火油公司、南面是巡捕房，三大建

图P-3-2-5-1 迁建后的德士古火油公司（西立面）

图P-3-2-5-2 迁建后的德士古火油公司东侧耳房

筑旧址环抱其中，门前为鉴园广场。该建筑主楼为两层五间，钢筋混凝土结构，屋顶为木构屋架的西式建筑。该建筑长22m、宽12.15m、高10.4m，总占地面积280m^2；总建筑面积598m^2，另附有70m^{2}的耳房（图P-3-2-5-2）。1982年被镇江市人民政府批准为市文物保护单位。

2．历史沿革。镇江德士古火油公司旧址位于长江路钛白粉厂（今皇冠假日酒店）内，后为镇江钛白粉厂办公楼。德士古是美国加利福尼亚德克萨斯石油公司的简称，1902年创建。在上海设有德士古中国有限公司，镇江是支公司。该建筑建于1904年系美式两层楼房，砖木结构（图P-3-2-5-3），占地面积119m^2，坐

图P-3-2-5-3 民国时期位于江边的德士古火油公司旧址办公楼

图P-3-2-5-4 原苏北路江边的钛白粉厂办公楼（德士古火油公司旧址）

西朝东，因长江路拓宽，2000年4月24日，镇江市政府召开市长办公会并形成会议纪要，决定“位于钛白粉厂内的德士古火油公司旧址易地复建”，“市文管办要加强对拆除保全工作的业务技术指导”。市干道办对原有建筑所有的建筑构件都作了标记后拆卸封存，为异地移建做了准备。但因保管失责，致原构件损毁遗失。2006年，德士古火油公司复建修缮方案经过镇江市文管会及建筑、考古、文物等方面专家进行论证、评审后，形成评审意见，由西津渡公司于西津渡鉴园广场内按原式样复建扩建（图P-3-2-5-4）。

3．遗存状况。2006年，德士古火油公司旧址建筑迁建方案经批准后在西津渡

图P-3-2-5-5 迁建后的德士古火油公司

鉴园广场东按原式样复建。迁建后的德士古火油公司旧址建筑实际占地面积和建筑面积都有所增加，现为一幢主楼为两层八间砖木混合结构的西式建筑（图P-3-2-5-5）。

二、主要修缮技术

迁建。拆迁该楼前，镇江市地景园林设计有限公司对原建筑进行了勘察、测绘和摄影，保存有关信息。在此基础上提出了复建方案。镇江市文物局、西津渡公司组织有关文物、考古、建设等专家，对修缮方案进行论证、评审后同意按照原建筑外貌形状和原结构形式实施迁建，并同意同比例扩建为8间，增加抗震构造措施和相关生活设施。

图P-3-2-5-6 迁建后的德士古火油公司大楼双立券半圆门洞

该建筑复建时根据实际使用需求和场地情况，基本结构采用钢混框架结构，外立面为四周青条石台基勒脚；外墙面青砖清水砌筑，红砖清水砌筑廊柱脚、门（窗）券、腰线、屋檐线；横竖砖缝勾灯草缝，弧形凸缝；正（西）立面砖柱、砖券、双立砖券正半圆门洞（图P-3-2-5-6），券脚凸红砖清水砖墙外2.5cm，券柱勒脚红砖正弧线角条出飞

图P-3-2-5-7 复建后的德士古旧址大楼内门廊

2.5cm，窗顶为弧形红砖两层立式券（弧形券俗称木梳券），内墙用水泥砂浆砌筑混水砖墙，混合砂浆粉刷内墙面。另东南北三面青条石窗台。

柳桉木实门对开门，镶彩色玻璃木窗、木券窗，室外木栏杆板。

西面正门外廊部分（图P-3-2-5-7），为水磨大方砖地面，楼地面均为木地楞、木地板，木地板下设80cm架空层，砖外墙设通气孔；外廊顶面为钢筋混凝土屋面，钢筋混凝土弧形出沿，青砖墙顶、下四皮青砖，出飞2.5cm红砖单层线条，间隔设红砖凸出造形，廊顶组织排水，白铁板落水管接地面。

主楼屋面为四坡木屋架，企口木望板，软性防水屋面上铺设钢丝网水泥砂浆保护层，屋面增设保温层，盖瓦楞铝合金板屋面，刷黑防腐漆。南面有两间一层青砖清水、红砖清水墙面样式，与主楼一致，为附属用房。

三、建筑物修缮责任表

建筑物修缮单位：镇江市西津渡建设发展有限责任公司

项目负责人：杨恒网 郑洪才 张颀科

测绘、修缮设计单位：镇江市地景园林设计有限公司 镇江市建筑设计研究院

测绘、修缮设计人员：许忠东 仲伟俊

监理单位：镇江建科工程监理有限公司

监理人员：刘晓瑞 肖镇

施工单位：镇江市锦华古典园林建筑有限公司

项目经理：高进华

施工时间：2009.4.1—2009.6.22

四、施工图

如图D-3-2-5-1 ~ 图D-3-2-5-7所示。

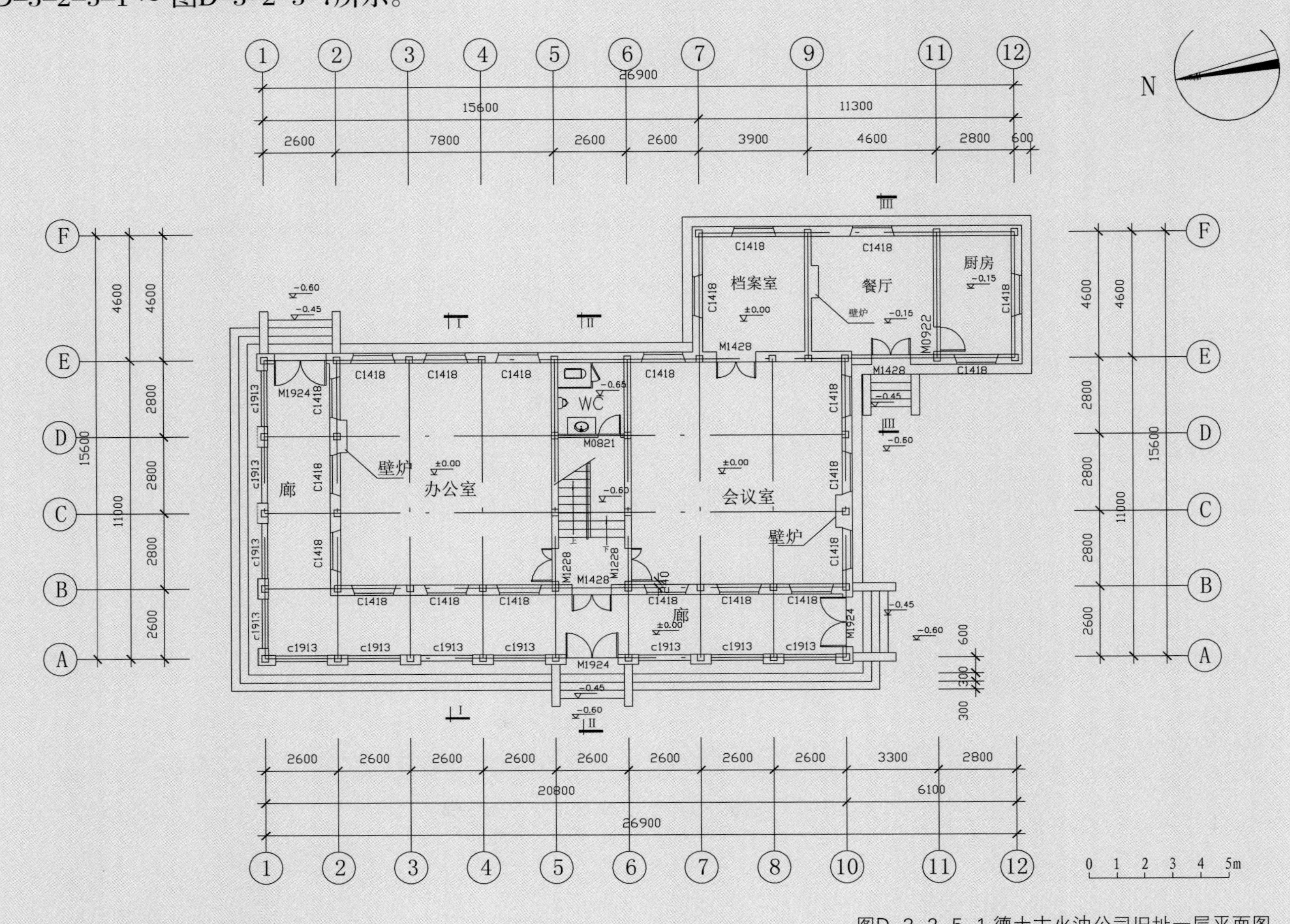

图D-3-2-5-1 德士古火油公司旧址一层平面图

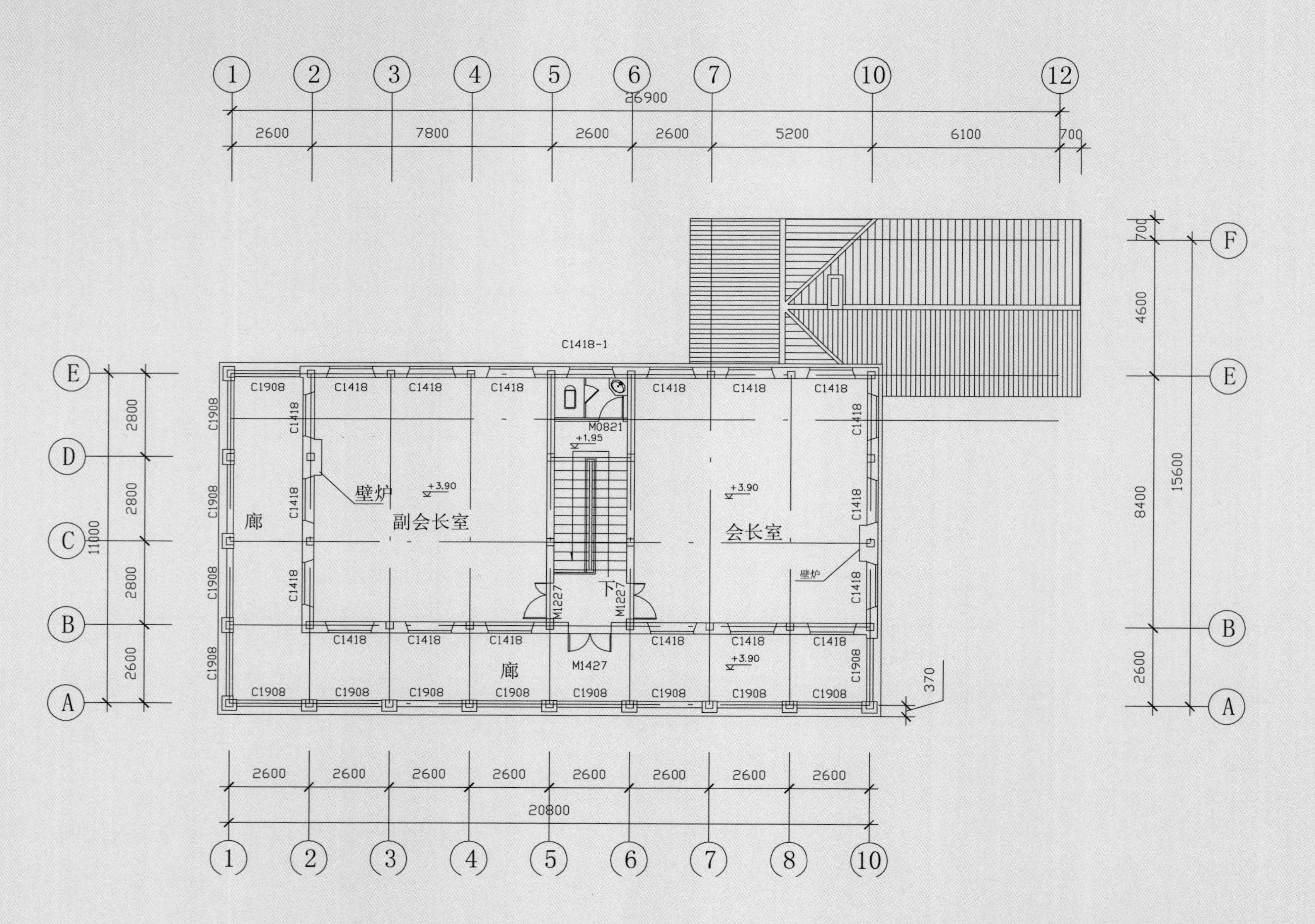

图D-3-2-5-2 德士古火油公司旧址两层平面图

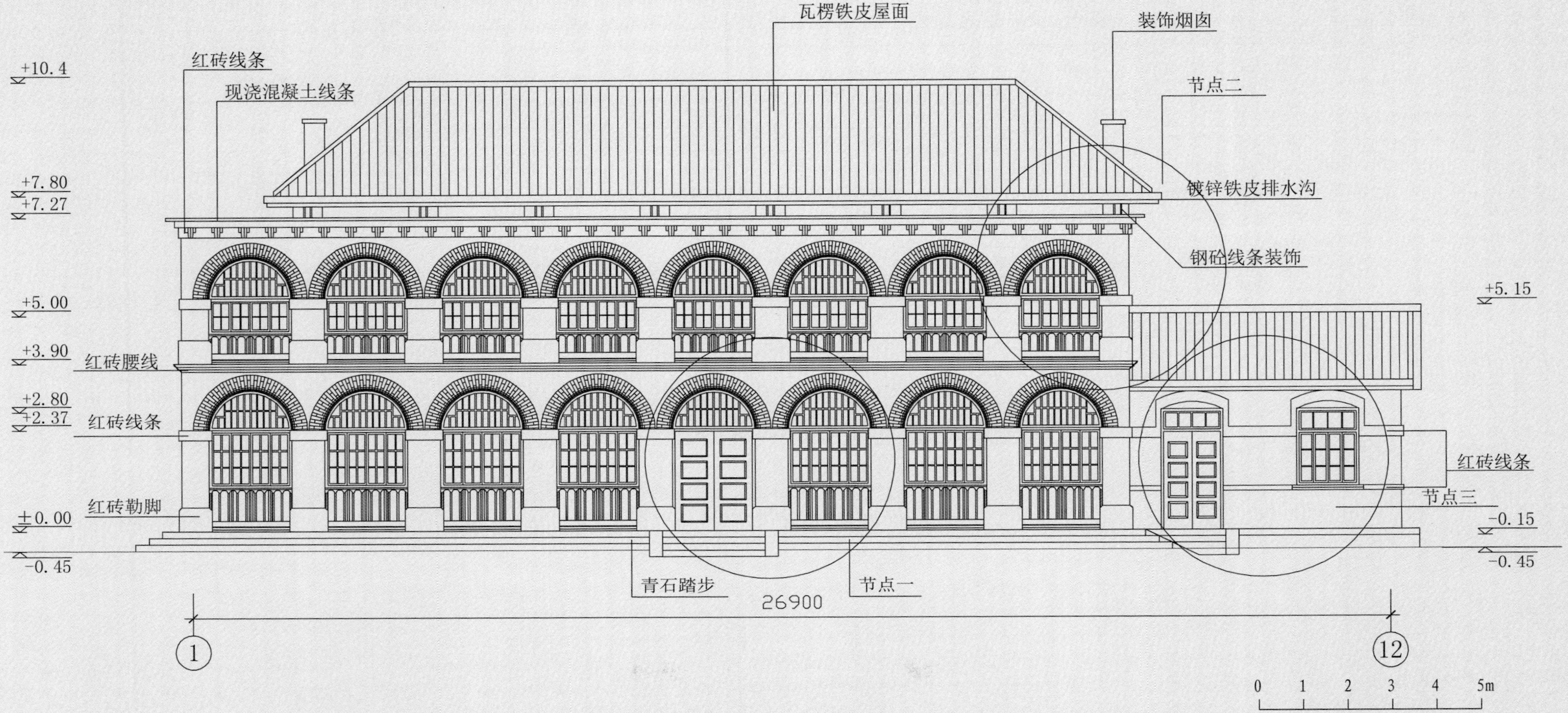

图D-3-2-5-3 德士古火油公司旧址西立面图

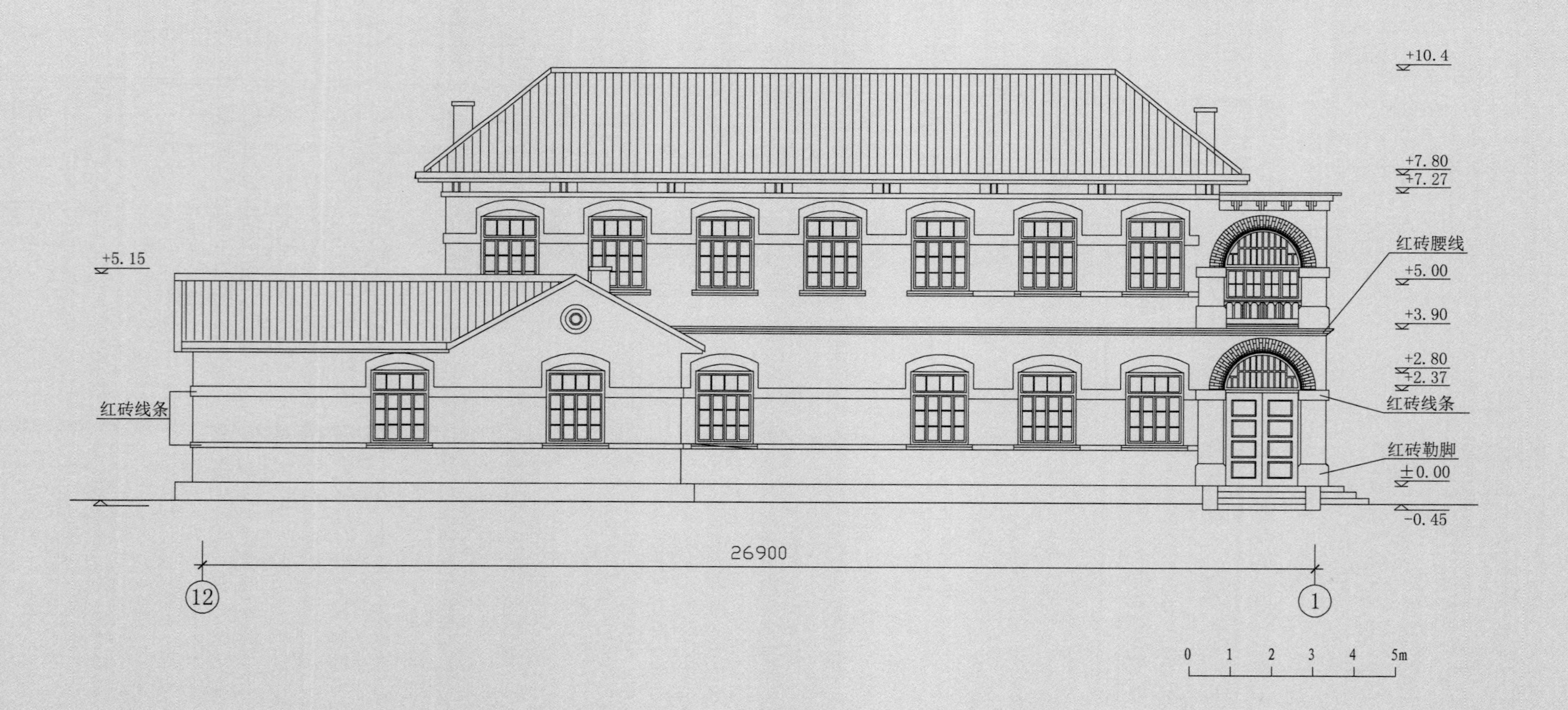

图D-3-2-5-4 德士古火油公司旧址东立面图

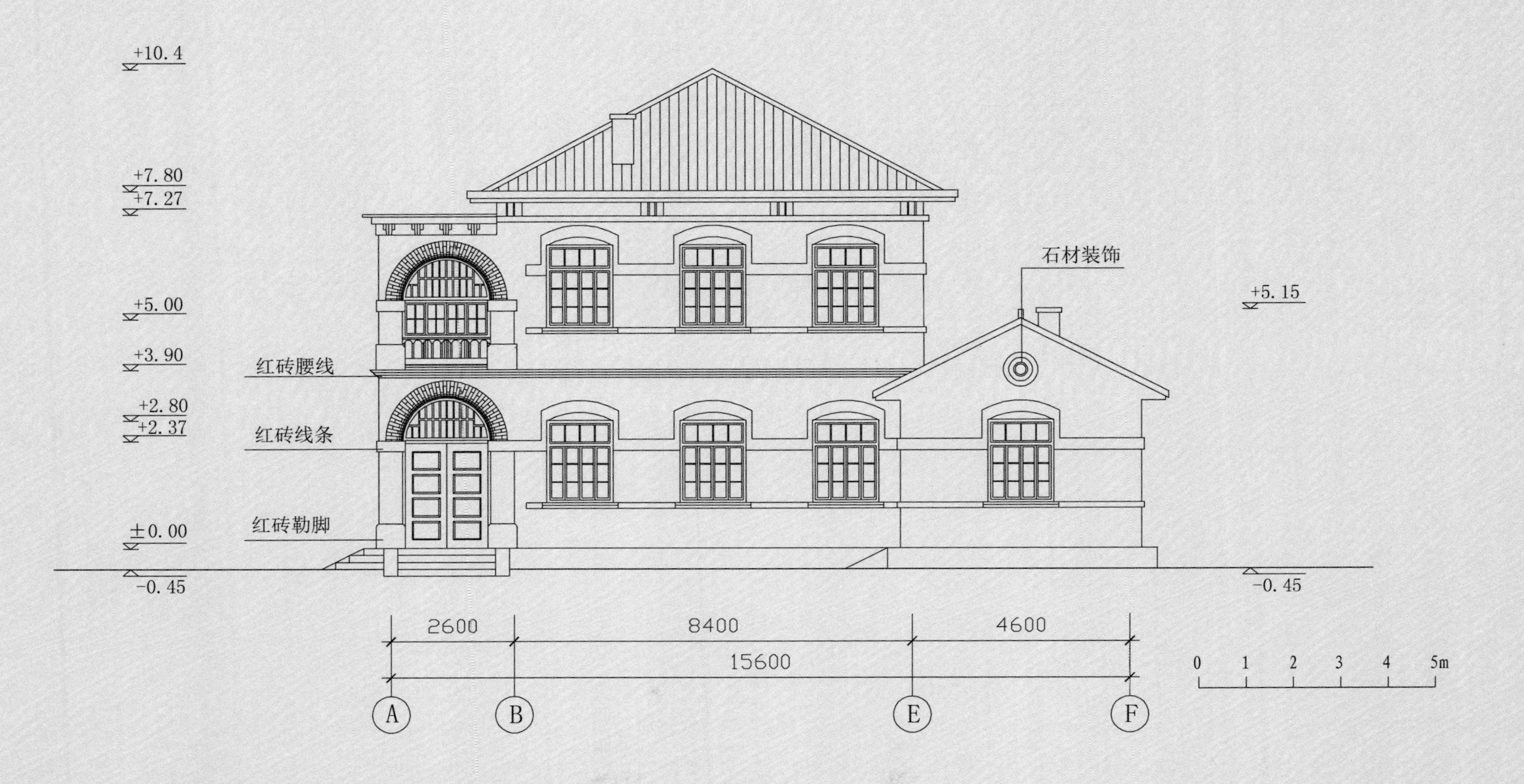

图D-3-2-5-5 德士古火油公司旧址南立面图

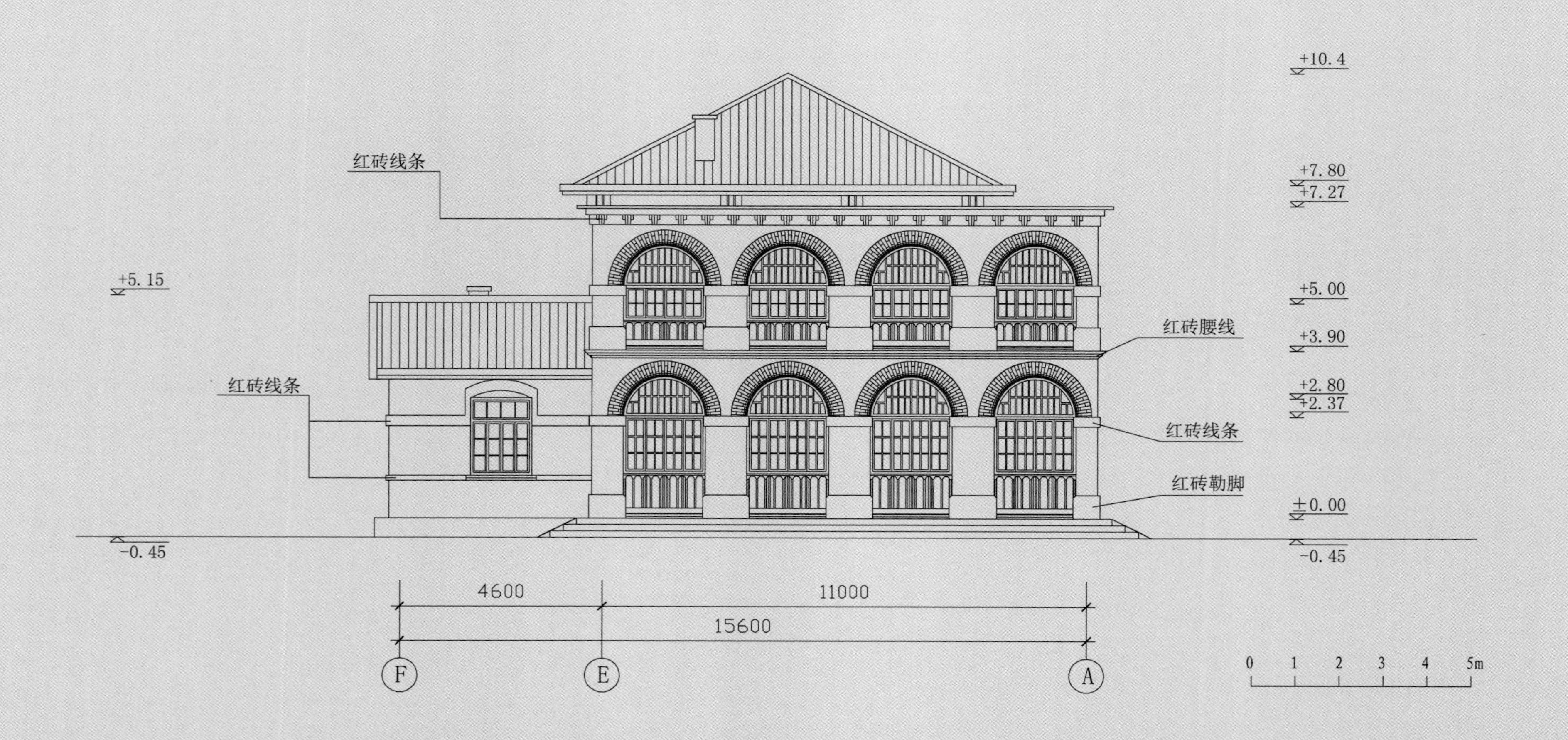

图D-3-2-5-6 德士古火油公司旧址北立面图

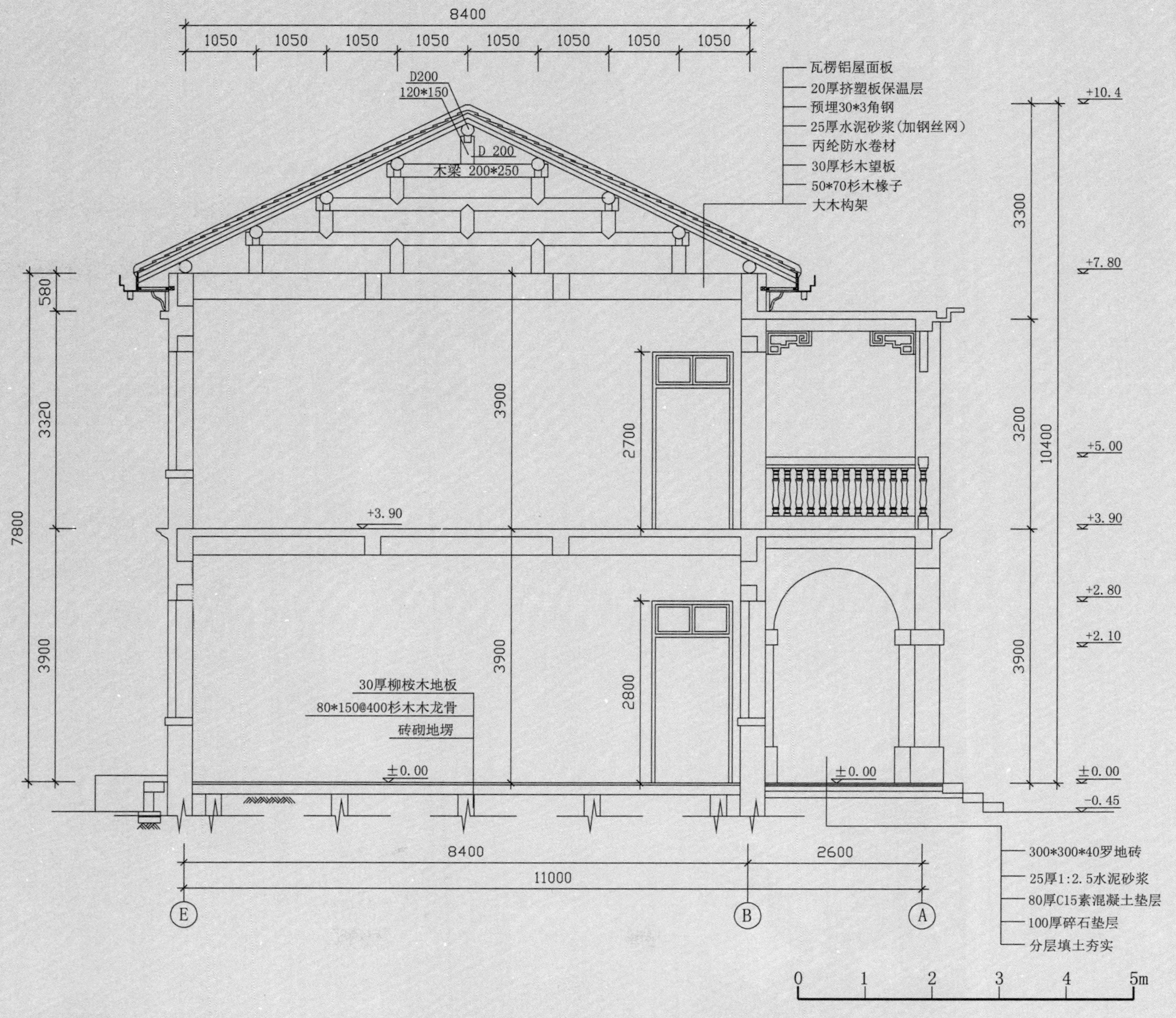

8400

1050 1050 1050 1050 1050 1050 1050 1050

D200
120*150
D 200
木梁 200*250

瓦楞铝屋面板
20厚挤塑板保温层
预埋30*3角钢
25厚水泥砂浆(加钢丝网)
丙纶防水卷材
30厚杉木望板
50*70杉木椽子
大木构架

+10.4
+7.80
+5.00
+3.90
+2.80
+2.10
±0.00
-0.45

3300
3200
3900
10400

580
3320
3900
7800

3900
3900
2700
2800
+3.90

30厚柳桉木地板
80*150@400杉木木龙骨
砖砌地垅
±0.00
±0.00

300*300*40罗地砖
25厚1:2.5水泥砂浆
80厚C15素混凝土垫层
100厚碎石垫层
分层填土夯实

8400
2600
11000

E B A

0 1 2 3 4 5m

图D-3-2-5-7 德士古火油公司旧址剖面图

图P-3-2-6-1 修缮后的镇江海关宿舍旧址(南立面)

第六节 镇江海关宿舍旧址

一、概况

1. 建筑形态。镇江海关宿舍旧址，又称海员俱乐部，位于西津渡历史文化街区利商街西延段。坐北朝南，西式建筑，为清末公共建筑。该建筑长37.1m、宽

19.6m，高11.9m，14开间两层加上北侧附属建筑共66间。总占地面积608m^2，总建筑面积1144m^2（图P-3-2-6-1）。

该建筑1993年6月30日年成为镇江市文物控制单位。

2．历史沿革。《天津条约》后镇江被辟为通商口岸，设海关署。清政府按《通商约章》规定任命英国人赫德为中国海关总税务司，由其选派洋员帮办收

图P-3-2-6-2 清末民国初镇江海关职员

税。镇江关收税的机关被称为镇江关税务司。镇江海关宿舍又称海员俱乐部，建造于1865—1866年，是清末民国初专供海关署高级职员们办公和日常生活娱乐的场所。当时这里曾有30多名外籍海关职员居住（图P-3-2-6-2）。

1929年，民国江苏省会迁至镇江，利用海关宿舍旧址建成了江苏省立医院（图P-3-2-6-3），1929年7月1日落成开业，设有内科、外科、妇产科、五官科和牙科等临床科室及药房、电疗、细菌化验等辅助科室。分门诊和住院两个部，设有病房27间、病床54张，是当时镇江唯一的公立医院。首任院长汪元臣，曾留学德国柏林大学，医学博士，长于外科手术；妇产科主任医师黄瑛也是柏林大学医学院博士毕业生，所以当时该院的外科与产科，颇为人所称道。1933年，省立医院在中山路设分诊所，分诊所附近就是镇江县平民产院（原京口饭店前的两层小楼）。1937年日寇侵华，镇江沦陷前夕，医院将可搬动的仪器药械拆运辗转武

图P-3-2-6-3 修缮前的镇江海关宿舍旧址（北）

图P-3-2-6-4 1949年江苏省立医院成立20周年合影

图P-3-2-6-5 镇江市人民医院半工半读护士学校开学典礼

汉到达重庆。1946年抗战胜利后，又原箱运回镇江，并附设有350余名学生的护士学校和助产学校。1947年1月改名江苏省立镇江医院（图P-3-2-6-4、图P-3-2-6-5）。1954年1月划归镇江市，更名为镇江市人民医院。1971年12月起更名为镇江市第二人民医院。海关宿舍旧址作为镇江市第二人民医院的办公用房一直沿用至2013年5月。

3．遗存状态。该建筑立面布局与巡捕房旧址相似。南侧设有通廊，中部设正门。北立面设有上人楼梯，北侧东西两侧设有两层耳房一层厢房；东西立面设有侧门和门厅，连接楼层中部廊道。经修缮后，恢复了原来的神韵，结构坚固，设施齐全（图P-3-2-6-6～图P-3-2-6-8）。

图P-3-2-6-6 修缮后的镇江海关宿舍旧址（北立面）

图P-3-2-6-7 修缮后的镇江海关宿舍旧址北立面外设楼梯

图P-3-2-6-8 修缮后的镇江海关宿舍旧址（东立面）

二、主要修缮技术方案

大修。维修该楼前，西津渡公司请镇江市地景园林设计有限公司对原建筑进行了勘察、测绘和摄影，保存有关信息。在此基础上提出了修缮方案。镇江市文物局、镇江市西津渡公司组织有关文物、考古、建设等专家，对修缮方案进行评估、论证，同意按照原建筑外貌形状和原结构形式实施修缮；同时将与原建筑风貌不相符的搭建拆除，以保持原建筑真实性和完整性。增加抗震加固措施，增加上下水、电、气、网络等公共配套基础设施。留出足够的控制地带，改善建筑周边环境。

修复中，将后期东、北立面外墙贴瓷砖全部铲除，用原内隔墙拆除青红砖，修理挖补风化严重的外墙，按原样式修缮恢复。清水青砖、红砖，弧圈，外墙体，砖柱等，恢复原建筑的原真状态。

对重要建筑构件，如壁炉、清水砖砌烟道，对木屋架、桁条等破损严重，按原材料规格、尺寸修复；瓦楞铝屋面。部分构件原用料规格偏小，存在安全隐患，此次修复进行更换并更换望板，增设保温层、防水层；两层木楼楞修复，全部用3.5cm木地板更换了楼板。

保留内墙，用ϕ4@300双钢筋网片，粉3.5cm水泥砂浆，木屋架、梁、柱处，用ϕ12钢筋加密加固。

南立面一、二层拆除了后搭建部分，按原样是修复外廊，清水墙，砖柱、台基，铁艺栏杆，楼、地面，整治周边环境。

三、建筑修缮责任表

建筑物修缮单位：镇江市西津渡文化旅游有限责任公司

项目负责人：史美侬 何今明

测绘、修缮设计单位：镇江市地景园林规划设计有限公司

测绘、修缮设计人员：丁玉春 骆雁 王欢欢

监理单位：镇江建科工程监理有限公司

监理人员：刘晓瑞 景宝富

施工单位：镇江市光大建设工程有限公司

项目经理：张彪

施工时间：2013.8.18—2013.11.14

四、施工图

如图D-3-2-6-1 ~ 图D-3-2-6-7所示。

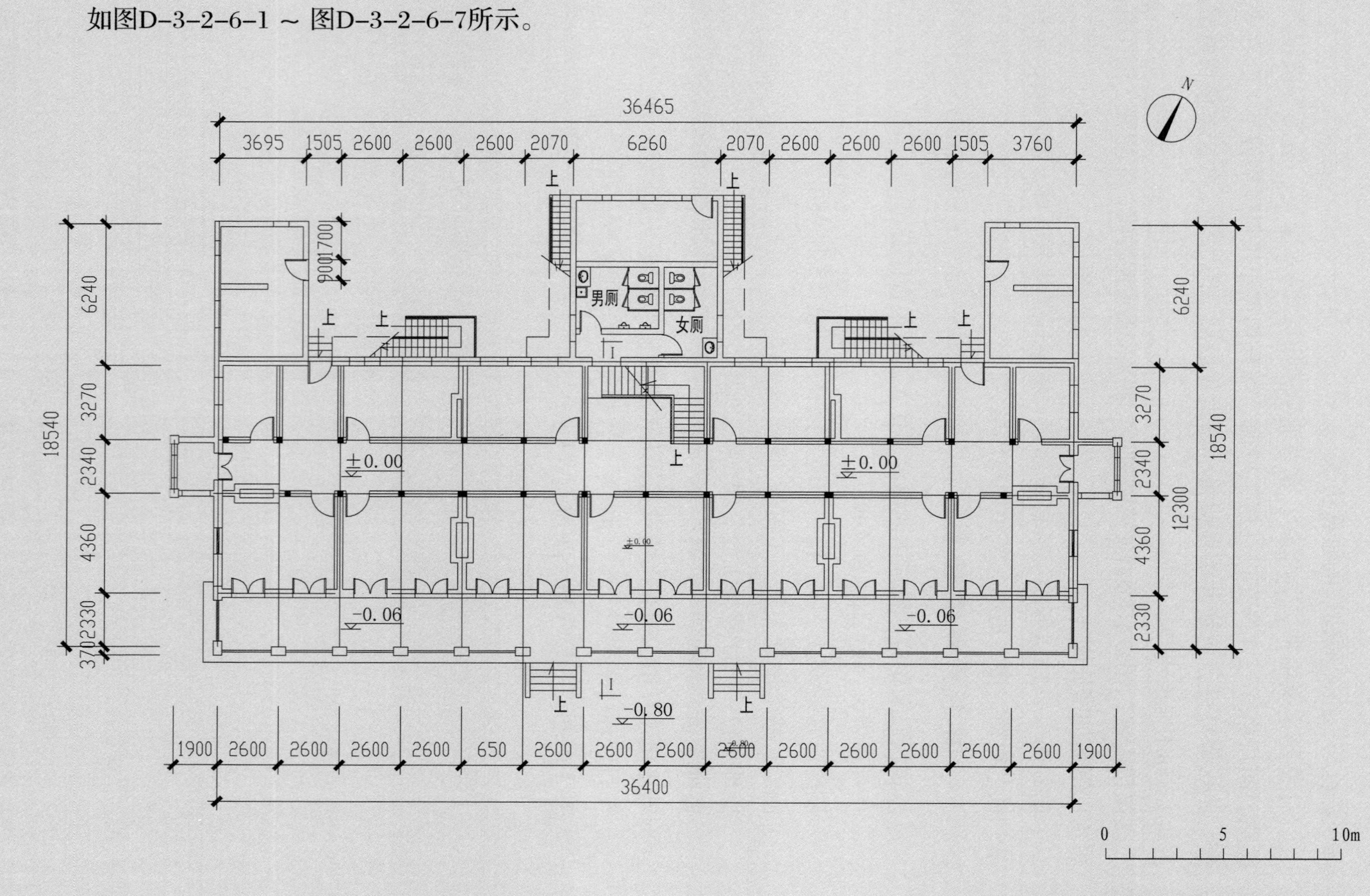

图D-3-2-6-1 镇江海关宿舍旧址一层平面图

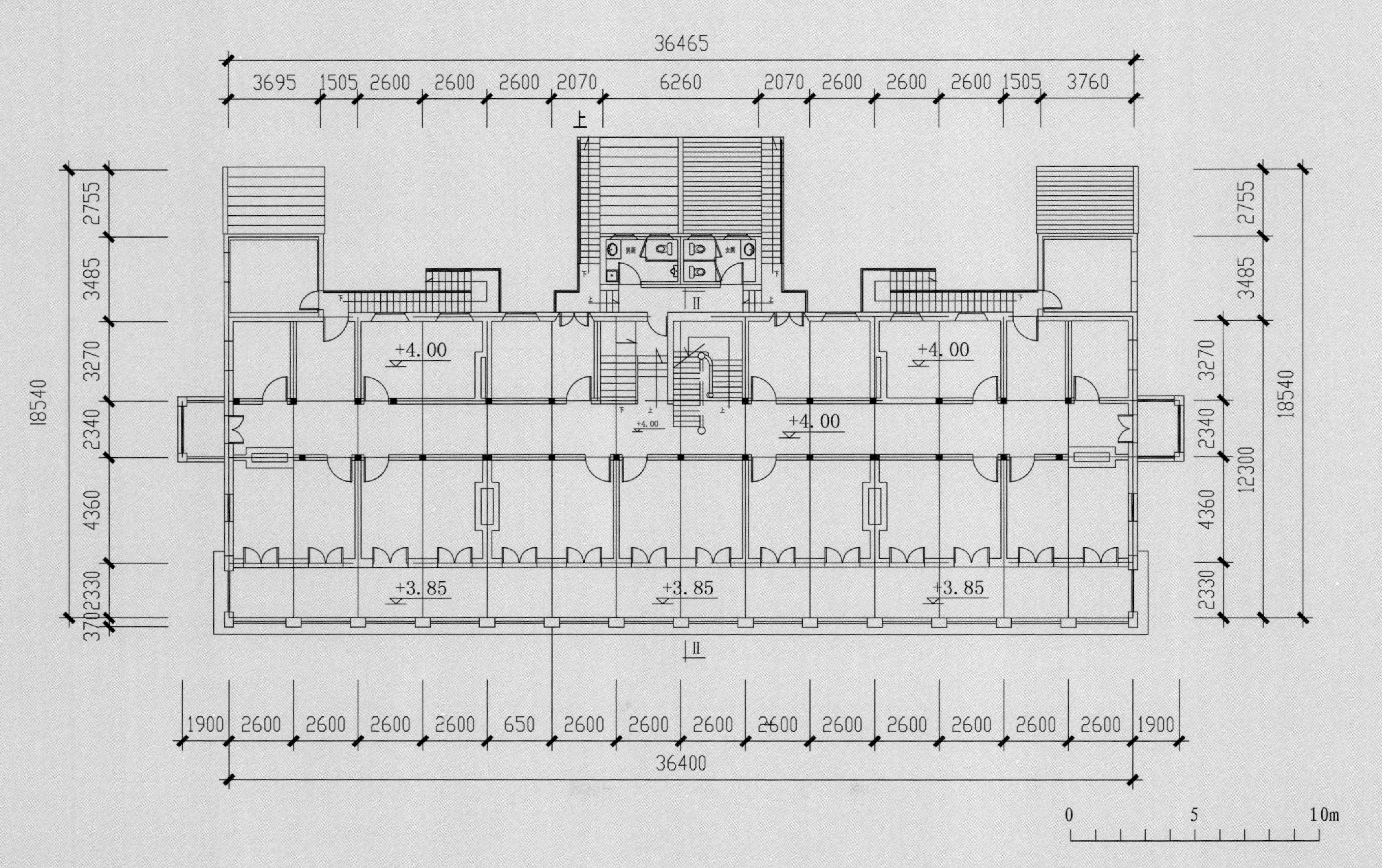

图D-3-2-6-2 镇江海关宿舍旧址二层平面图

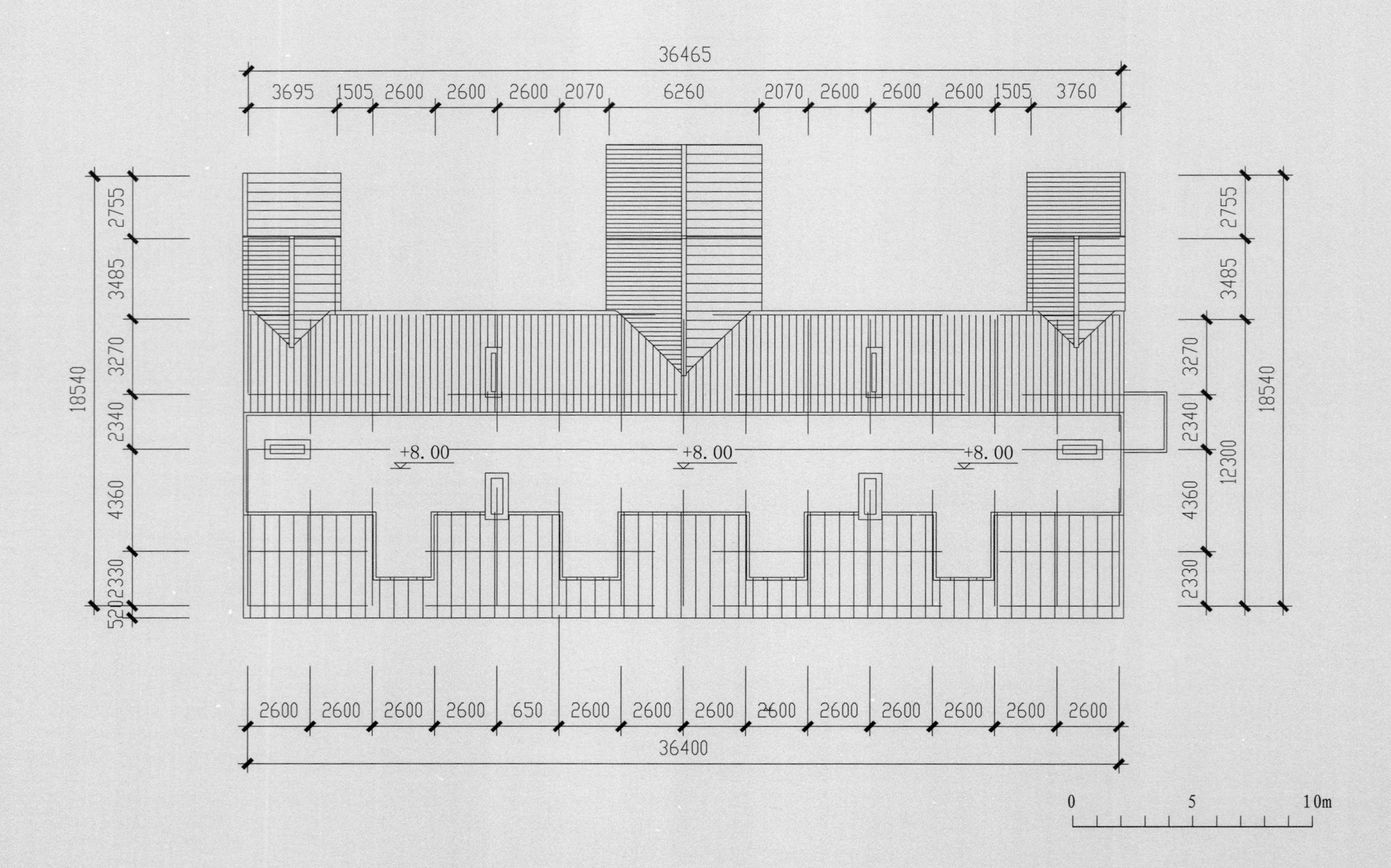

图D-3-2-6-3 镇江海关宿舍旧址阁楼平面图

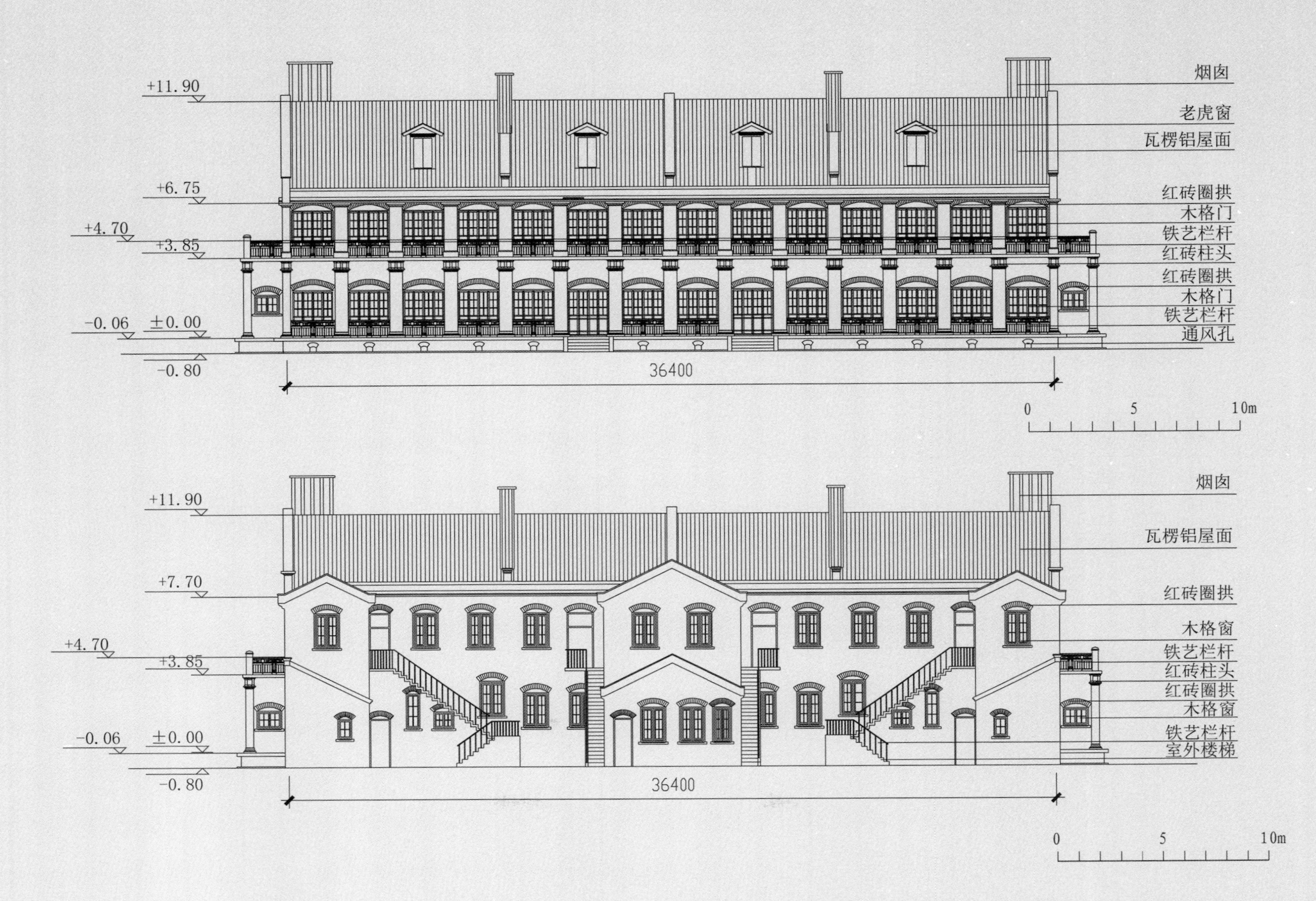

图D-3-2-6-4 镇江海关宿舍旧址南立面图、北立面图

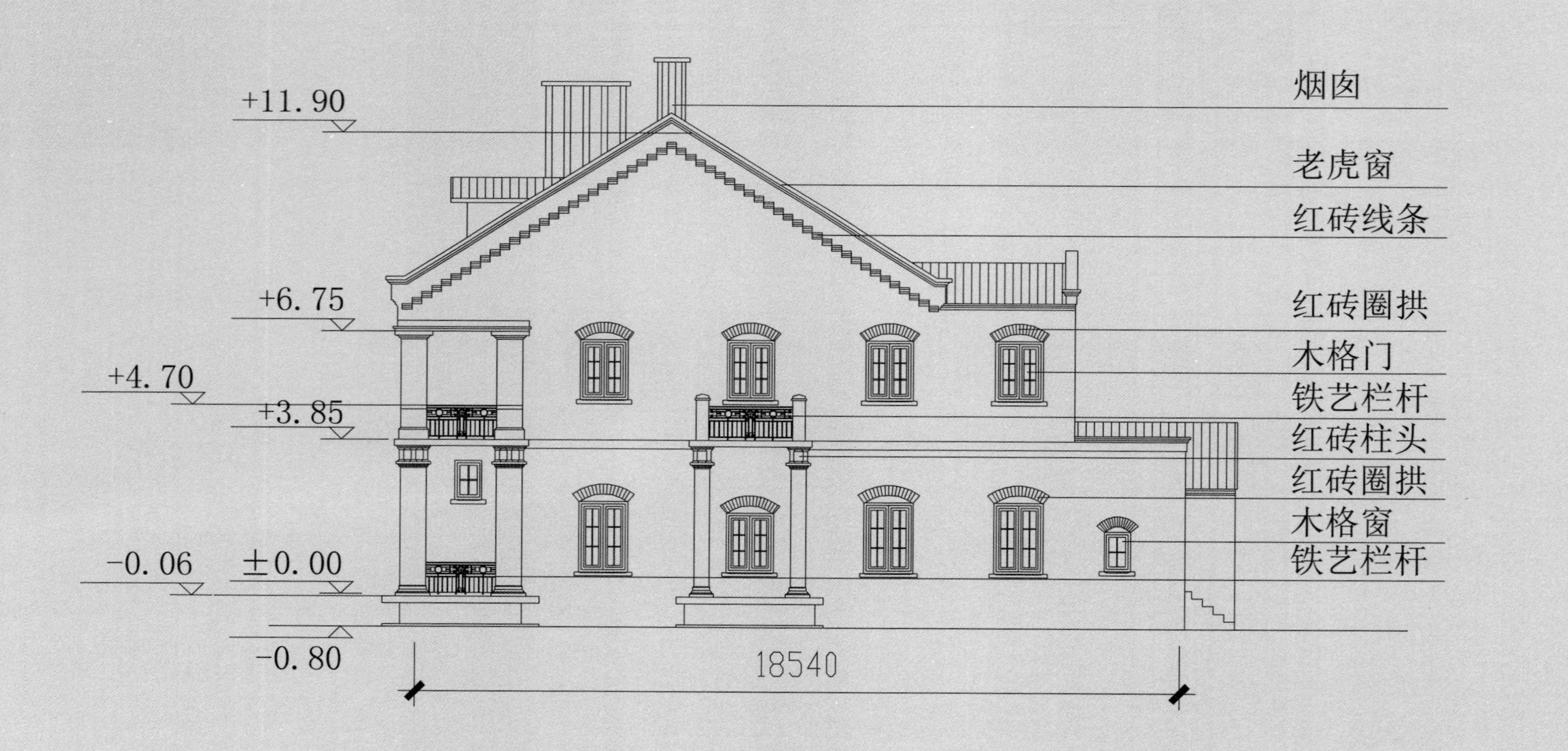

图D-3-2-6-5 镇江海关宿舍旧址东立面图

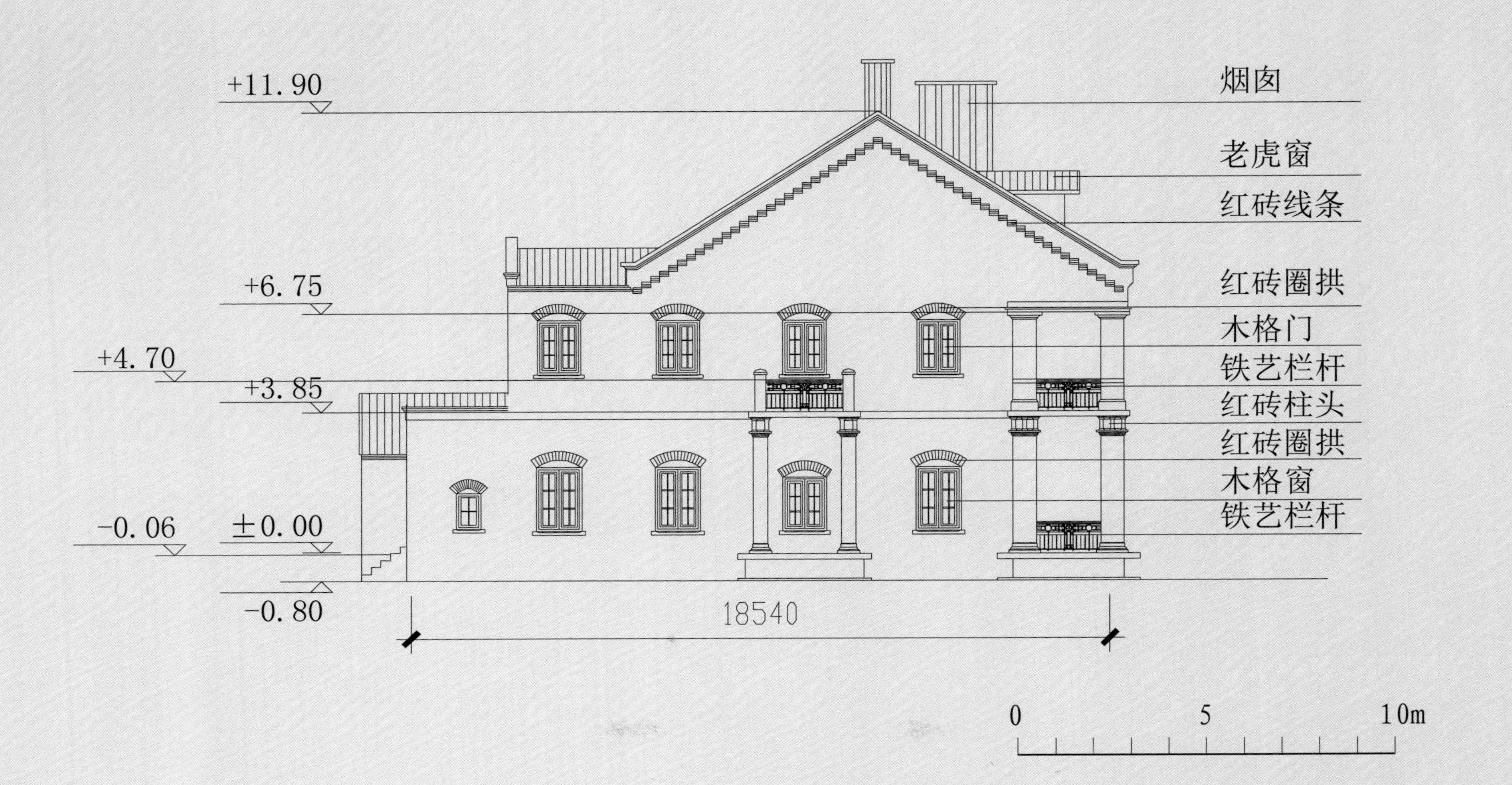

图D-3-2-6-6 镇江海关宿舍旧址西立面图

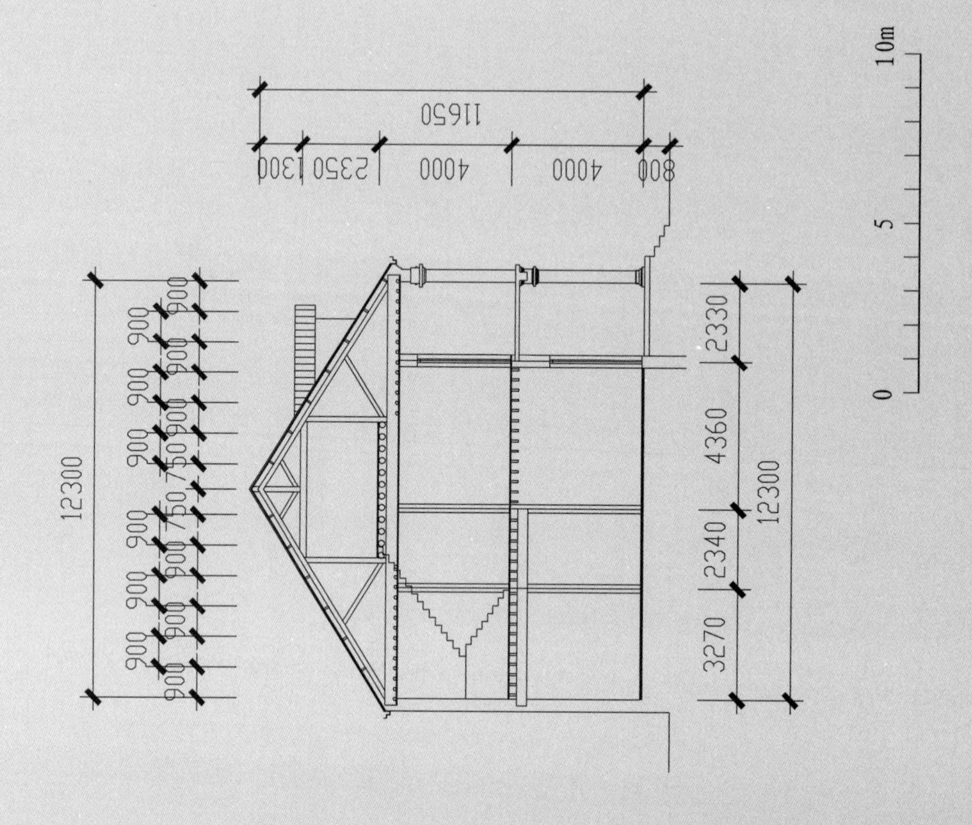

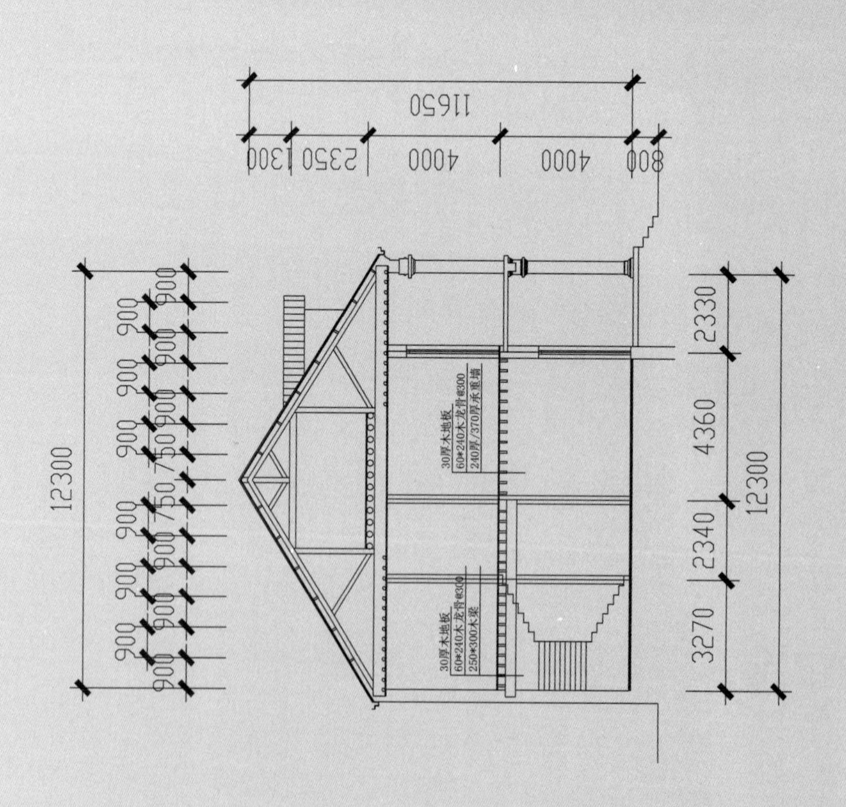

图D-3-2-6-7 镇江海关宿舍旧址剖面图

第三章
民国文物建筑

第一节 蒋怀仁诊所旧址

一．概况

1．建筑形态。蒋怀仁诊所旧址位于伯先路中段西侧35号，坐西朝东，为西式三层楼房。该建筑依山而建，东侧门面为三层楼房，西后墙为两层。阔五间，长17m，进深10.76m，占地面积约186m^2（包括门楼突出部分）。建筑物总高14.7m，总建筑面积570m^2。红砖砌筑，砖木结构（图P-3-3-1-1）。1992年镇江市政府公布该建筑成为镇江市市级文物保护单位。

图P-3-3-1-1 修缮后的蒋怀仁诊所旧址（东立面）（谢戎 摄）

图P-3-3-1-2 蒋怀仁肖像（左）及20世纪40年代诊所（右）老照片 （蔡庆来 辑录）

2. 历史沿革。蒋怀仁，浙江宁波人（与蒋介石是叔侄关系），基督教徒，原为镇江市内地会医院医师（图P-3-3-1-2左）。清光绪三十三年（1907年），蒋怀仁在内地会教堂斜对面，背依云台山，创办了私立的怀仁诊所（图P-3-3-1-2右）。这是由镇江人兴办的第一所西医医院。蒋怀仁是外科医生，擅于治疗阑尾炎、痔疮等病症，因为教会的关系，拥有盘尼西林（青霉素）的进货渠道，能够治疗当时被视为难治的花柳等病，一时名声大震。辛亥革命中江浙各地革命军万余人集聚镇江，成立了江浙联军总司令部，公推已经起义反清的南洋新军第九镇统制（即师长）徐绍桢为总司令。参加革命的蒋怀仁被公推为江浙联军的军医部长。攻入南京后，镇军奉命继续北伐，蒋怀仁则返回镇江继续经营诊所。20世纪二三十年代，蒋怀仁翻建诊所，使之成为一座颇具规模的大诊所，同时也作为当时“宁波同乡会会馆”所在地。该建筑后面，依云台山坡筑有蒋怀仁私人别墅花园洋房。蒋介石、蒋经国父子来镇江时曾多次下榻此地。据传，蒋介石第一次正式向宋美龄求婚的地点是在镇江的焦山，而在镇江欢度蜜月时，就下榻于当时的蒋怀仁别墅花园洋房。50年代后改为招待所、酒店。80年代改为京口区招待所，后改制为私营饭店，因经营不善，处于倒闭状态。2012年由镇江市西津渡公司收购并实施修缮工程，该建筑恢复了昔日神韵。

蒋怀仁诊所旧址是镇江第一家由中国人建成的西医诊所,也是当时镇江最大的私立医院。

蒋怀仁的堂侄蒋孝治按记忆画出的蒋宅花园住宅及医院全景图（图P-3-3-1-3）。由图可见，整个山脊砌筑白色围墙；右下角红色五层建筑即为“主宅”；最高处建筑为“八角亭”，为宴请镇江达官显贵的豪华场所。花园中还养了猴子、孔雀，周日还对外开放。

这座西式建筑由许成忠、许成华兄弟合办的许成记建筑事务所承建。许氏兄弟俩出自扬州城，后遵父亲许瑞芝嘱咐到镇江发展。蒋怀仁诊所是许氏兄弟在镇江最成功的工程之一。1992年镇江市政府公布其为市级文物保护单位。

图P-3-3-1-3 蒋孝治绘蒋怀仁私家花园及医院全景图 （选自蒋孝良美篇）

3．遗存状况。该建筑主体结构为砖木结构且基本完整。屋面木结构为四坡顶，外墙为青砖夹红砖清水砖墙，楼层腰线与门窗、楣红砖线条。木门、窗。西式凸形玻璃，线条样式，吸取西式花园洋房元素经典建筑。该建筑面宽5间，每层10间，3层共30间。楼的中部凸出直至楼顶（图P–3–3–1–4），一层设有西式雕花门楼，上部为阳台，有拱券形门窗，大理石栏杆；柱式线脚雕刻精美，显得富丽堂皇。门窗及墙角间夹青砖砌成“隅石纹”。墙面上砌成空心红十字，作为医院的标志。清水青砖墙面，清水红砖砌筑通天墙柱、门券、窗券。楼内一层为彩色水磨石地面，二、三层为木地板，天花为凹凸几何图纹与散花卷叶纹，室内还有石立柱。四坡顶屋面。大门两侧为大理石阴刻对联，南侧为繁体“中西內外學俱艱深”，北侧为繁体“辛熱溫驚用須得當”，对仗工整。后被石灰粉饰遮盖，避

图P–3–3–1–4 修缮后的蒋怀仁诊所旧址大门及通直三层立柱、对联

免了人为破坏。

由于年久失修，内外立面破损严重（图P-3-3-1-5、图P-3-3-1-6）。2012年由镇江市西津渡文化旅游有限责任公司修缮。该建筑按“修旧如故”的原则进行了修缮，恢复了昔日神韵，结构坚固，设施齐全。

二、主要修缮技术

中修（屋面大修）。维修该楼前，曾请镇江市地景园林设计有限公司对原建筑进行了勘察、测绘和摄影，保存有关信息。在此基础上提出了修缮方案。镇江市文物局、镇江市西津渡公司组织有关文物、考古、建设等专家，对修缮方案进行评选、论证，同意修缮方案保留原有结构，保持建筑形态不变，增加抗震加固

室内宝瓶栏杆破损严重

室内装饰破损脱落

室内墙面发霉脱落

栏杆部分破损

门罩油漆脱落

图P-3-3-1-5 修缮前的蒋怀仁诊所旧址外部形态

东立面

东面局部

东北角

南立面

南面局部

北立面

图P-3-3-1-6 修缮前蒋怀仁诊所旧址内部形态

措施，增加上、下水、电、气、网络等公共配套基础设施，拆除与原建筑风貌不相符的后搭建附属物，留出足够的控制地带，改善建筑周边环境。

木屋面落架大修，更换损坏木衔架大梁，木楞条，望板，木楼梯等木构件，做丙纶防水层。25mm水泥砂加钢丝网保护层。30mm厚挤塑板，瓦楞铝屋面板。

二、三楼地面按原样恢复木楼梯，木企口地板，木门窗，所有木作部分做防白蚁、防腐、防火处理。

一楼地面大门台阶恢复采色水磨石地面，基础部分、采用阶梯状砖砌扩大基础，并以钢筋连接原有墙体，增设钢筋混凝土构造柱，地圈梁一道。

墙体转角、梁下，增设附墙钢筋混凝土构造柱与圈梁。外墙为清水砖，内墙为混水伸出直径φ6、间距600mm、长度500mm的钢筋，与墙体加固钢筋网绑托连接，M10水泥砂浆，厚30～40mm。φ4@150电焊钢丝网，内墙双层加固，采用Sφ6钢筋以钻孔穿墙对拉，间距900mm，呈梅花状布置。

外墙单面加固，采用L形φ6构造锚固钢筋以凿洞填M10水泥砂浆锚固，孔洞

图P-3-3-1-7 修缮后的蒋怀仁诊所旧址一楼外部细节

图P-3-3-1-8 修缮后的蒋怀仁诊所旧址三楼局部细节

图P-3-3-1-9 修缮后的蒋怀仁诊所旧址三楼局部细节

尺寸60mm×60mm，深120mm，构造锚固钢筋间距600mm，呈梅花状交错排列，与ϕ4@150电焊钢丝网绑托连接，粉刷水泥砂浆。

室内增设上、下水、强、弱电设施，增设消防设施，室外消火栓，活水系统，在距本建筑周围40m范围内的路边市政施水环网上设给水两组DM100室外消火栓。

室外建筑增设防雷设施（图P-3-3-1-7～图P-3-3-1-10）。

图P-3-3-1-10 修缮后的蒋怀仁诊所旧址内部细节图

三、建筑物修缮责任表

建筑物修缮单位：镇江市西津渡建设发展有限责任公司
项目负责人：郑洪才 刘伟
测绘、修缮设计单位：镇江市地景园林规划设计有限公司
测绘、修缮设计人员：王欢欢
监理单位：镇江市建科工程监理有限公司
监理人员：刘晓瑞
施工单位：镇江市光大建筑工程有限公司
项目经理：高祥兆
施工时间：2011.9.6—2011.11.6

四、施工图

如图D-3-3-1-1 ~ 图D-3-3-1-8所示

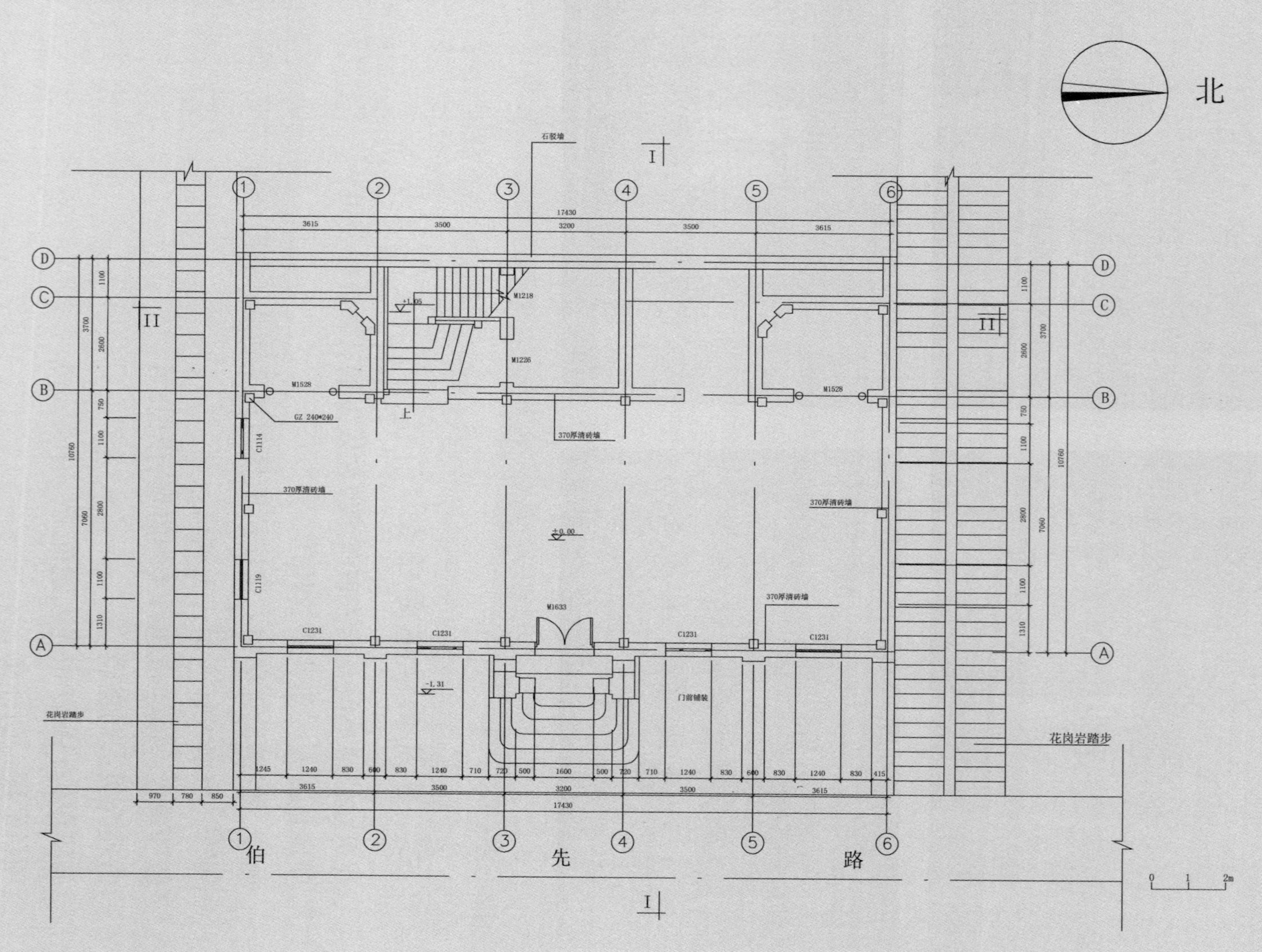

图D-3-3-1-1 蒋怀仁诊所旧址一层平面图

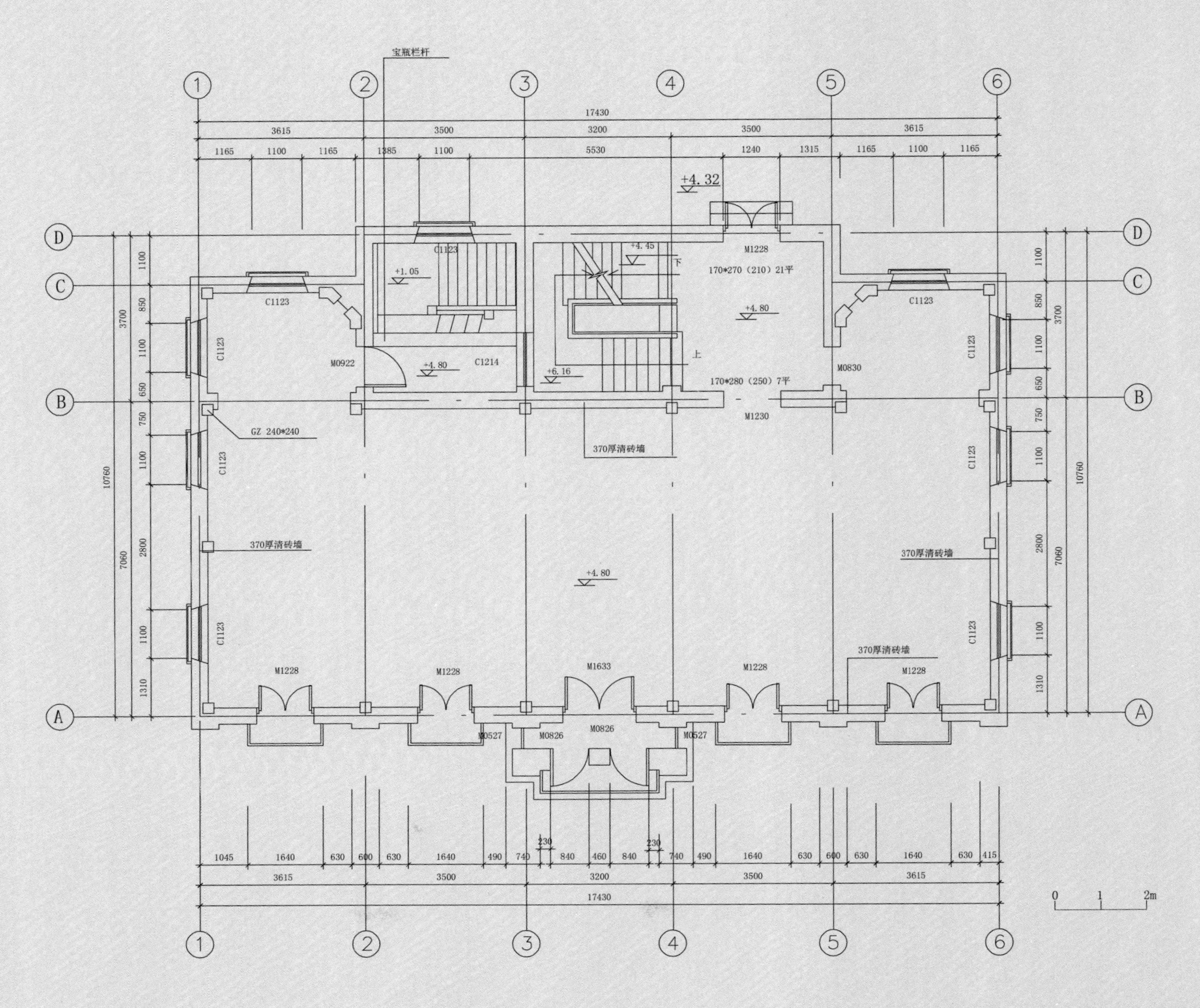

图D-3-3-1-2 蒋怀仁诊所旧址二层平面图

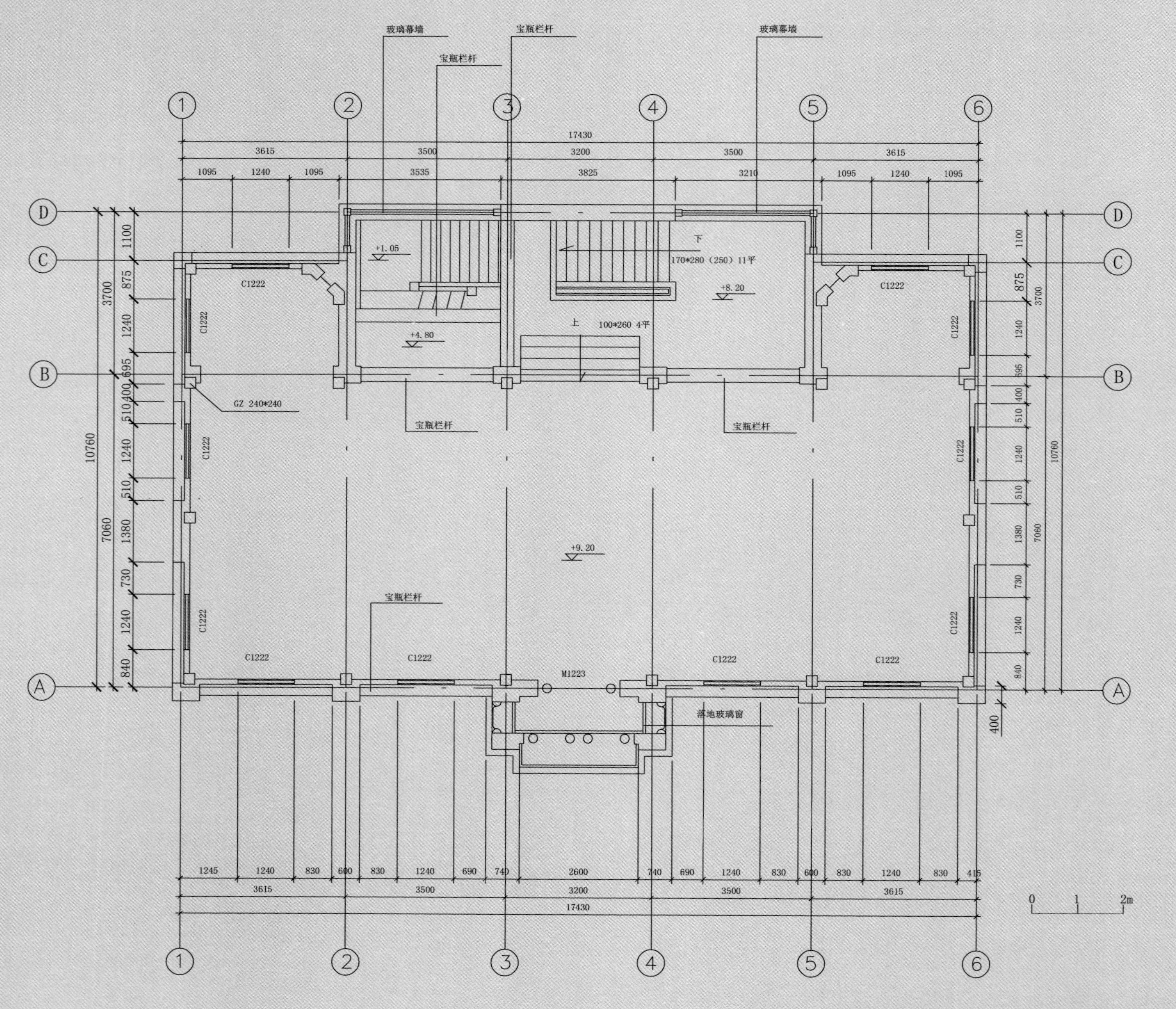

图D-3-3-1-3 蒋怀仁诊所旧址三层平面图

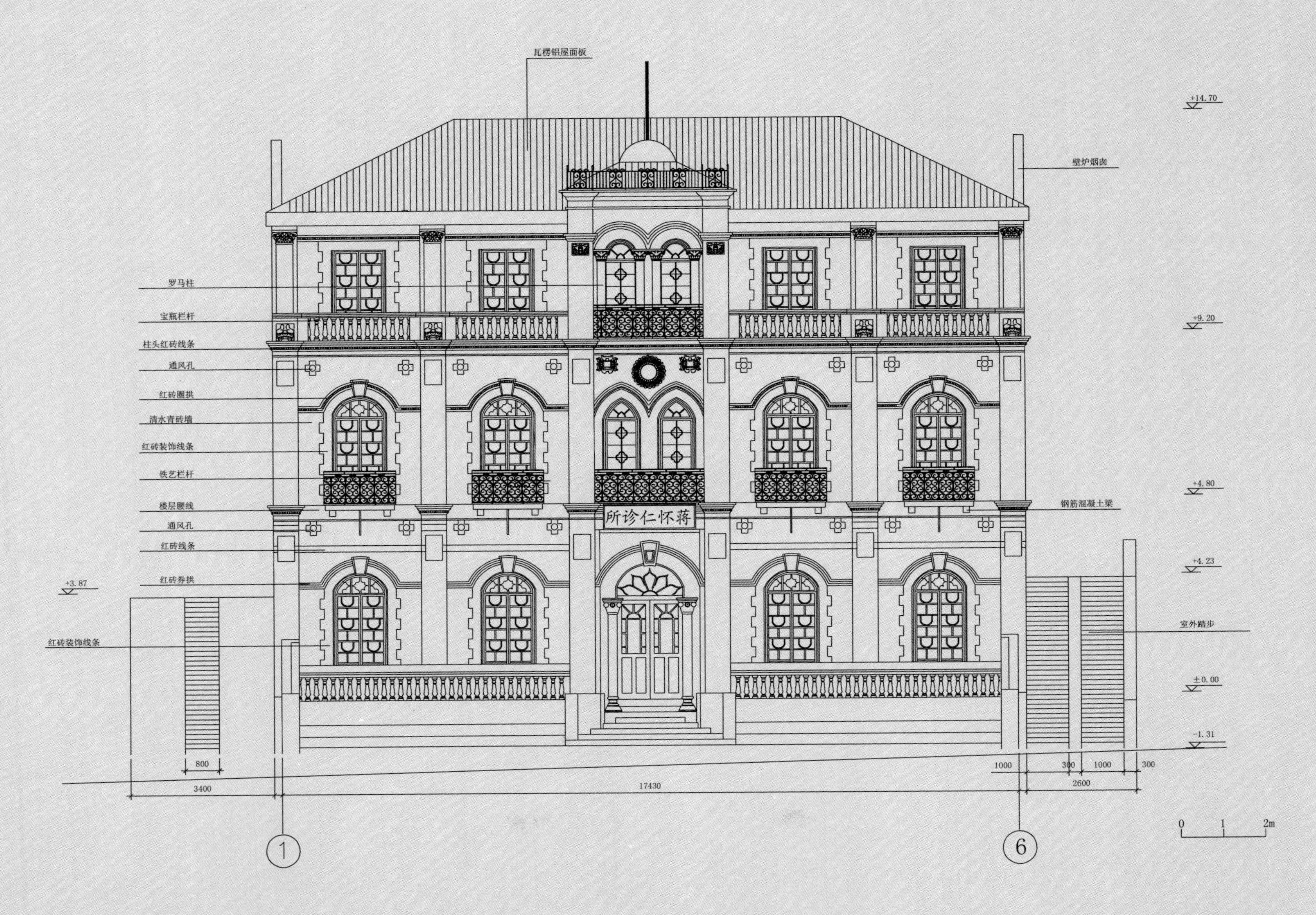

图D-3-3-1-4 蒋怀仁诊所旧址东立面图

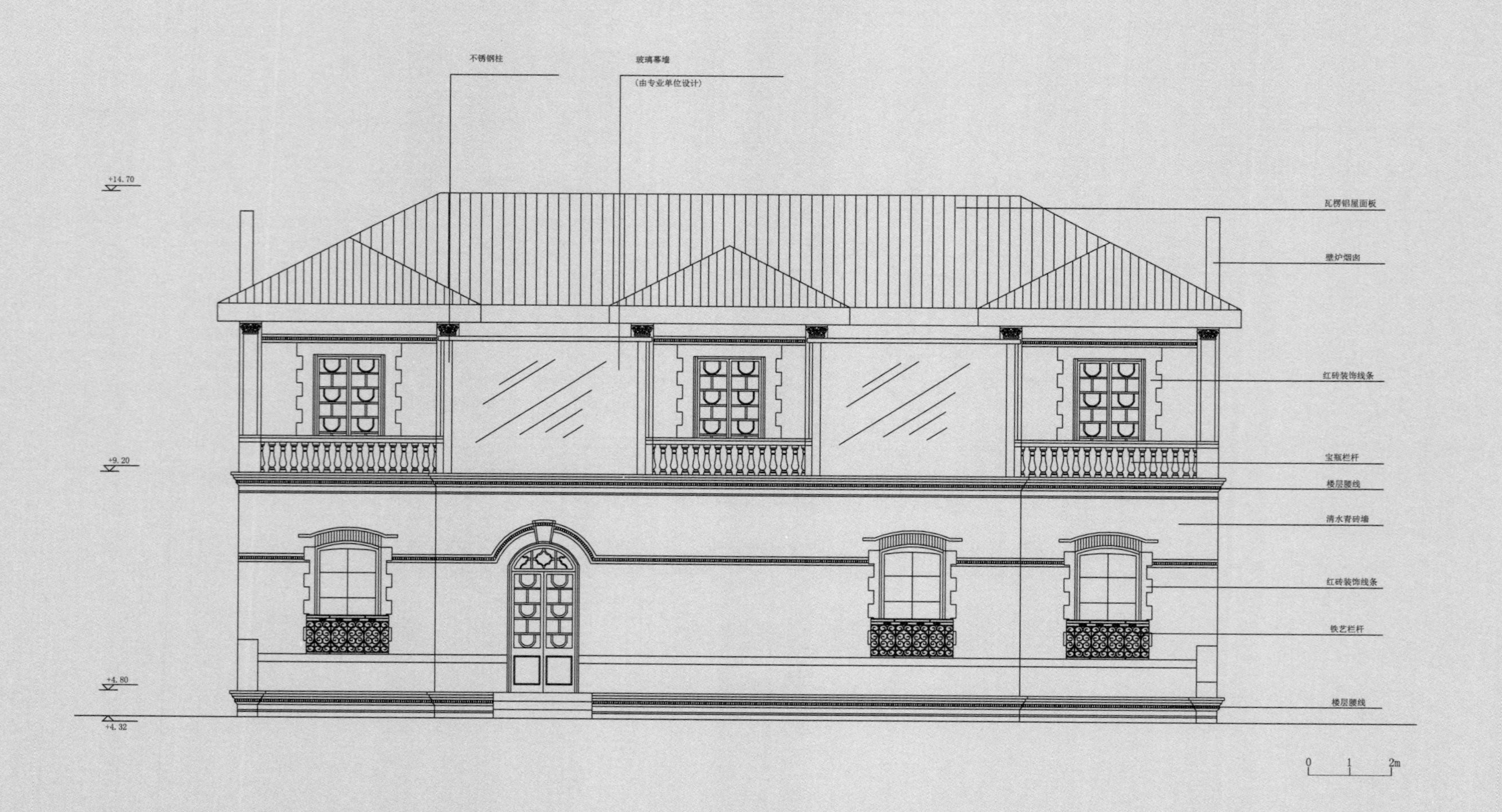

图D-3-3-1-5 蒋怀仁诊所旧址西立面图

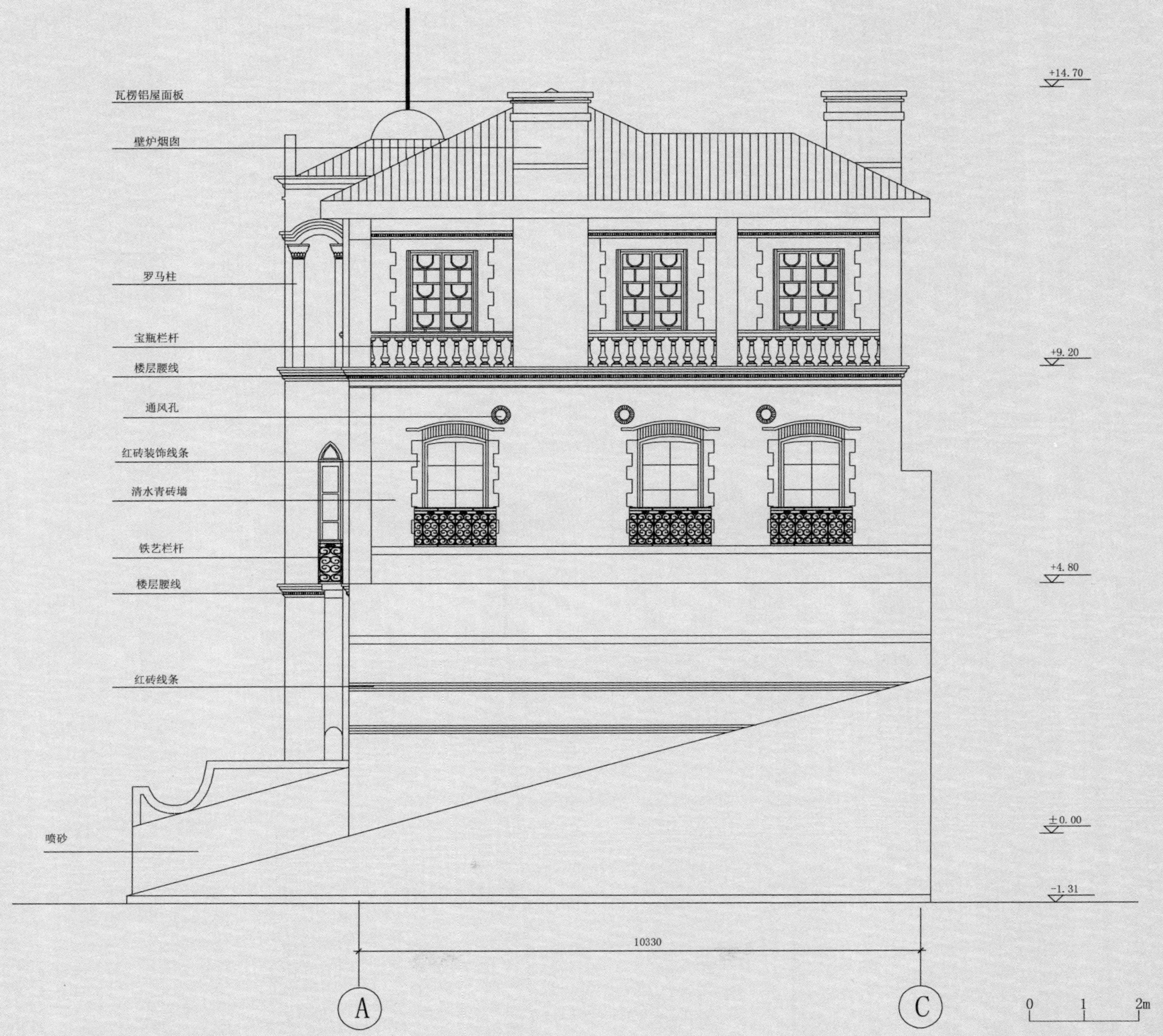

图D-3-3-1-6 蒋怀仁诊所旧址北立面图

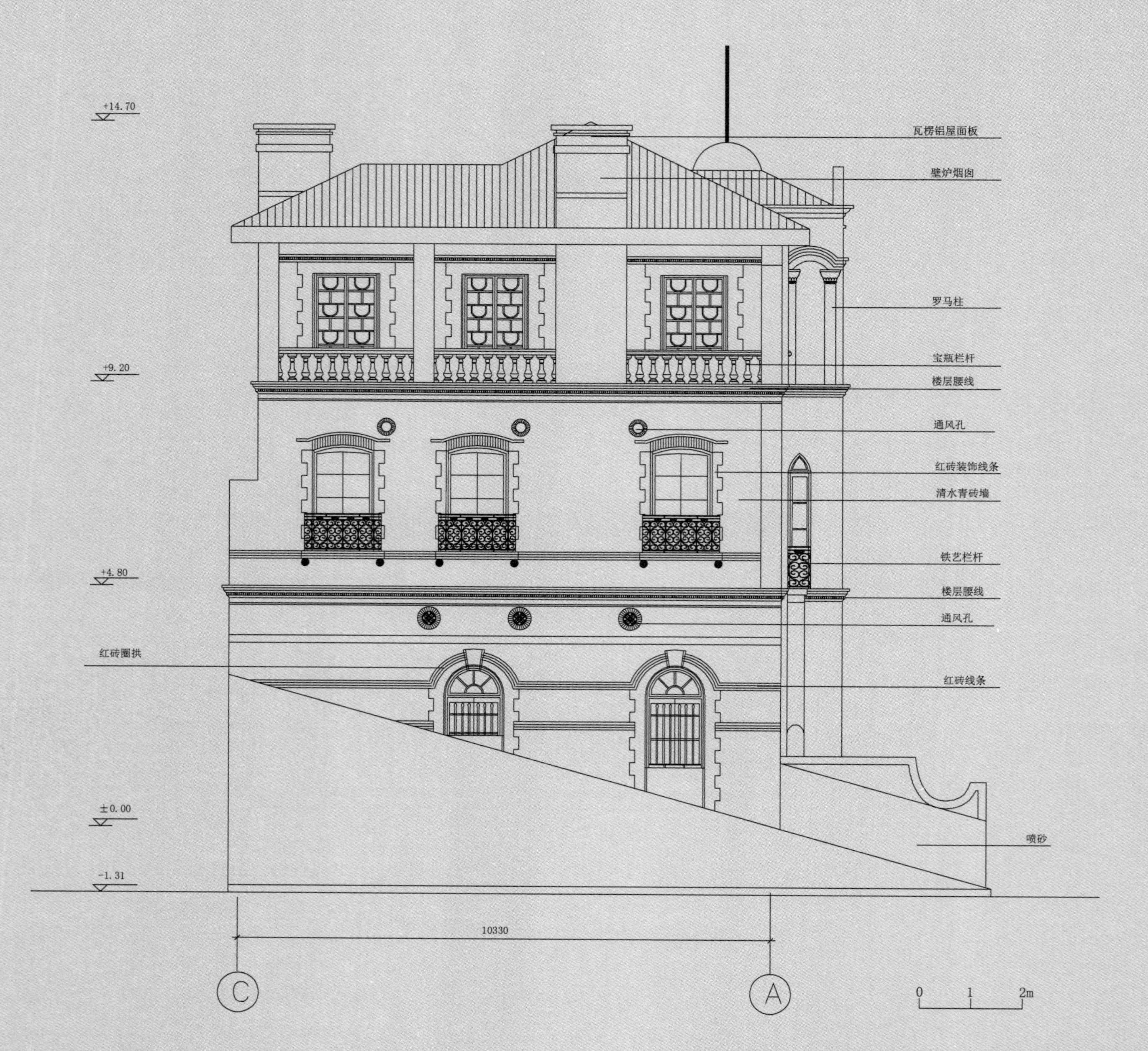

图D-3-3-1-7 蒋怀仁诊所旧址南立面图

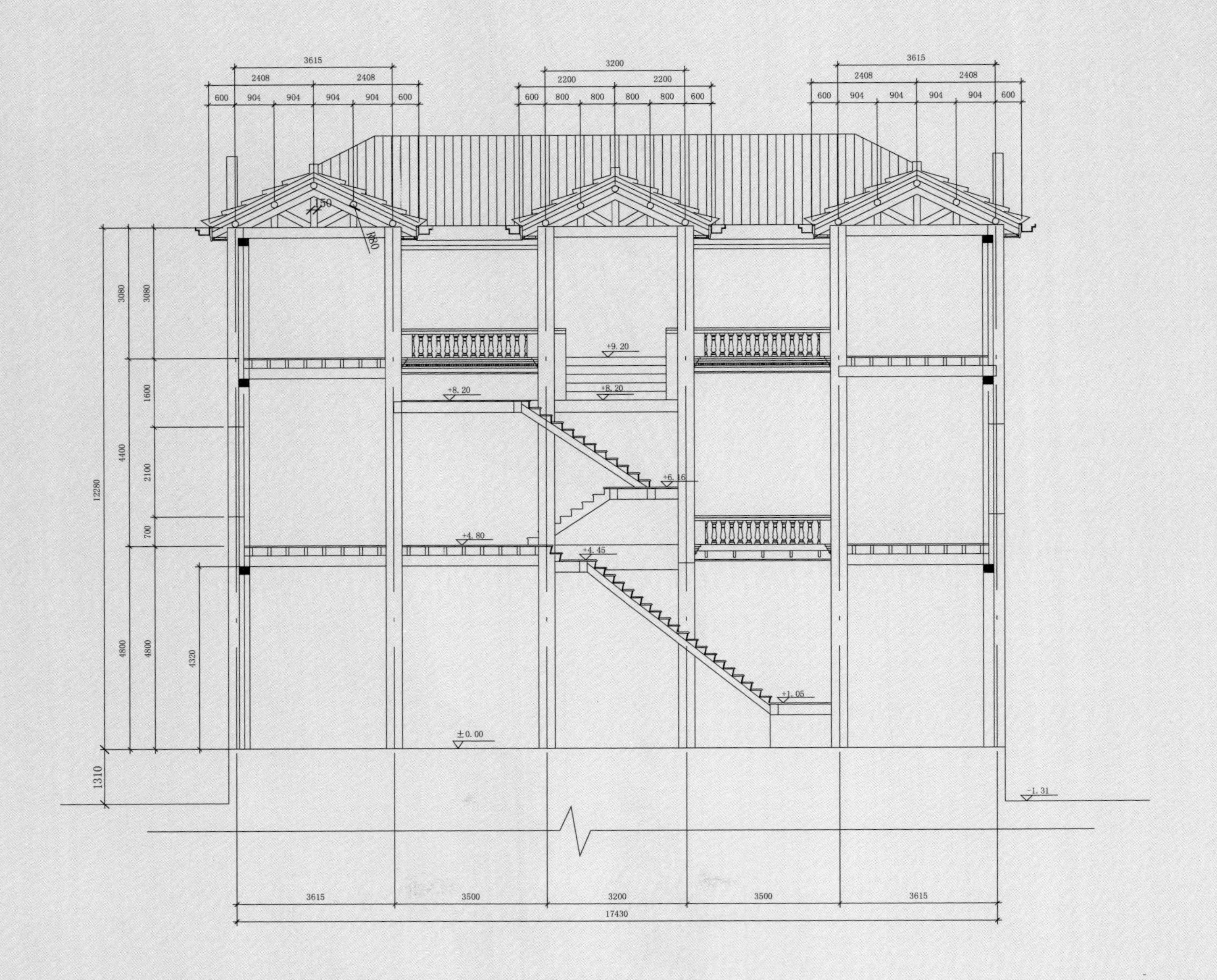

图D-3-3-1-8 蒋怀仁诊所旧址剖面图

伯先路
29

第二节 屠家骅公馆（含金山饭店）旧址

一、概况

1. 建筑形态。屠家骅公馆位于伯先路27–31号，坐落于伯先公园北侧、伯先路西侧，由三栋建筑组成。建筑总占地面积457.83m²，总建筑面积978.11m²（表3–3–2–1）。

表3–3–2–1 屠家骅公馆旧址三栋建筑面积一览表

项目面积	27号（m²）	29号（m²）	31号（m²）	总数（m²）	备注
建筑占地面积	99.64	126.14	232.05	457.83	31号面积为三层（局部四层）加厢房面积
总建筑面积	199.28	252.28	526.55	978.11	

27号为一栋坐西朝东的两层传统建筑，面宽三间10.6m，进深9.4m；29号为一栋坐北朝南的两层西式建筑，面宽三间10.6m，进深11.9m，；31号为一栋坐西朝

图P–3–3–2–1 修缮后屠家骅公馆旧址（自左向右伯先路27号、28号、29号）旧址

东的三层（局部四层）西式建筑，面宽四间15.5m，进深9.5m，后有四小间厢房开间16m，进深5.3m，一部分作为楼梯通道，一部分作为阳台（图P-3-3-2-1）。1992年该建筑由镇江市人民政府公布为市级文保单位。

2．历史沿革。屠家骅公馆又叫江南饭店、金山饭店，是由民国时期苏、浙、皖邮务管理邮务长屠家骅出资建造。屠家骅（1887—1973年），字楚材，出身于镇江一个马路工人家庭，家境清贫（图P-3-3-2-2）。屠家骅从小发奋读书，刻苦研习英文，于清宣统元年（1909年）以较优成绩考入大清邮政。入局后，工作努力，直升至邮务官（相当于高级邮务员）。先后在镇江、上海、湖南、陕西、内蒙古等邮区工作过，历任副邮务长、协理邮务长等职务。1931年，安徽邮政局和江苏邮政局合并为苏皖邮务管理局，1935年，屠家骅胜任苏皖邮务管理局邮务长，回到家乡工作。后因卷入邮务考试舞弊案而主动提前

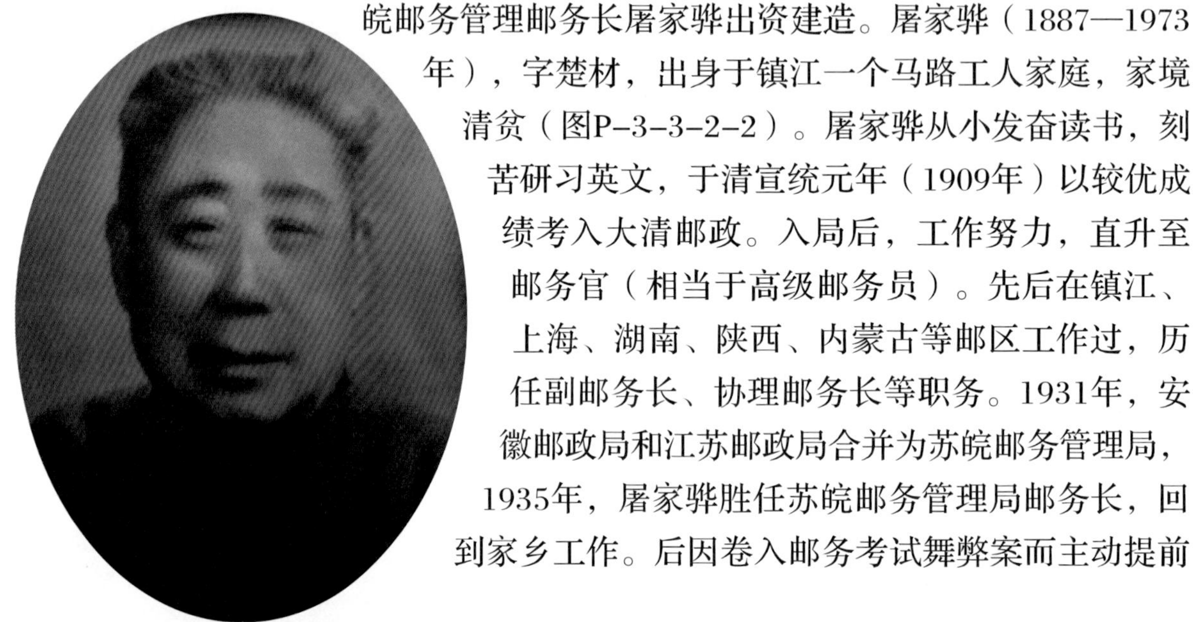

图P-3-3-2-2 屠家骅肖像 （蔡庆来 辑录）

图P-3-3-2-3 于右任1937年1月题写的“楚径”匾额

退休，并用提前退休领取的巨额养老金买地建造了三栋楼房。他本人则跻身于绅商行列，过起寓公生活。时任国民政府考试院长的于右任，还特为他题写了“楚径”二字作门匾，现尚存于旧址29号与31号之间过道巷口（图P-3-3-2-3）。

屠宅的经济来源主要靠屠家骅的养老金和退休金，8年的日伪时期屠家只能苦熬，坚持到抗战胜利时，一家子早已是捉襟见肘。这时，一个叫王盛如的人上门来，希望能租下屠家的房子。

这个叫王盛如的人是当时公安局下面侦缉队的一个小头目，他提出来的租金让屠家认为很合算，于是屠家把两座楼房都出租给王盛如，自己与全家则搬到伯先路31号江南饭店内，并遣散佣人帮工。王盛如将29号的公馆改造为“舞厅”和“咖啡厅”，将27号的两个房子改为金山饭店，经营中餐和西餐，饭店还带有住宿业务。

让屠家意想不到的是，王盛如这个人表面上是侦缉队小头目，实际上是个地痞流氓的角色。头三个月的房租他如期交付，但第四个月屠家来收取房租时，王盛如却突然把腰间的枪掏出，恶狠狠地拍在桌子上，对屠家人说：“要钱没有，要么就把枪拿去！”屠家受此惊吓，加上屠家骅退休后社会上人事关系也日益疏

图P-3-3-2-4 屠家骅公馆旧貌（徐捷 摄）

散，无法和这种恶势力作斗，只好忍气让王盛如占用了房产。

那时候的伯先路，可谓是黄金地段寸土寸金，金山饭店带有“舞厅”和“咖啡厅”，是当时镇江最大最豪华的饭店。

直到1949年后，屠家才拿回了江南饭店的房子，开了“江南旅社”。而开办金山饭店和咖啡馆的两栋楼房产权则归房管所所有，里面住进7户人家。随着时间的流逝，这里迁进迁出总共有十几户人家。由于年久失修，破损严重（图P-3-3-

图P-3-3-2-5 修缮后屠家骅公馆旧址27号传统建筑、29号西式建筑和弦式围墙

图P-3-3-2-6 修缮前的屠家骅公馆旧址和屠宅石匾

2-4），2012年由镇江市文化旅游有限责任公司搬迁居民，进行精心修缮。

3．遗存状况。屠家骅公馆南端为伯先路27号，原来沿街破旧的搭建旧房维修时已经拆除。靠山体一侧是一栋两层三开间的传统建筑（图P-3-3-2-5），青砖砌筑，防火马头山墙，底层朝东前檐多二步梁为走廊，上层为联排花格窗，开间三间10.6m，进深9.4m，占地面积99.64m^2。始建时主要是给佣人居住和堆放杂物。

中间是伯先路29号一栋两层荷兰、比利时建筑风格的西式建筑，坐北朝南。三开间，中间为楼梯过道，占地前后进深11.9m，宽10.6m，占地

图P-3-3-2-7 修缮中的屠家骅公馆旧址

图P-3-3-2-8 原江南饭店（31号）旧貌

$126.14m^2$。依其布局看，应为屠家骅私人别墅。该楼基础用青砖叠砌，下有地下室，四周有通风孔。一、二层设有通透券廊（修缮前已被局部封闭成小窗）。朝南大门有1.5m高平台，东西两边有外部阶梯进入券廊式门楼内平台，再进入一楼。踏步边有铁栅栏扶手。楼内中间是楼梯通道，两侧有1个房间，两层共4个房间。木屋架四坡顶。清水青砖墙，青红砖相间砌筑腰线、分割线，红砖砌筑西式风格窗券、窗台，木质玻璃门窗；北侧高耸的山墙是壁炉的烟道。与江南饭店一侧过道门镶嵌有“屠宅”字样石匾（图P-3-3-2-6、图P-3-3-2-7）。

图P-3-3-2-9原江南饭店（31号）旧貌

154
唐宅

图P-3-3-2-10 修缮后的江南饭店（31号）旧址

图P-3-3-2-11 修缮后的江南饭店（31号）旧址上口宝塔尖阶梯

图P-3-3-2-12 屠家骅公馆旧址29号、31号楼东立面效果图

北侧伯先路31号为一栋三层（局部四层）的青砖建筑（图P-3-3-2-8～图P-3-3-2-10），四间开间15.5m，进深9.5m，占地147.25m^2；后有四小间厢房开间16m，进深5.3m，占地84.8m^2，一部分作为楼梯通道，一部分作为阳台。伯先路31号总建筑面积232.08m^2。开始时作开旅馆之用，取名江南饭店，为方便管理，饭店南侧山墙有小门通私人别墅。门窗上层用直高长方形，下层用大方形，每个山顶又砌成宝塔阶梯（图P-3-3-2-11），成为镇江现存唯一的阶梯形顶面建筑，糅合了荷兰、比利时古典建筑元素（图P-3-3-2-12）。室内天花、地板、楼梯、壁炉形制与其他西方建筑类似。屋顶设有花园，也是当时唯一的空中花园。

三栋建筑主体结构基本完整，但因年久失修，墙体、门窗、内部装饰等破损严重，屋面渗漏。

二、主要修缮技术。

中修。维修该楼前，西津渡公司请镇江市地景园林设计有限公司对原建筑进行了勘察、测绘和摄影，保存有关信息。在此基础上提出了修缮方案。镇江市文物局、镇江市西津渡公司组织有关文物、考古、建设等专家，对修缮方案进行评选、论证，同意按照原建筑建筑形制、造型、法式特征及艺术风格和结构形式实施修缮；增加抗震加固措施，增加上下水、电、气、网络等公共配套基础设施，拆除与原建筑风貌不相符的后搭建附属物。留出足够的控制地带，改善建筑周边环境。

基础部分的加固，采用阶梯状砖砌扩大基础，钢筋混凝土中钢筋连接原基础。对墙砖角、所有梁下构件，增设预浇钢筋混凝土地圈梁一道，增设构造柱；对于墙体抗震的加固，设置钢筋混凝土附墙构造柱与圈梁。外墙采用青红砖清水砌筑，局部拼图，内墙为混水墙，用钢筋网M10水泥砂浆粉刷加固。

另外，内墙双面加固采用S形ϕ6钢筋，以钻孔穿墙对拉，间距为900mm、并且呈梅花状布置。

外墙单面加固，采用L形ϕ6构造锚固钢筋，以凿洞填M10水泥砂浆锚固，孔洞尺寸为60×60mm，深120mm，构造锚固钢筋间距为600mm，呈梅花状交错排列。采用钢筋混凝土加固构造柱，及圈梁，预埋ϕ6钢筋800mm与加固墙体钢筋网绑托连接。

木结构部分，对承重构件柱，木梁、木楼摆、木屋架、木屋面落架维修，根据现场木构件损坏情况决定处理工艺；对原有木构件进行物理及化学加固和更换。

采用原材料，原工艺技术，原构造技术，对非承重木构件、木门、窗、挂落、画板等按原作品原样修缮或更换。

中间伯先路29号南立面两层窗额为红砖发券的西式样式，该楼基础用青砖叠砌，下有地下室，四周有通风孔。29号别墅左侧高耸的山墙是壁炉的烟道，窗户也保留了原有的西式风格。为了让建筑更凸显空间感，还新添了弧边花式的围墙。

北侧伯先路31号旅馆部纯青砖叠砌，门窗上层用直高长方形，下层用大方形，每个山顶又砌成宝塔阶梯，成为镇江唯一的阶梯形顶面建筑，有荷兰、比利时古典建筑风格。

室内天花、地板、楼梯。壁炉形制与其他西方建筑类似。如今我们看到已被整修的三栋老房子，基本上保留了原有的风貌。基础部分采用阶梯状砖砌扩大基础，钢筋混凝土中钢筋连接原基础。墙砖角、所有梁下，增设钢筋混凝土地圈梁一道，增设构造柱。墙体抗震加固，设置钢筋混凝土附墙构造柱与圈梁。

三、建筑物修缮责任表

建筑物修缮单位：镇江市西津渡文化旅游有限责任公司
项目负责人：郑洪才 刘伟
测绘、修缮设计单位：镇江市地景园林规划设计有限公司
测绘、修缮设计人员：李杰 钱程 骆雁
监理单位：镇江建科工程监理有限公司
监理人员：沈珉
施工单位：镇江市揽秀文物古建筑修建有限公司
项目经理：包信才
施工时间：2012.5.2

四、施工图

如图D-3-3-2-1 ~ 图D-3-3-2-12所示。

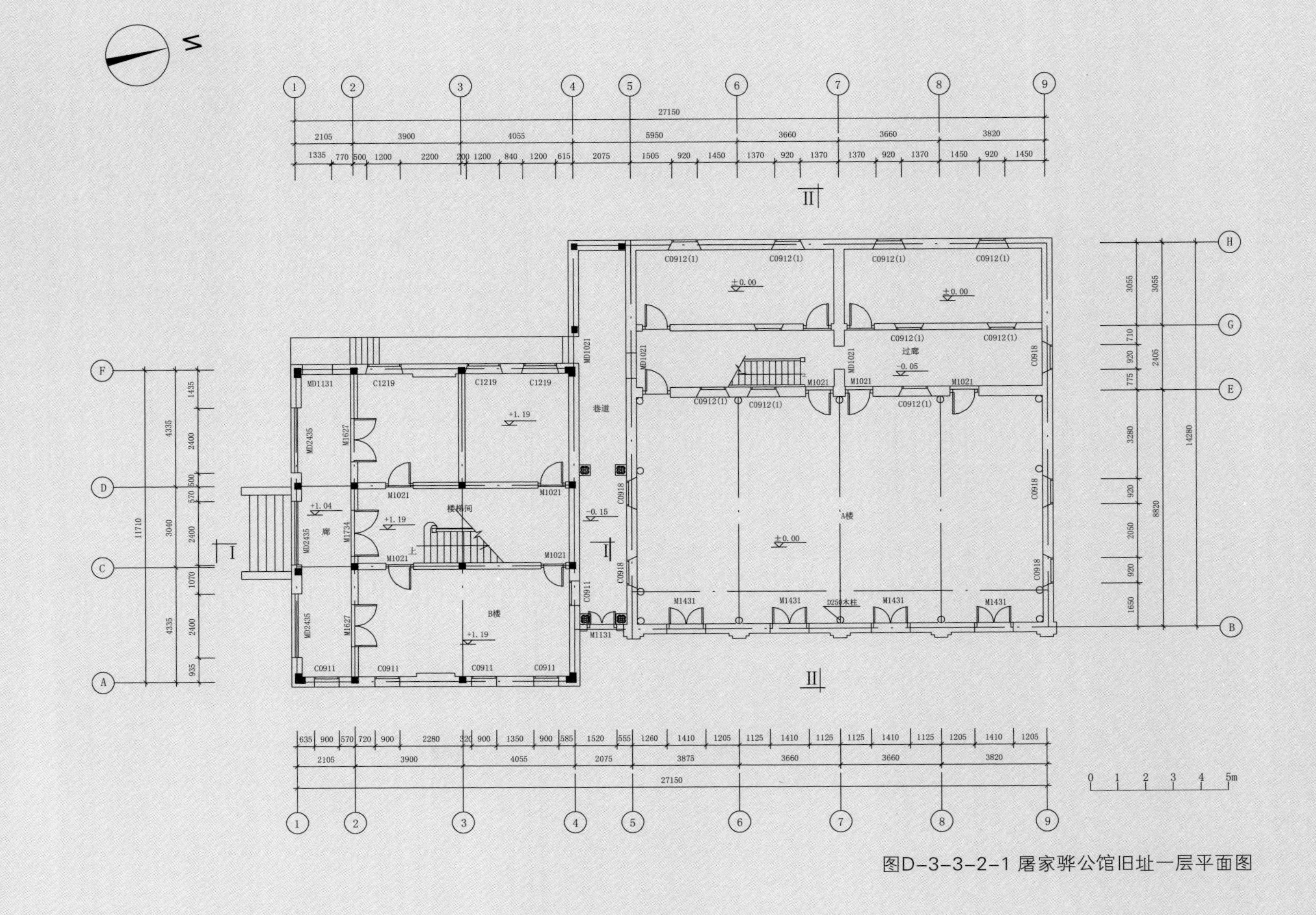

图D-3-3-2-1 屠家骅公馆旧址一层平面图

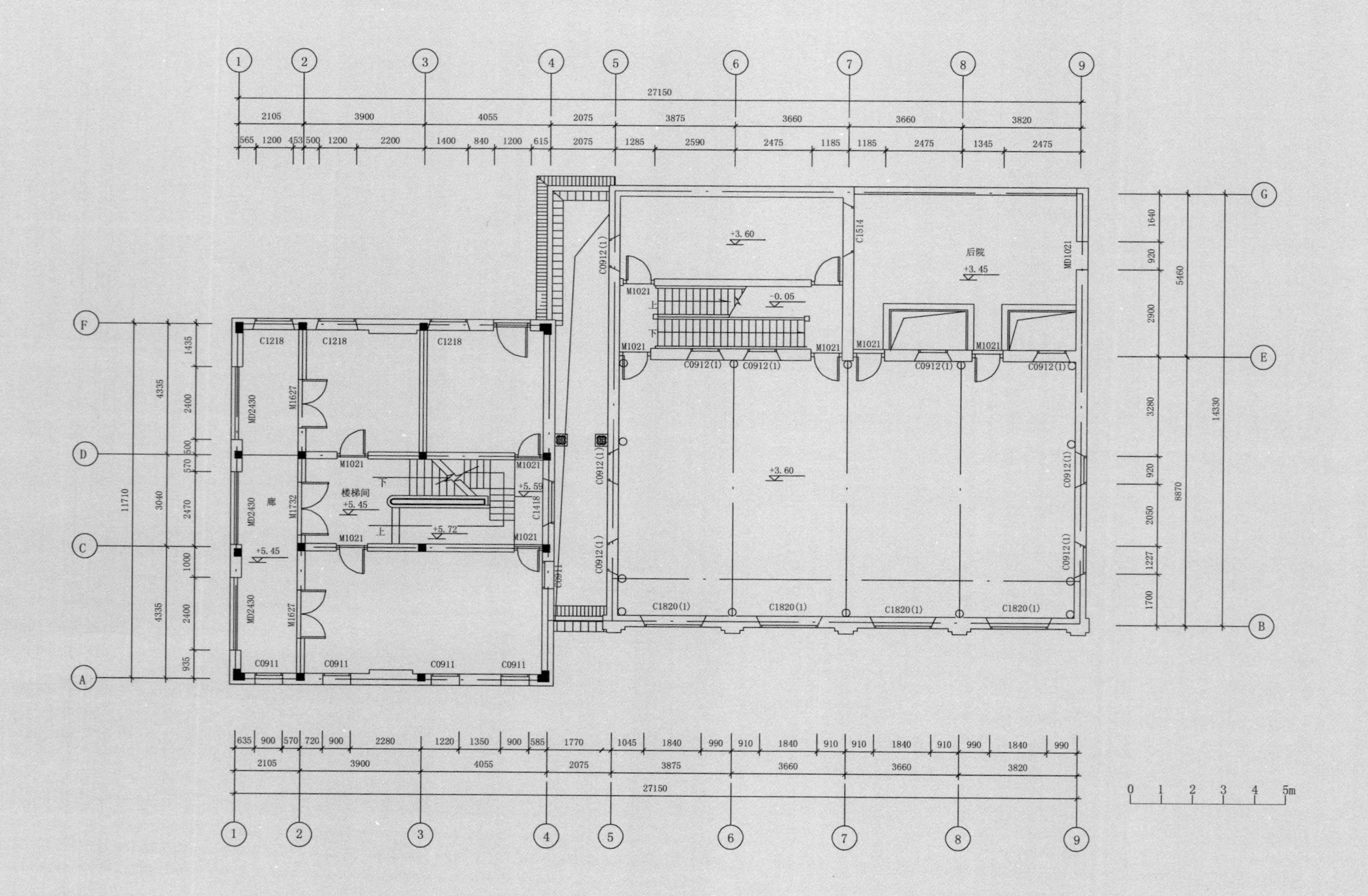

图D-3-3-2-2 屠家驿公馆旧址二层平面图

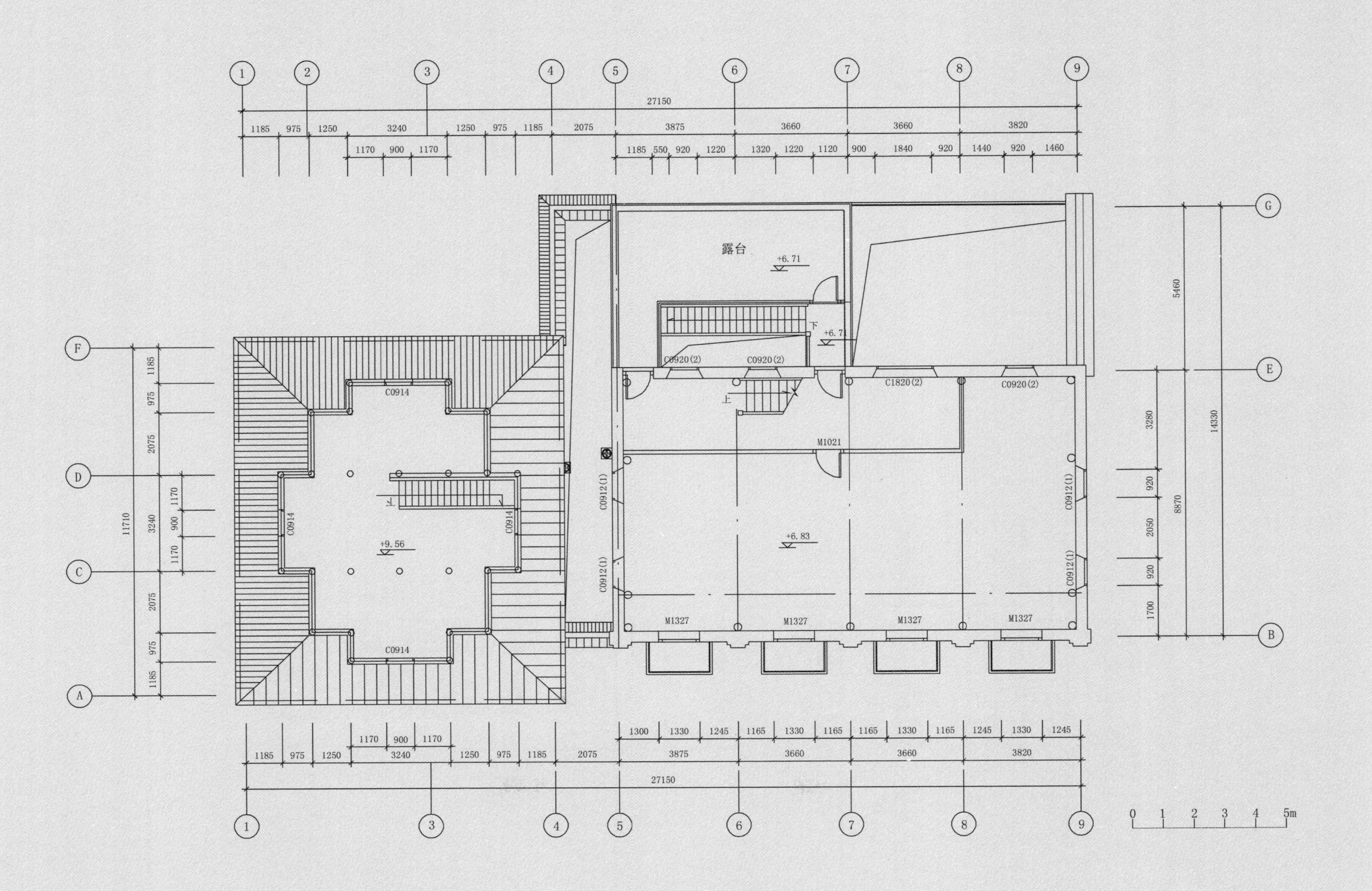

图D-3-3-2-3 屠家骅公馆旧址三层平面

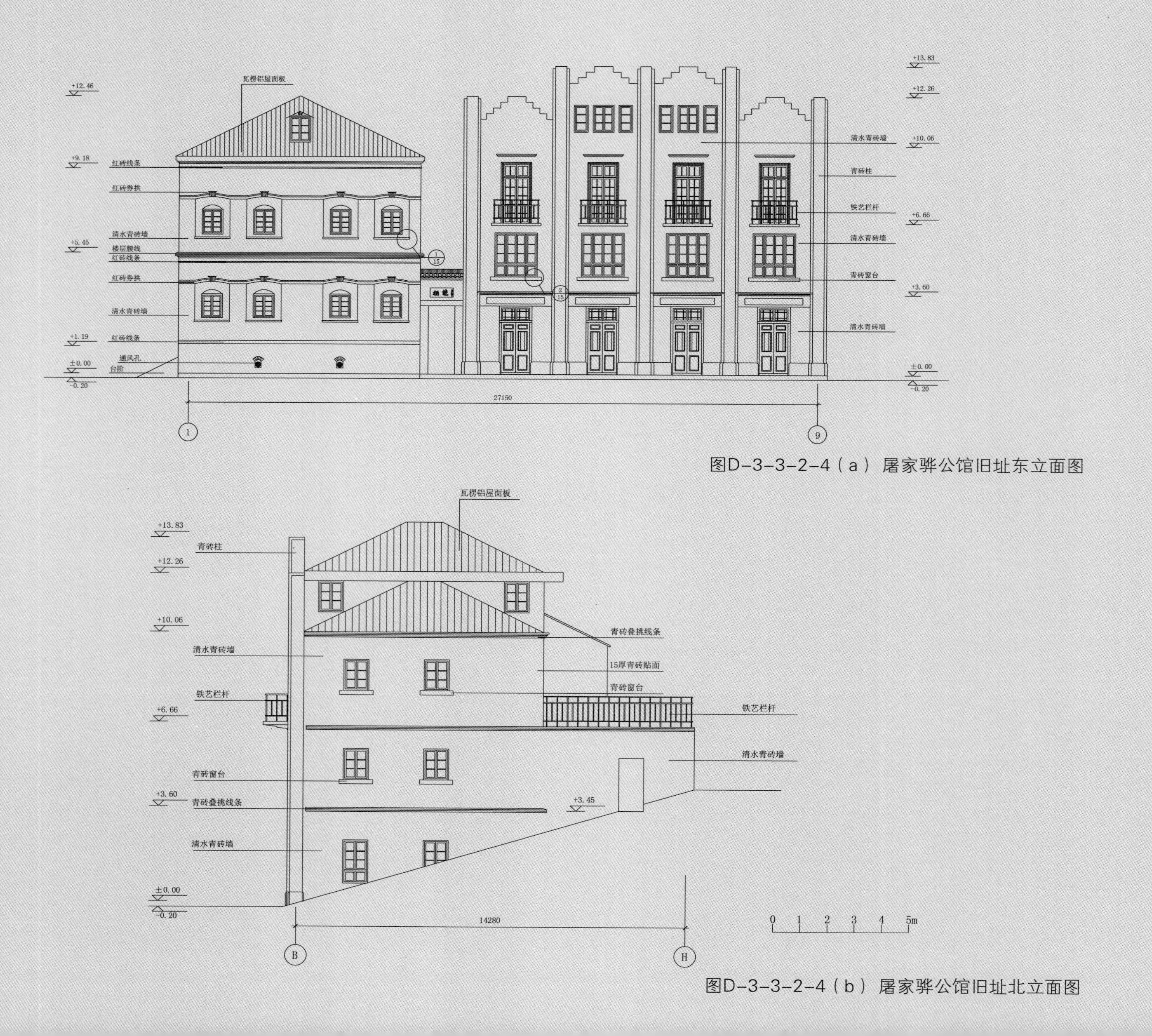

图D-3-3-2-4（a） 屠家骅公馆旧址东立面图

图D-3-3-2-4（b） 屠家骅公馆旧址北立面图

图D-3-3-2-5 屠家骅公馆旧址西立面图

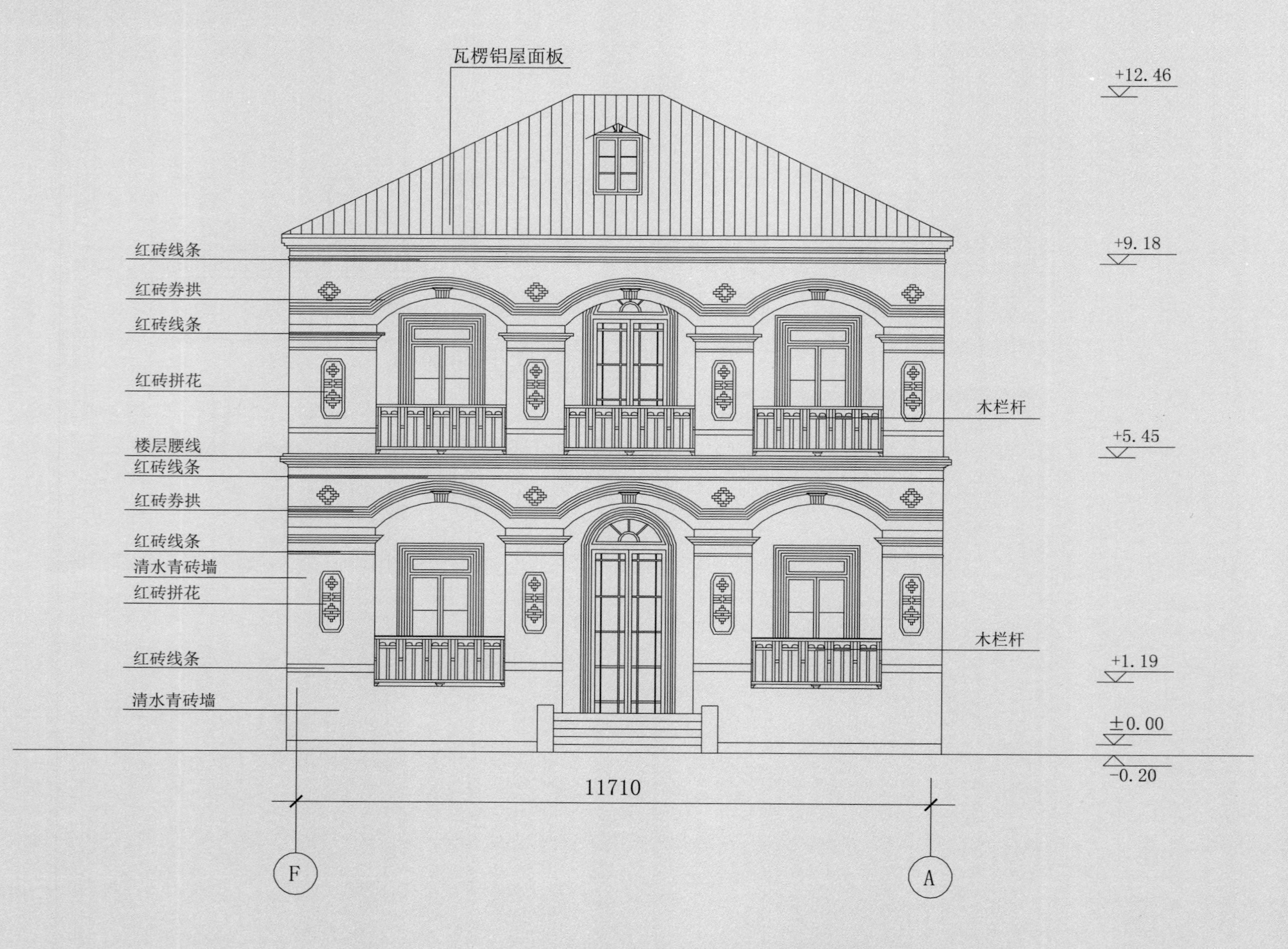

图D-3-3-2-6 屠家骅公馆旧址南立面图

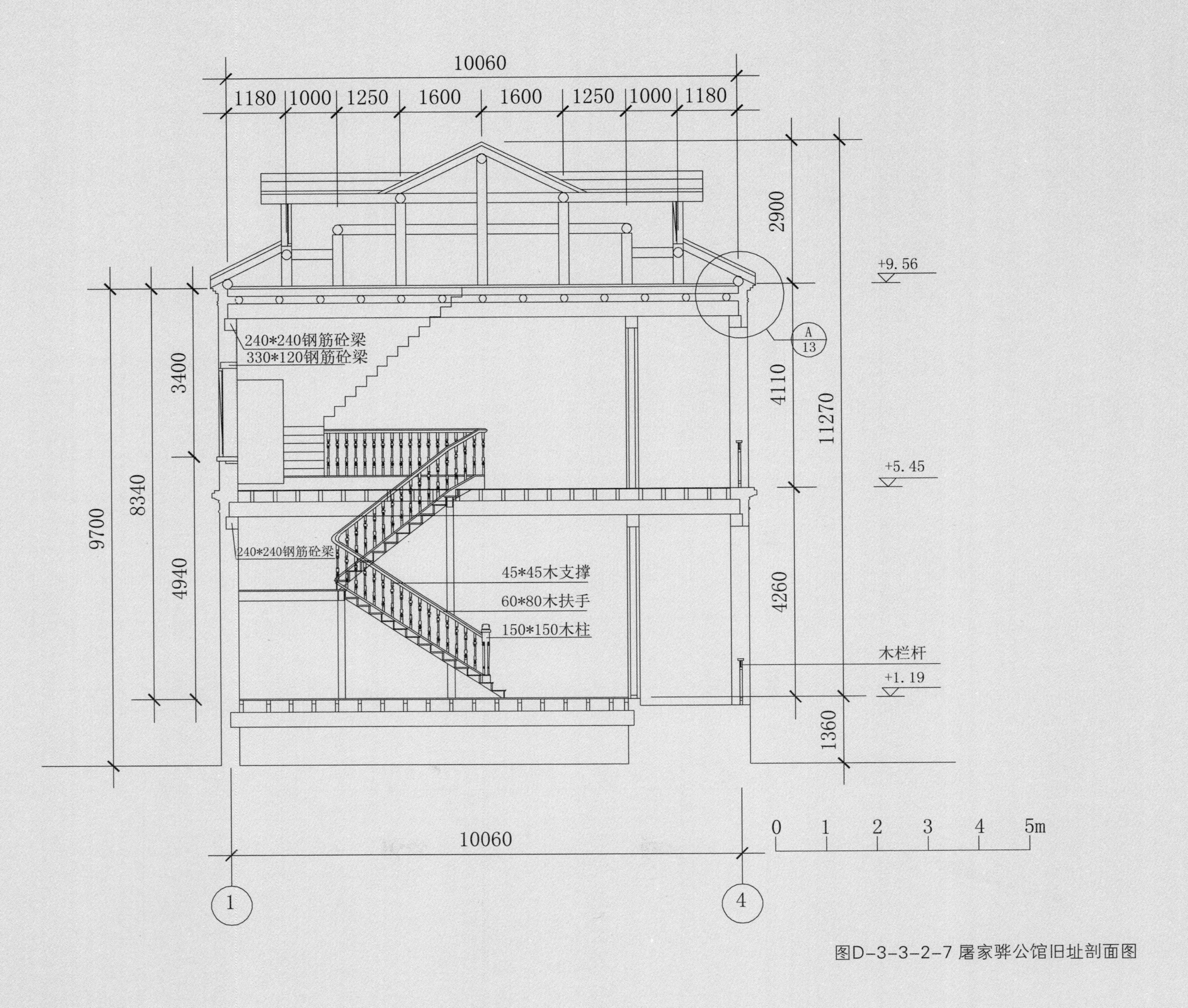

图D-3-3-2-7 屠家骅公馆旧址剖面图

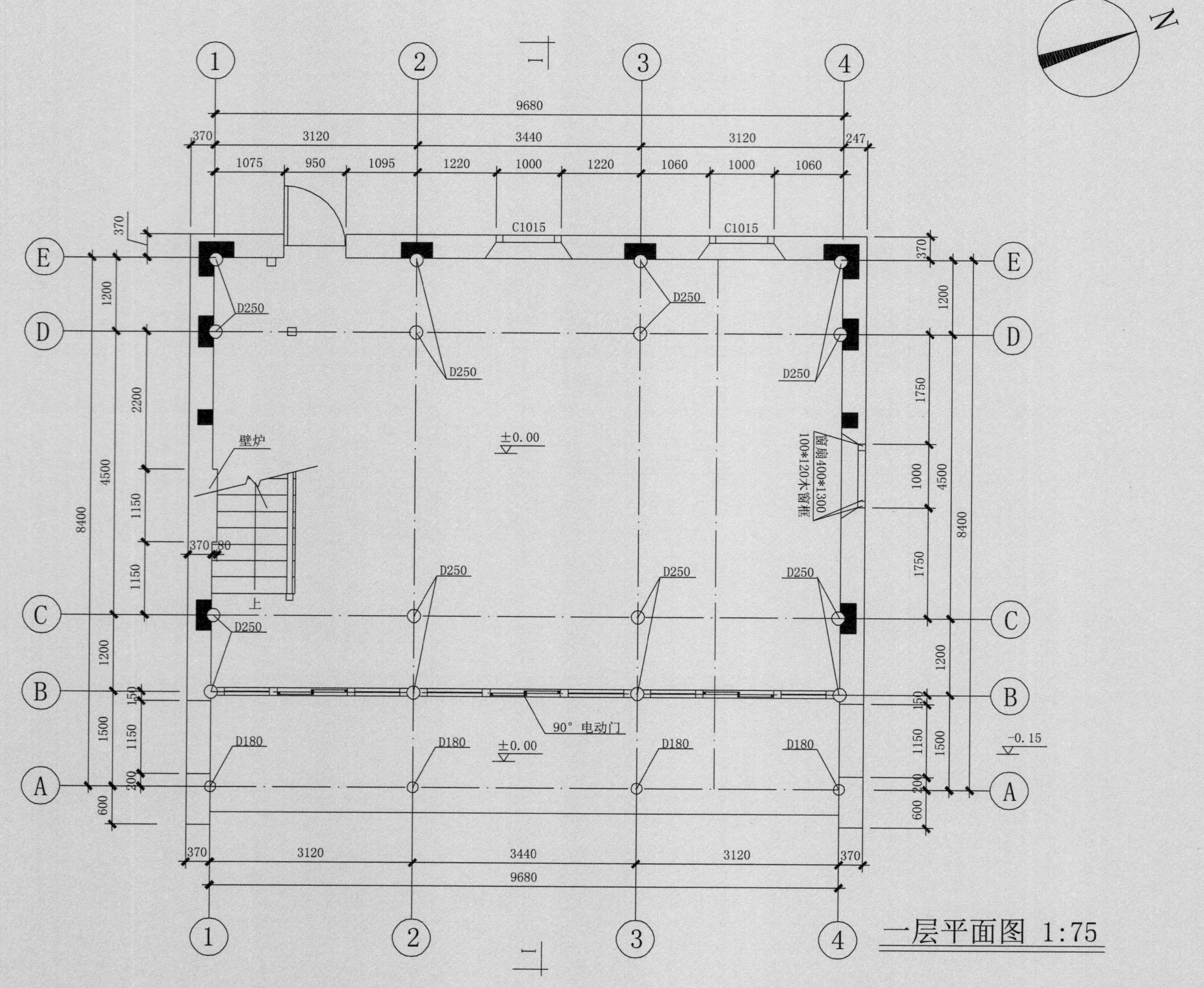

图D-3-3-2-8 屠家骅公馆旧址（27号）会议室一层平面图

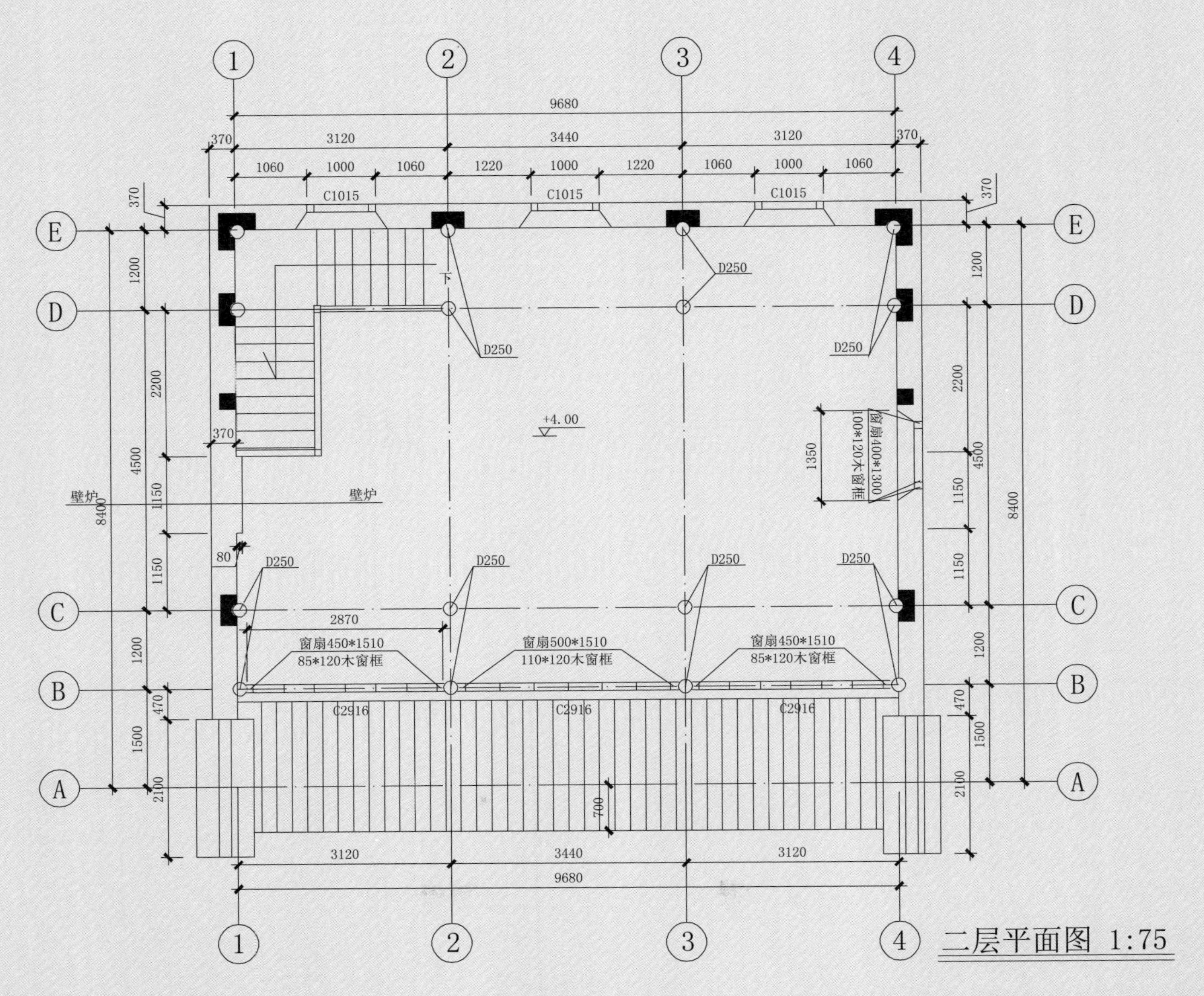

图D-3-3-2-9 屠家骅公馆旧址（27号）会议室两层平面图

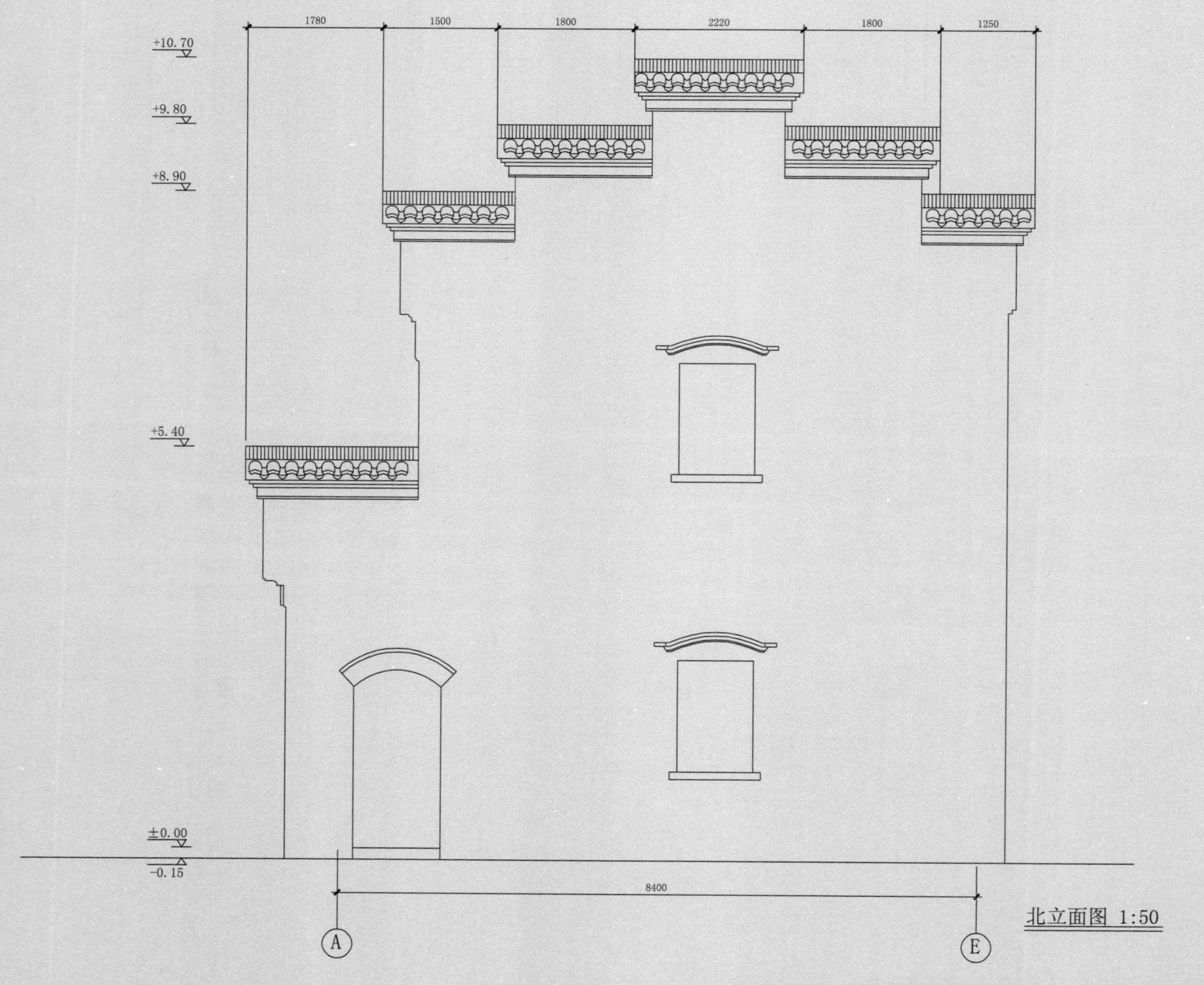

图D-3-3-2-10 屠家驿公馆旧址（27号）会议室北立面图

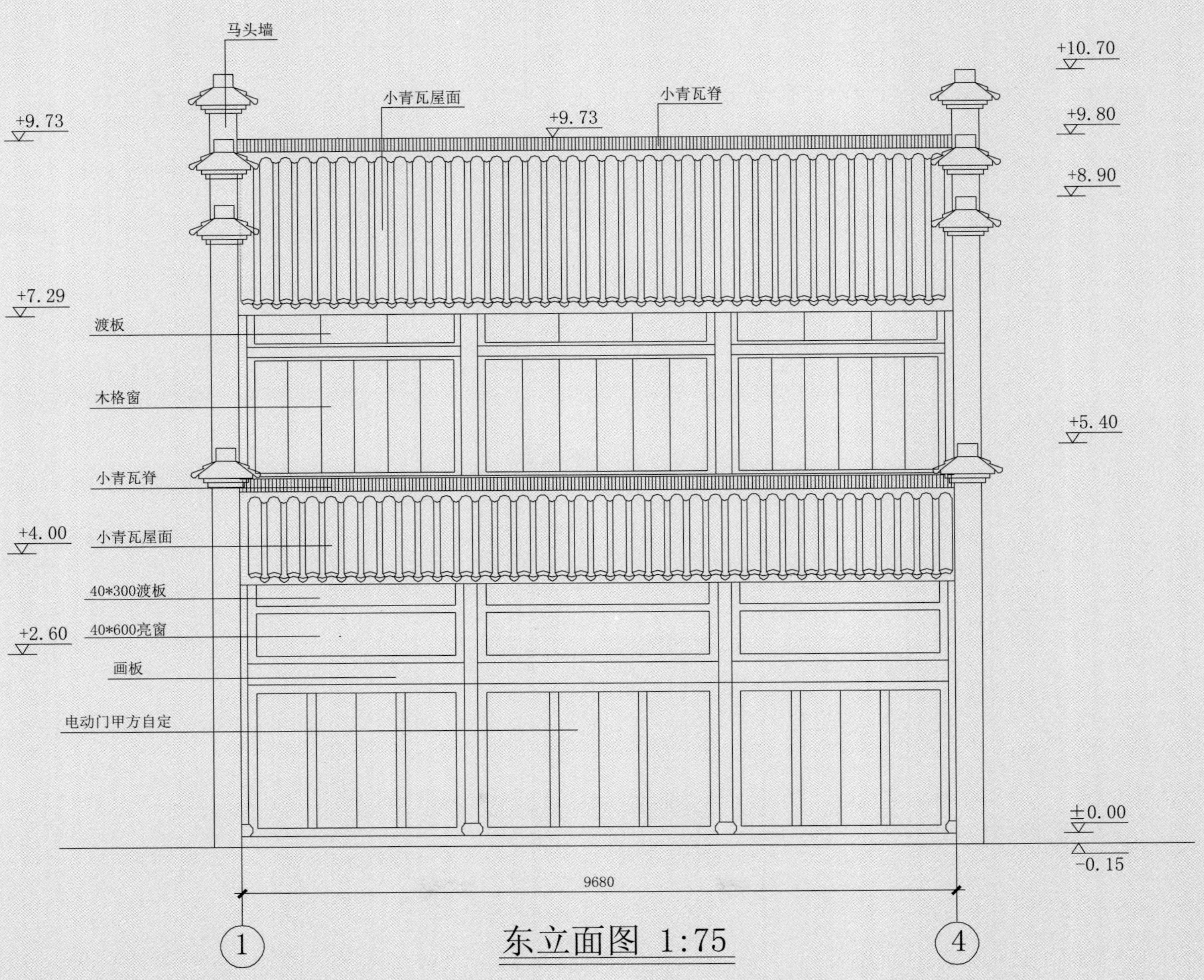

东立面图 1:75

图D-3-3-2-11 屠家骅公馆旧址（27号）会议室东立面图

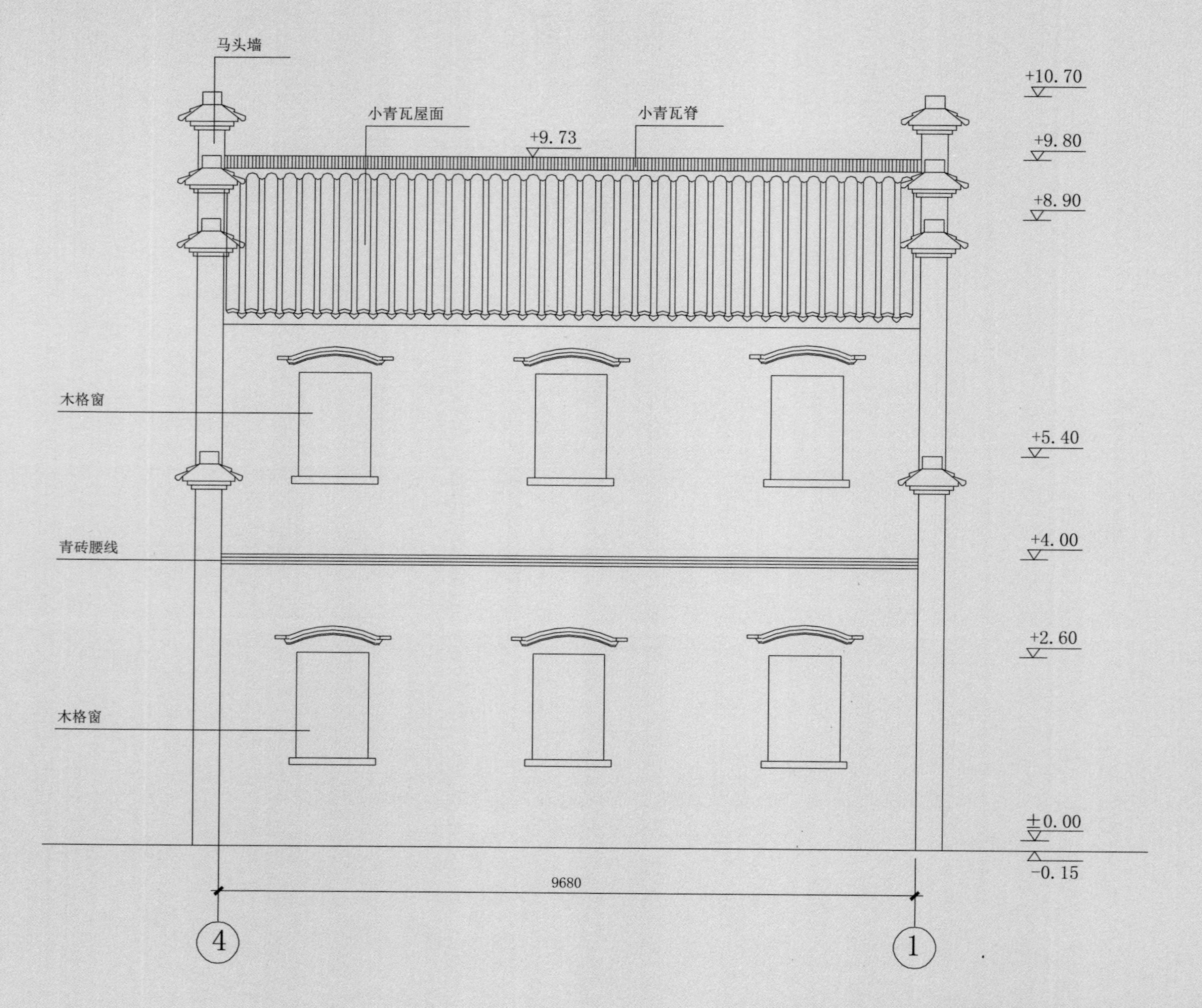

图D-3-3-2-12 屠家骅公馆旧址（27号）会议室西立面图

第三节 镇江老邮政局旧址

一、概况

1. 建筑形态。镇江老邮政局位于京畿路80号。坐北朝南，属仿西方门楼式公用建筑，该建筑面阔五间，长20.52m，进深长14.5m，中间一间向外凸出3m，宽4.2m，占地面积约384m²，建筑面积700m²。中间一间向外凸出3m，宽4.2m（图P-3-3-3-1），依山而建。

1992年，该建筑由镇江市人民政府公布为市级文保单位。

图P-3-3-3-1 修缮后的京畿路邮局旧址（陈大经 摄）

2. 历史沿革。清政府被迫签订《天津条约》后，镇江被辟为商埠。1866年，镇江海关与北京、上海等3处海关先后设邮务办事处，兼办邮递。光绪二年（1876年）设立由天津至牛庄、烟台、镇江3路寄信专差，这是中国国家邮政的萌芽。两年之后，各沿海口岸海关，均设立邮务办事处。1896年，光绪皇帝批准正式开办“大清邮政”。清光绪十五年（1889年）4月9日镇江成立大清邮局，局址设在镇江海关内。这是全国最早的24个总局之一。

图P-3-3-3-2 1924年建的邮局京畿路邮局

1915年，因英镇江租界不准马车通行。且晚间租界栅栏上锁，邮局接运火车邮件诸多不便，为此，在京畿路择地兴建局屋，

图P-3-3-3 修缮后的京畿路邮局旧址正门山花

1921年落成。1924年，总局由江边迁至京畿路邮局办公（图P-3-3-3-2），副邮务长张荣昌为首任华人局长。抗战期间，日本军队闯进镇江京畿路邮局，他们不顾国际公约，肆意枪杀邮局职工、洗劫邮件仓库，损失邮件物品价值约合428万法币（约1.5t黄金价值）。1949年后仍沿袭用为邮电局，一直使用到20世纪80年代。该建筑是镇江最早的邮政建筑，是镇江邮政史的缩影。

3．遗存状况。京畿路的新局是仿西式门楼建筑。该楼临街迎面有高层台座，用花岗石叠砌。底层为地下室。沿街侧向低处置门，有阶梯进入券廊式门楼内平台，再进入二层楼内邮政办公大厅。楼房为红砖叠砌墙面，迎街及南北墙面皆装置高直长方形带铁栅栏的玻璃窗；正面门楼及檐口砌有山花装饰（图P-3-3-3-3），屋面为瓦楞铁皮顶。该建筑经修缮后，结构坚固，设施齐全。2008年设为“镇江消防博物馆”（图P-3-3-3-4、图P-3-3-3-5）。

图P-3-3-3-4 修缮后的京畿路邮局旧址改设消防博物馆（应文魁 摄）

图P-3-3-3-5 镇江消防博物馆内景展厅

二、主要修缮技术

中修。维修该楼前，西津渡公司请镇江市地景园林设计有限公司对原建筑进行了勘察、测绘和摄影，保存有关信息。在此基础上编制建筑保护修缮技术方案。镇江市文物局、镇江市西津渡公司组织有关文物、考古、建设等专家，对修缮方案进行评估、论证，同意根据评估论证后的建筑保护方案实施修缮，在保留原有结构，保持建筑形态不变的基础上，增加抗震加固措施，增加上下水、电、气、网络等公共配套基础设施，拆除与原建筑风貌不相符的后搭建附属物，留出

图P-3-3-3-6 修缮中的京畿路邮局旧址阁楼

足够的控制地带，改善建筑周边环境。

该建筑为红砖叠砌墙面。底层为地下室，上部有储藏用阁楼（图P-3-3-3-6～图P-3-3-3-8）。迎街及南北墙面皆置高直长方形带铁栅栏的玻璃窗，正面门楼及檐口砌有山花装饰，屋面为歇山顶屋面的建筑。山墙为悬山式，取其山尖以上的部分（包括山尖），再向四周伸出屋檐，就是歇山形式。歇山的两侧坡面也叫“撒头”，歇山的山尖部分成为“小红山”，屋面铺瓦楞铁皮顶。

图P-3-3-3-7 修缮后的镇江消防博物馆小型报告厅

图P-3-3-3-8 镇江消防博物馆地下室

三、建筑物修缮责任表

建筑物修缮单位：镇江市西津渡建设发展有限责任公司

项目负责人：邵浜 徐波云

测绘、修缮设计单位：镇江市地景园林规划设计有限公司

测绘、修缮设计人员：王欢欢

监理单位：镇江市工程监理有限公司

监理人员：江跃

施工单位：镇江市光大建筑工程有限公司

项目经理：朱林

施工时间：2007.2—2007.4.18

四、施工图

如图D-3-3-3-1 ~ 图D-3-3-3-5所示。

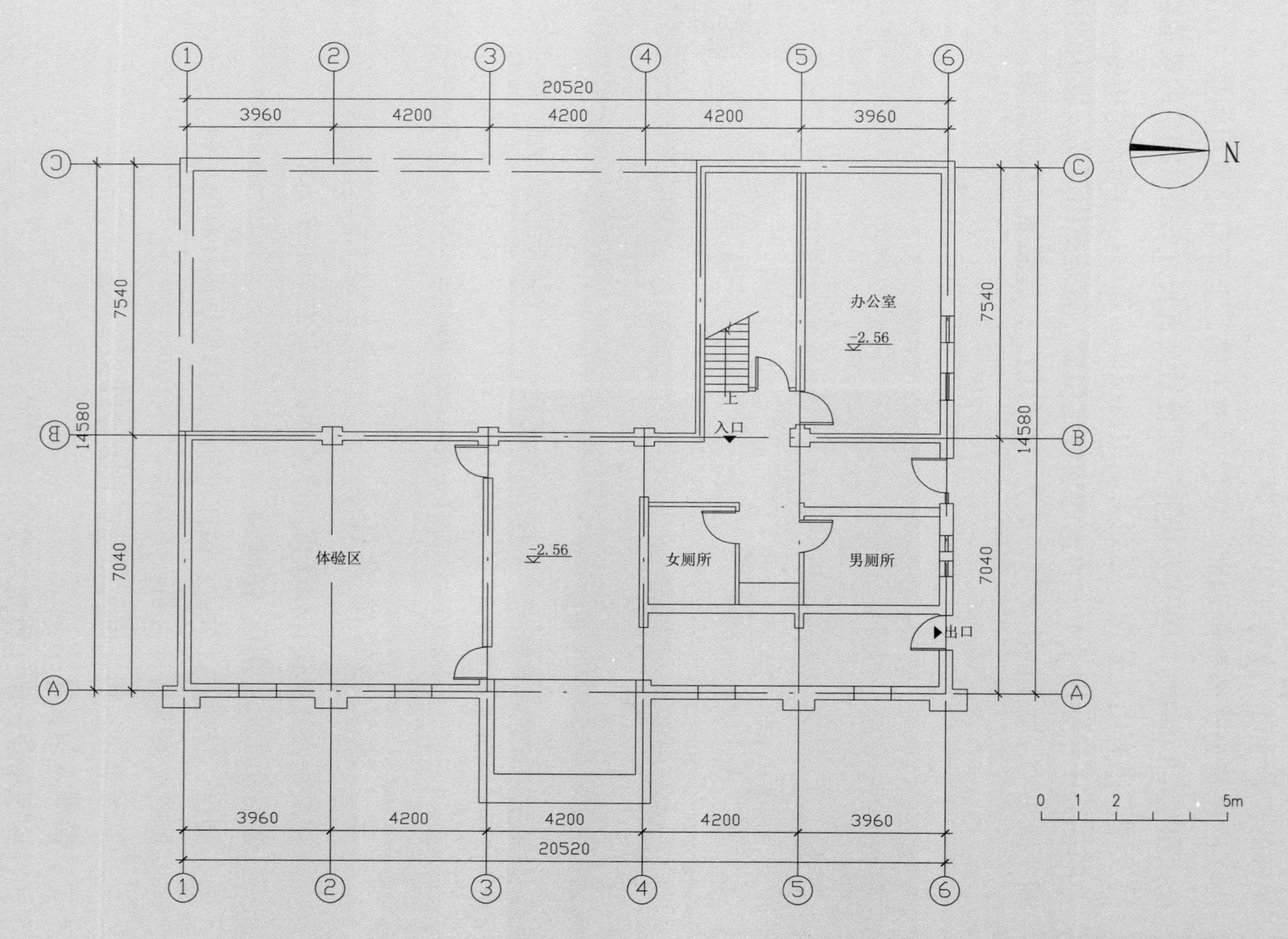

图D-3-3-3-1 京畿路邮局旧址地下室平面图

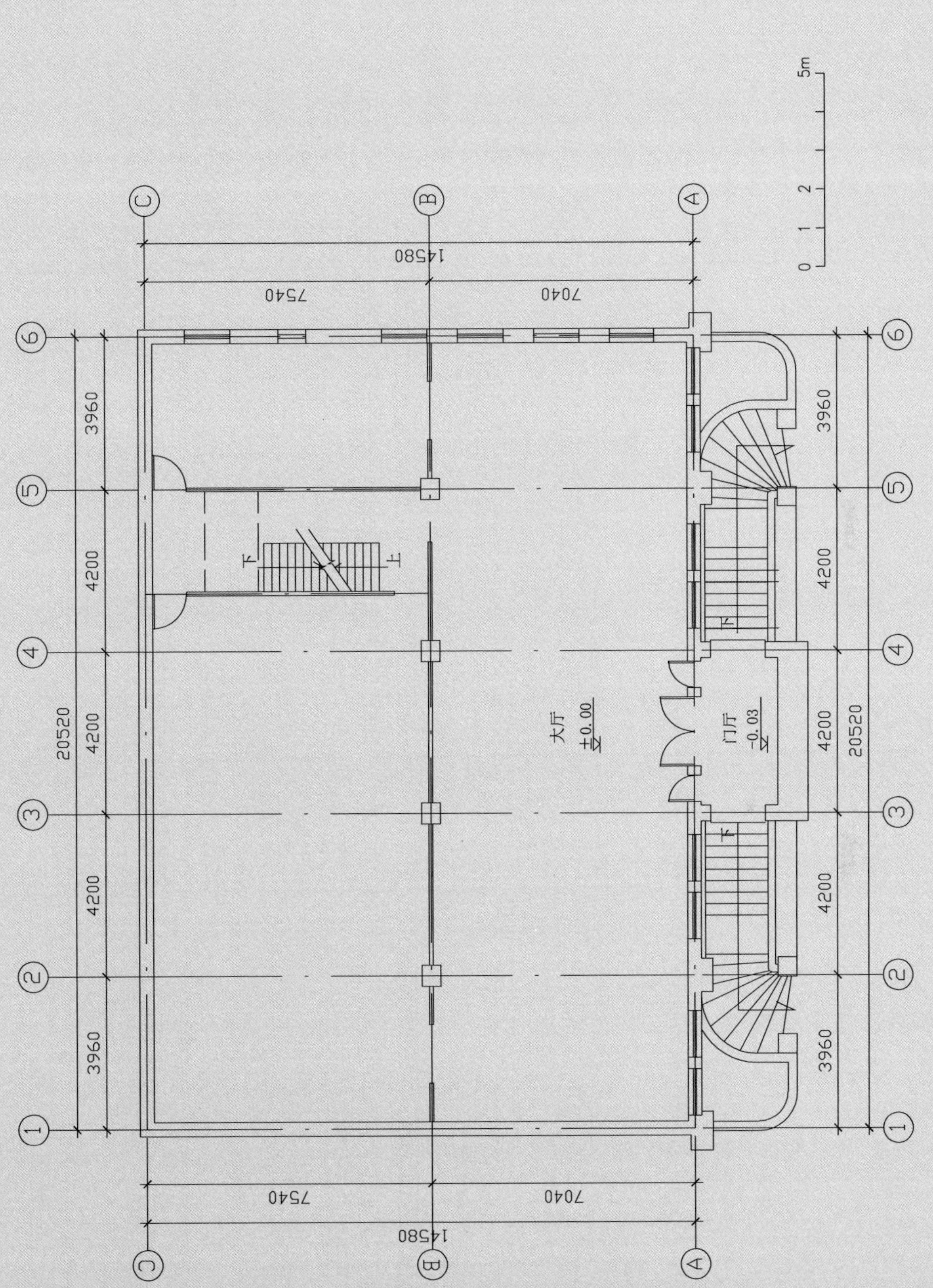

图D-3-3-3-2 京畿路邮局旧址一层平面图

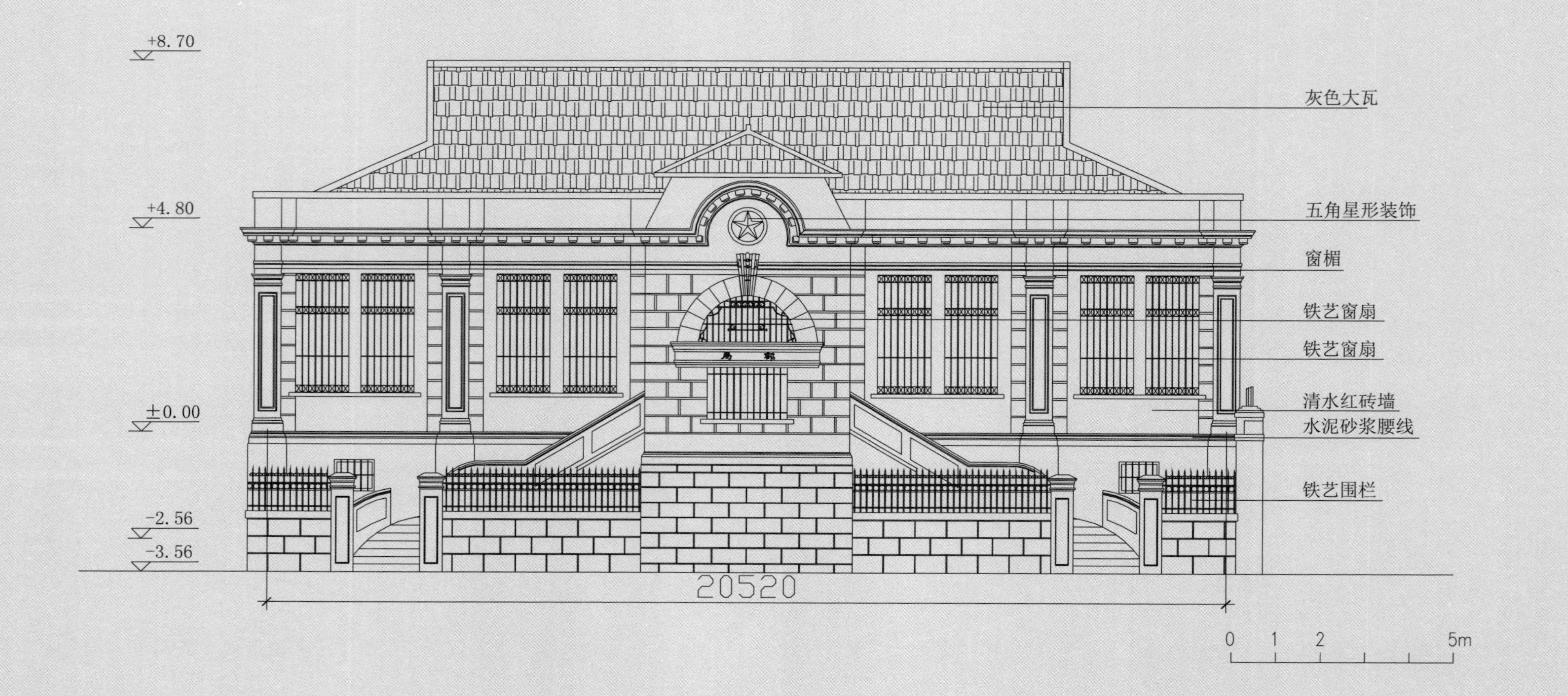

图D-3-3-3-3 京畿路邮局旧址东立面图

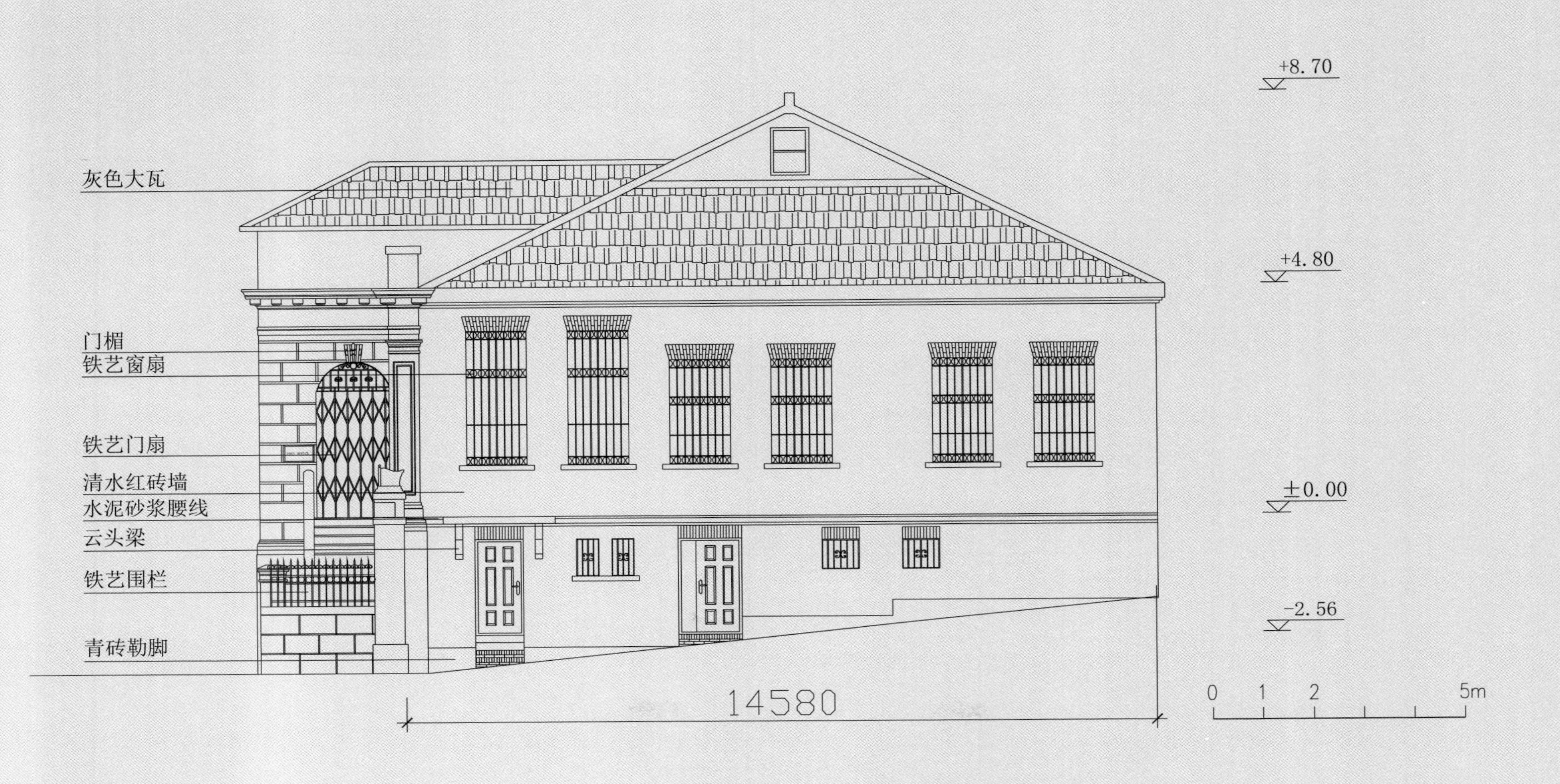

图D-3-3-3-4 京畿路邮局旧址北立面图

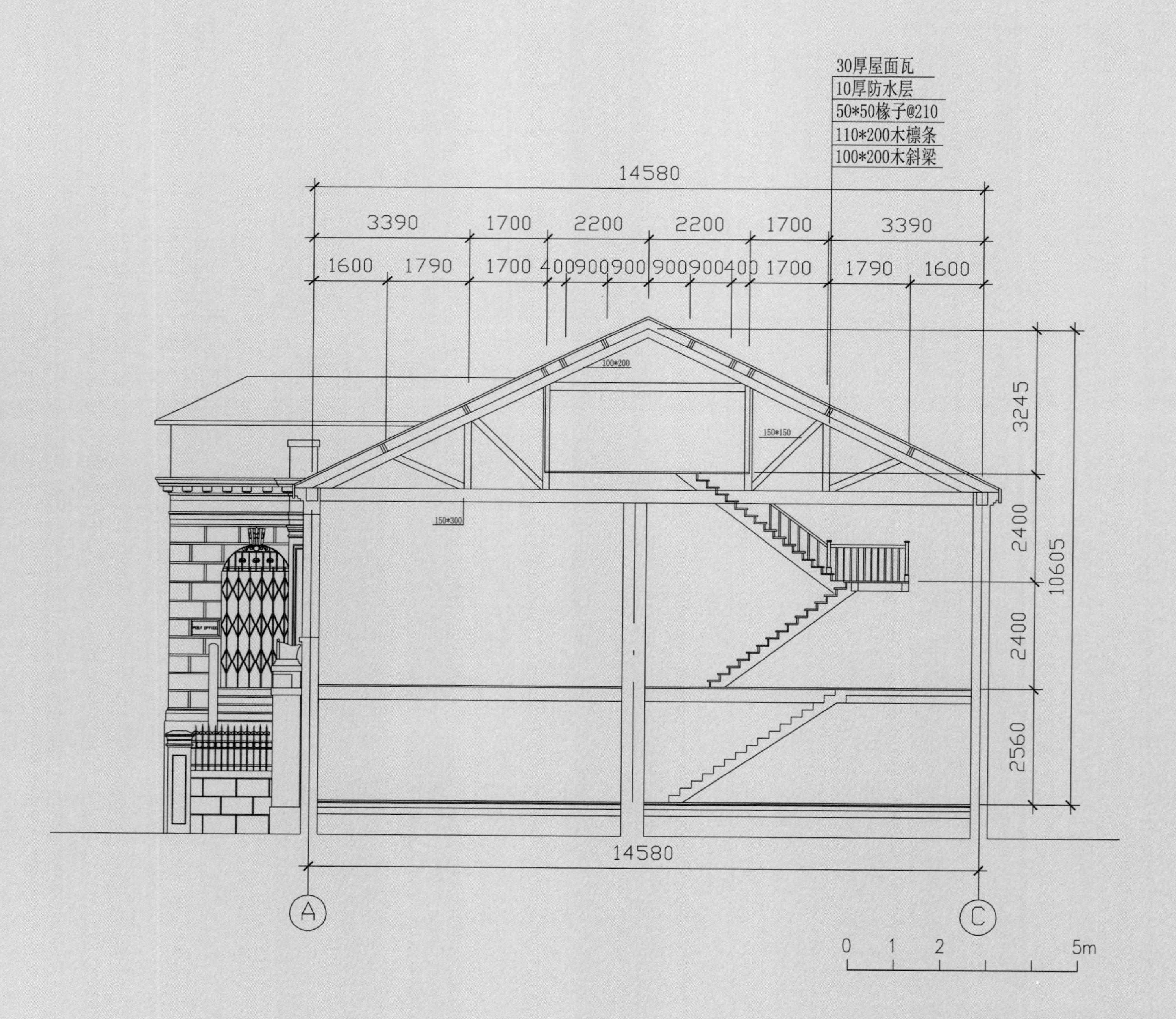

图D-3-3-3-5 京畿路邮局旧址东剖面图

第四节 民国交通银行镇江支行旧址

一、概况

1. 建筑形态。原民国交通银行镇江支行旧址建筑坐北朝南，钢混结构（图P-3-3-4-1），长21.6m，宽18.2m，高13.65m，占地面积356m^2，建筑面积1214m^2。

2007年，该建筑由镇江市人民政府公布为市级文保单位。

图P-3-3-4-1 修缮后的民国镇江交通银行旧址（南立面）

图P-3-3-4-2 民国镇江交通银行旧址楼顶女儿墙局部细节

该建筑是一幢规整的三层平顶建筑，也是镇江保留下来的民国期间仅有的几幢大平顶公共建筑之一。西北角突出一厢房。第一层为水磨石地坪，层高4.5m，第二、三层为木地板，分别层高3.7m。平顶屋面，青砖砌筑，外墙70砂抹面，局部设有图案，女儿墙雕刻花岗岩石柱纹饰（图P-3-3-4-2），花岗岩门套、勒脚。整栋建筑，通过窗框矩形线条划分墙面简洁大方。建筑立面以一楼凸出的顶线分上下两段，建筑墙裙和一楼墙顶有突出装饰线条，形成稳定、坚固的感观。一楼中部开门，左右各开两窗，窗洞较二、三楼高，二、三楼南面开五窗，东面开四窗，西面开三窗，窗高1.65m、宽1.45m左右，建筑砖石钢筋混凝土结构，青砖砌墙水泥砂浆抹面，外墙厚度达到0.65m左右。整个立面中间平整，左右两边稍突出，流畅的垂直线条直通屋顶。

交通银行面南背北，南面正门为拱券式大门，大门高2.9m、宽1.6m左右，门框为长六角形，大门外侧墙体呈拱状镶嵌五块大理石，大理石雕刻缠枝垂花纹饰，整个大理石门饰安装在一楼的墙裙之上，顶部大理石雕刻变形方孔，方孔内有枝头纹饰缠结然后分左右向大门两侧垂挂，由卷及伸，连续不断，左右对称，比例协调，纹饰简洁明了，线条柔和顺畅。雕刻纹饰是中国古代建筑中不可或缺的一部分，以突出体现形式美的法则来传递某种信号，这样一组端庄精巧的石刻

图P-3-3-4-3 民国镇江交行银行旧址东大门及石刻门饰

图P-3-3-4-4 民国镇江交通银行旧址屋顶局部细节

门饰展现出中华古朴的雕刻艺术，赋予了建筑造型以生动的形象，并融于整体建筑之中，使本来沉闷的建筑生动起来，使生硬的大门成为景观，从而让人们获得一种视觉享受。这种大门装饰在镇江民国建筑中仅见于该楼（图P-3-3-4-3）。

交通银行大楼建设采用平顶，屋顶围有0.8m高的挡墙，挡墙顶面水泥拱形封顶，挡墙外侧陷槽，槽内密排垂直变形云纹浮雕作为整个大楼的横向装饰带，云纹至南面檐口结束，由回纹形浮雕自然衔接。屋檐为传统固有形式的檐口。短檐上铺装浅咖啡色筒状琉璃瓦，短檐下口省略繁琐的斗拱而是以四根柱状装饰物嵌入墙体，这样的屋檐其装饰性已经远远大过实用性了（图P-3-3-4-4）。整个建筑屋顶挡墙浮雕，打破了立面单调的建筑格局，使整体建筑显得隽秀俊美，平稳端庄。可以看出，该建筑是对近代西方建筑类型的引进和探索，也是对中国古代建筑的一次颠覆，是简朴实用并在建筑细节上融入中国色彩的早期现代主义风格的展现。大楼北侧偏东有凸出墙体的方柱由一楼延伸到三楼并高过楼顶2.5m左右,顶部成二级收缩状，这个冲天方柱显得挺拔、坚固并和大楼浑然一体，方柱体的东面开有卷拱形侧门，有厚实木质楼梯通贯楼上下。从民国各个城市建造的交通银行来看，1931年建于北京前门外西河沿的交通银行，平顶、檐口、线条和民国镇江交通银行接近，

图P-3-3-4-5 民国镇江交通银行（左）和1931年北京前门外西河沿的交通银行（右）之比较

而右侧凸出房顶的冲天方柱体与镇江民国交通银行的基本一致（图P-3-3-4-5）。

2. 历史沿革。该建筑建于1913年，由朱保衡创建。朱的曾孙曾在网上公布了朱保衡的日记："余自七龄启蒙，就读冠英小校，学以年递，苦无所成，复专攻国学五年余，仍属浮泛，鲜有实在，迨弃书就业。虽则随时自习，已如盲人，觅途不知所至。今廿五岁矣，追溯以往，浮生如梦，因感事业之成，厥在有恒。余所学如写作、缀诗、习字、绘画、雕刻，小则音乐、棋艺，弥不染指，然均属皮毛，一无所成，客无恒之果耶。（此页空白处写道：博而不精，业之大忌。）因慕先贤修恒，每从写识日记起手，盖不访而习，试勉旃之。"后来终于事业有成，奉命创建交通银行镇江分行，行址设于东坞街（图P-3-3-4-6）。1915年正式对外营业，分别代收铁路、邮电款项和代收官税，利用银行筹措资金，经理债票、股票，借以振兴轮、路、电、邮四政事业。交通银行集汇兑、储蓄、划拨于一身，放款偏重于钱业拆散。注重农产投资、辅助国货工业、促进交通建设，交通银行较早地借鉴了国外商业银行的经营管理方法，分行总办人选都要求善于理财，有经商经验，同时订立用人章程，对各级高管，都需签订合同，对各个职位都定编定岗，明确责权利。镇江交通银行设立后，曾两停两设。抗日战争后的

图P-3-3-4-6 修缮后的民国镇江交通银行旧址（东南立面）

图P-3-3-4-7 修缮前的水泥粉刷的外墙

1940年，交通银行也被改组复业，新中国成立后由政府接管，1983年并入镇江建设银行。1949年后该楼在市长江路原友谊服装厂内，后改为“镇江扬子制版印刷有限公司”。

3．遗存状况。原民国镇江交通银行旧址是一幢三层民国特色钢混平顶建筑。100多年的风风雨雨，该建筑原有钢筋混凝土表面碳化，墙体粉刷脱落，局部裂缝，西北角后期搭建破坏严重（图P-3-3-4-7）。该建筑原房主搬迁后由西津渡公司收购，按原样进行了修缮，结构坚固，设施齐全。现位于钟楼剧场东侧、西津音乐厅南侧。

二、主要修缮技术

大修。西津渡公司对建筑物现状进行了测量测绘，对钢筋混凝土建筑结构进行了实体检测。按照文物建筑保护原则制定了结构加固和整体修缮的技术方案。邀请文物、考古、建筑、结构加固等方面专家对方案进行评估论证。西津渡公司按专家论证意见实施了保护修缮方案：

（1）拆除周边后期搭建建筑和附属物，留出了足够的控制地带并改善周边环境。

图P-3-3-4-8 修缮后的民国镇江交通银行旧址（东立面）粉墙

（2）保留了原有建筑的外部形态和结构形制，增加抗震构造措施。

对原有局部砖混结构进行加固。基础采用加大钢筋混凝土基础截面法，利用化学植筋将新增截面与原有基础有效连接，新增混凝土等级为C25。在原有框架柱内侧增加框架柱，在新旧框架柱受力钢筋之间用U形钢筋焊接，使新旧钢筋混凝土柱，协同工作共同受力。

墙体内侧采用配筋混凝土加筋板带，墙体外侧采用钢丝网水泥砂浆粉刷加固。

二三层楼面采用新做现浇钢筋混凝土框架梁加固，屋面原有钢筋混凝土梁采用增大梁截面加固，局部新做现浇钢筋混凝土梁，增大截面部分采用C40灌浆。

二三层楼面新作木楼板，采用60mm×80mm木楼摆，间距350mm，钢筋混凝土屋面板粘贴碳纤维加固，楼梯采用碳纤维加固。

外墙面采用1:1水泥白色石砂分格粉刷，屋沿，勒脚，门套等恢复花岗石贴面（图P-3-3-4-8）。

三、建筑物修缮责任表

建筑物修缮单位：镇江市西津渡文化旅游有限责任公司

项目负责人：孙荣

测绘、修缮设计单位：镇江市地景园林规划设计有限公司

测绘、修缮设计人员：王欢欢

监理单位：镇江建科工程管理有限公司

监理人员：施彩霞

施工单位：镇江市锦华古典园林建筑有限公司

项目经理：黎金龙

施工时间：2014.4.25—2014.7.23

四、施工图

如图D–3–3–4–1 ～ D–3–3–4–10所示。

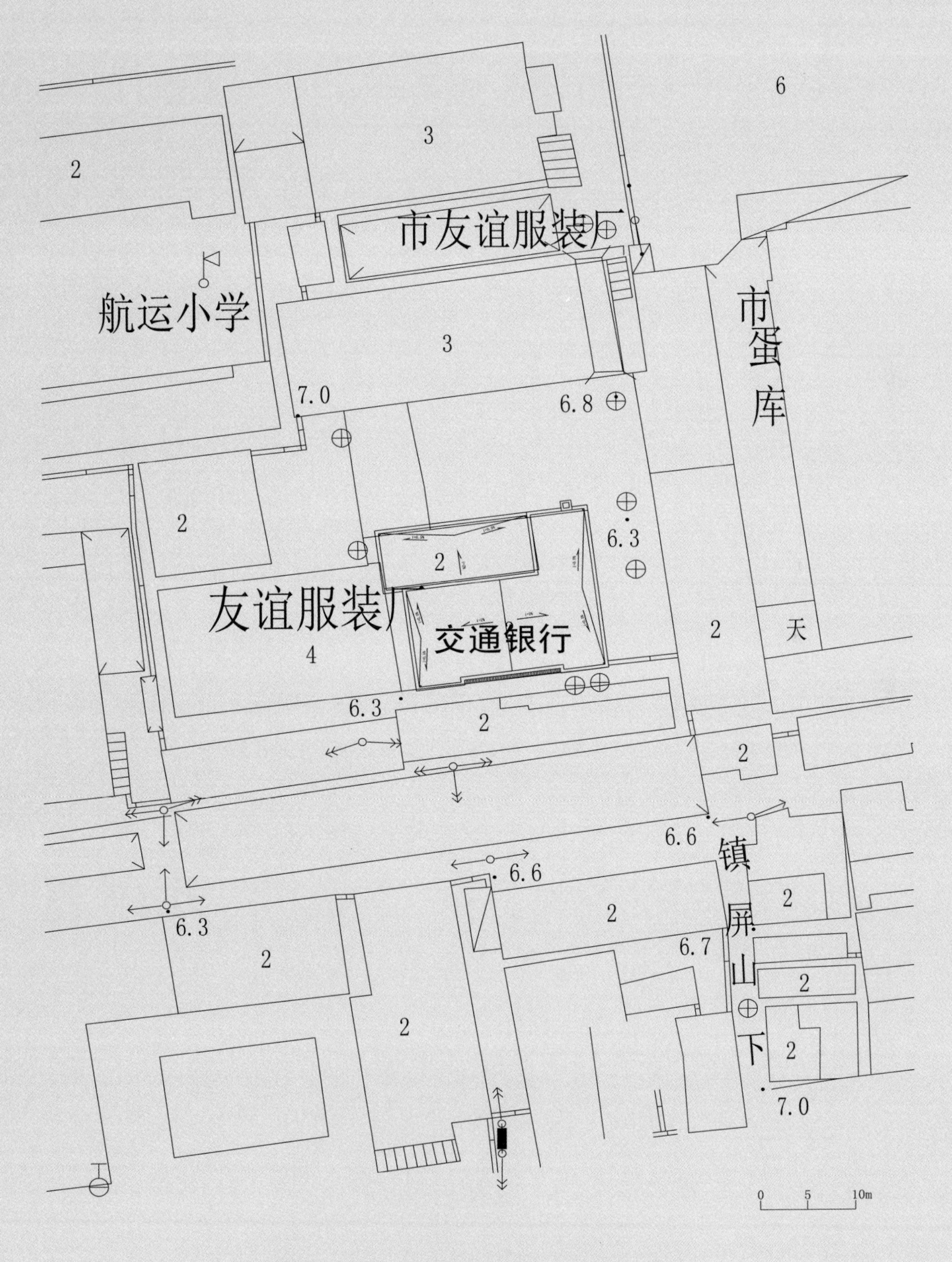

图D–3–3–4–1 民国镇江交通银行旧址总平面图

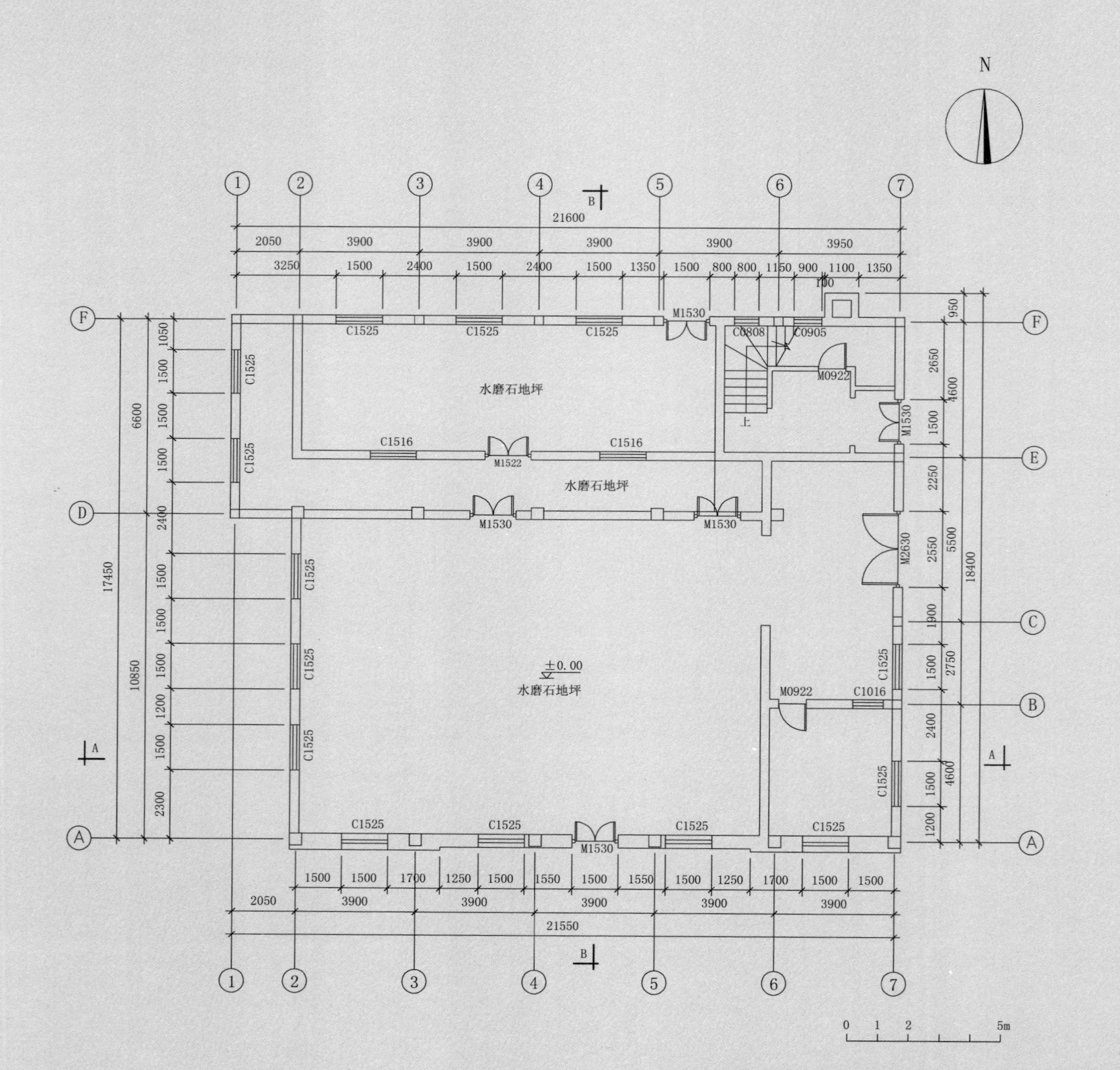

图D-3-3-4-2 民国镇江交通银行旧址一层平面图

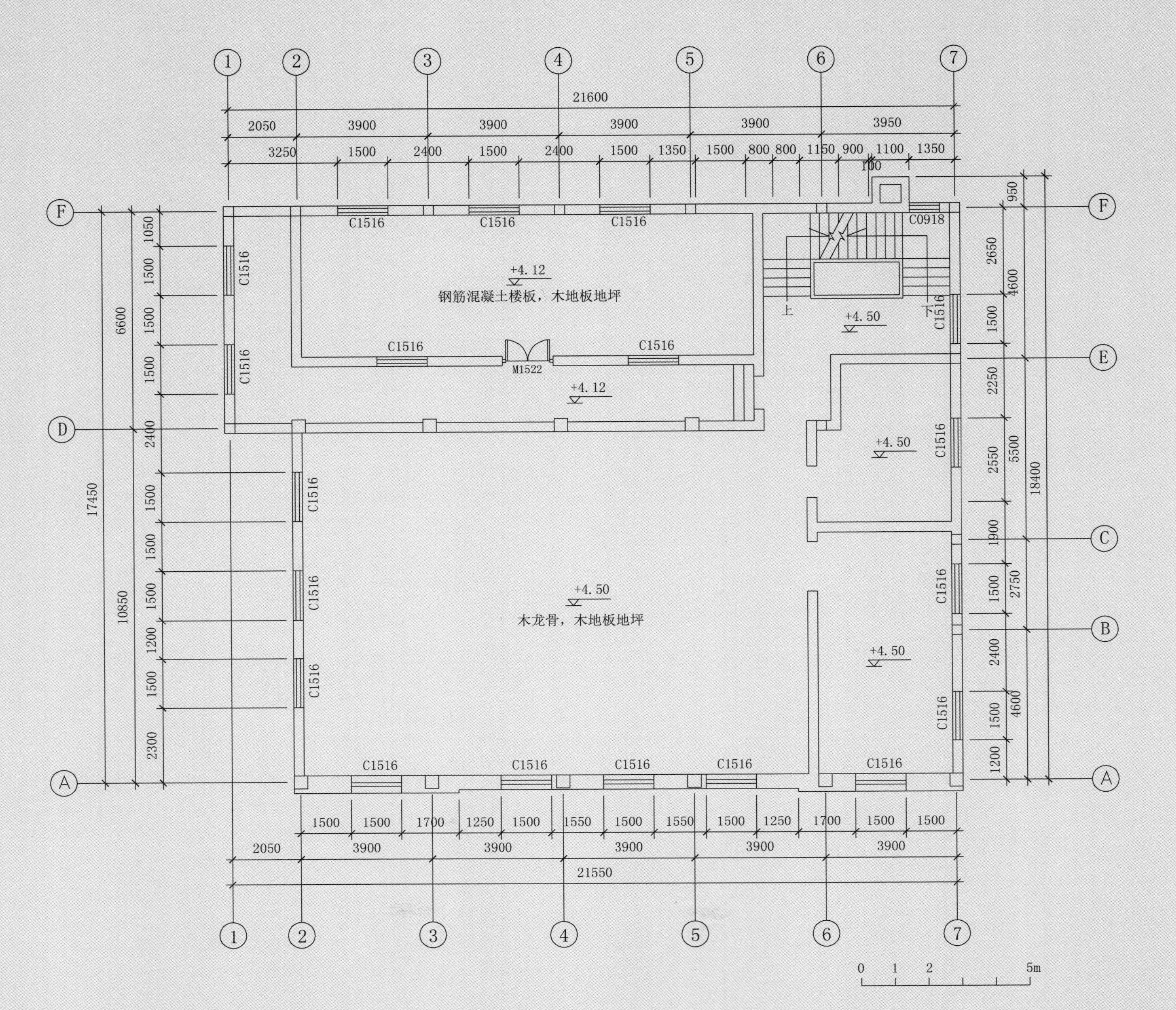

图D-3-3-4-3 民国镇江交通银行旧址二层平面图

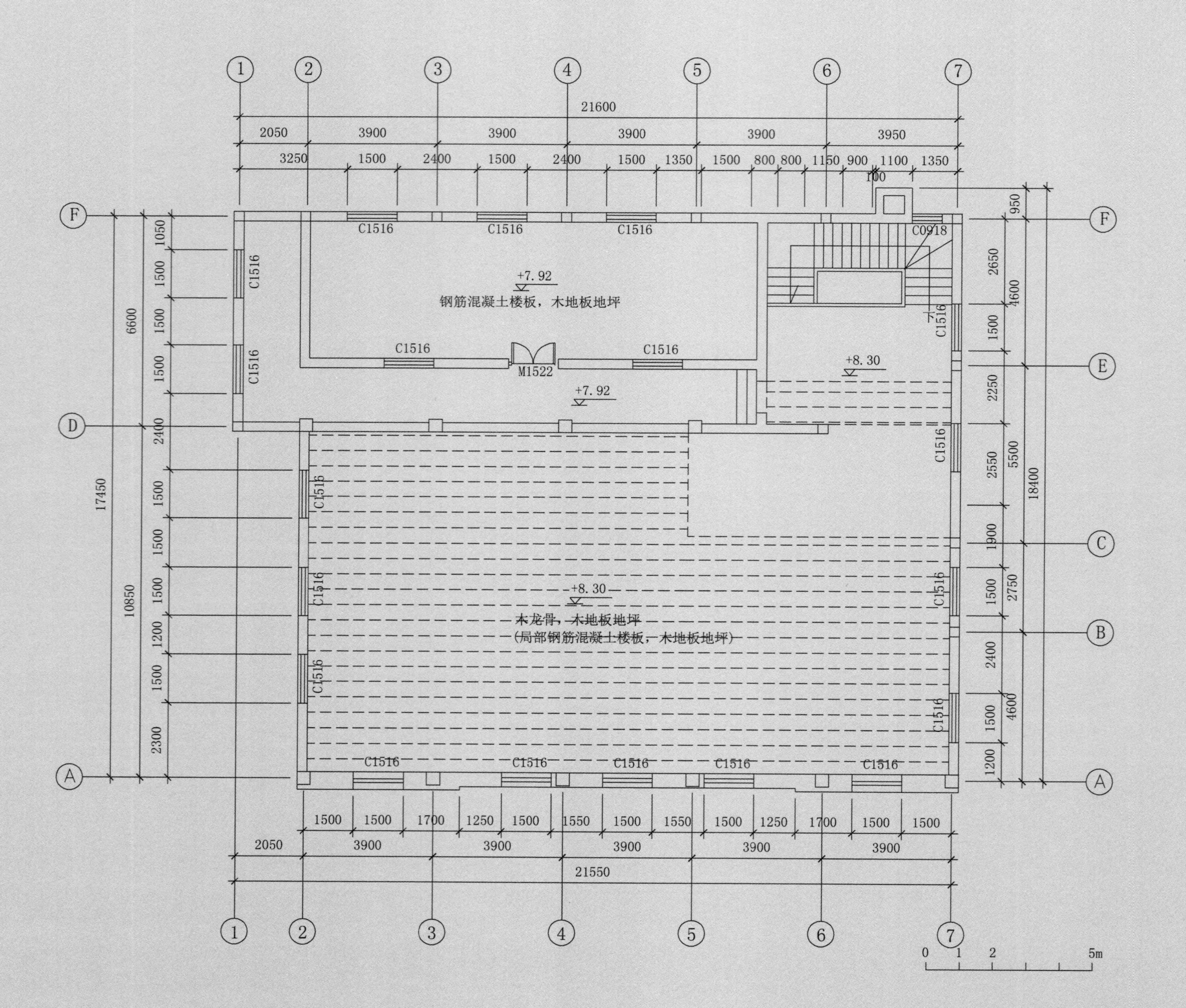

图D-3-3-4-4 民国镇江交通银行旧址三层平面图

图D-3-3-4-5 民国镇江交通银行旧址南立面图

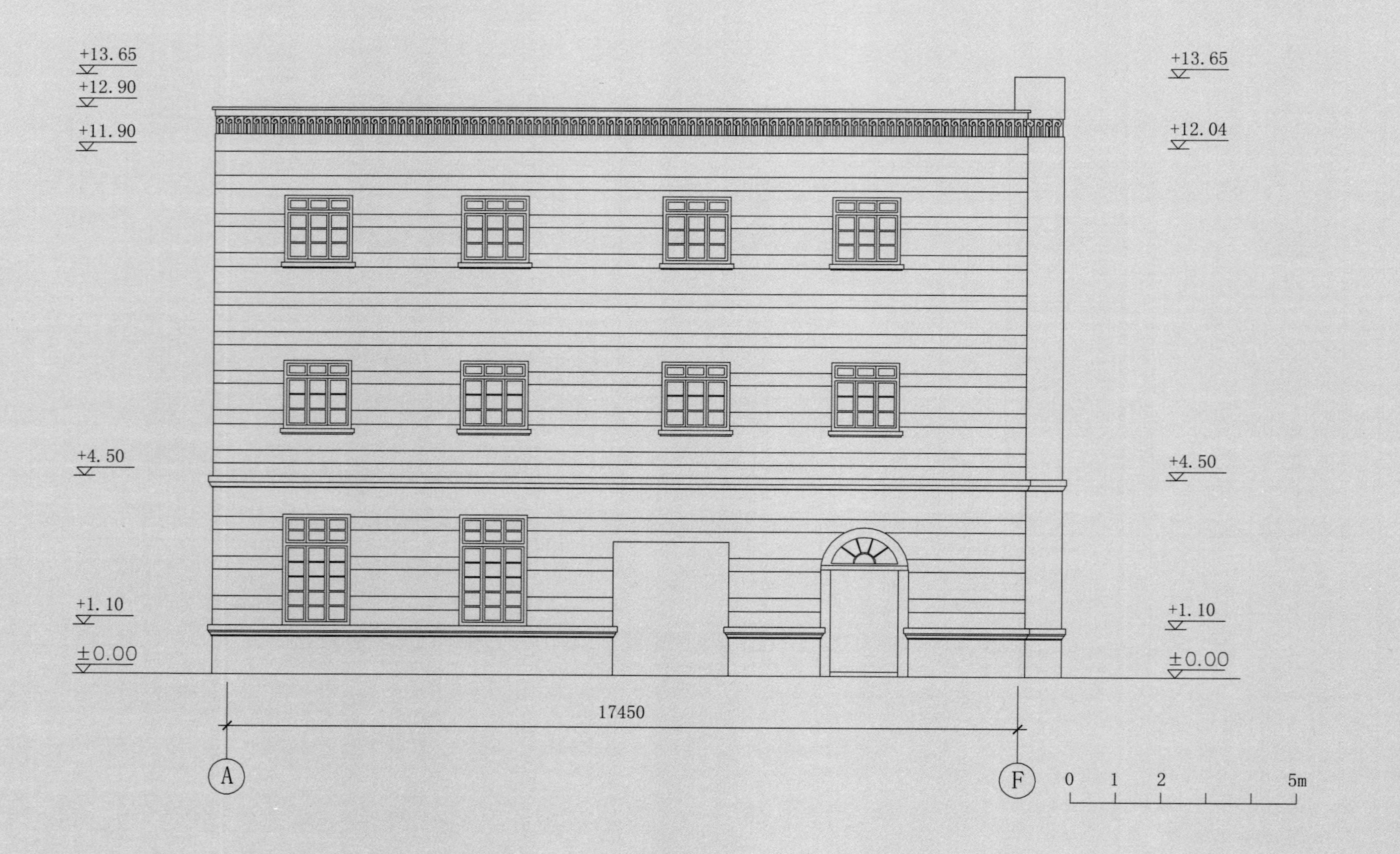

图D-3-3-4-6 民国镇江交通银行旧址东立面图

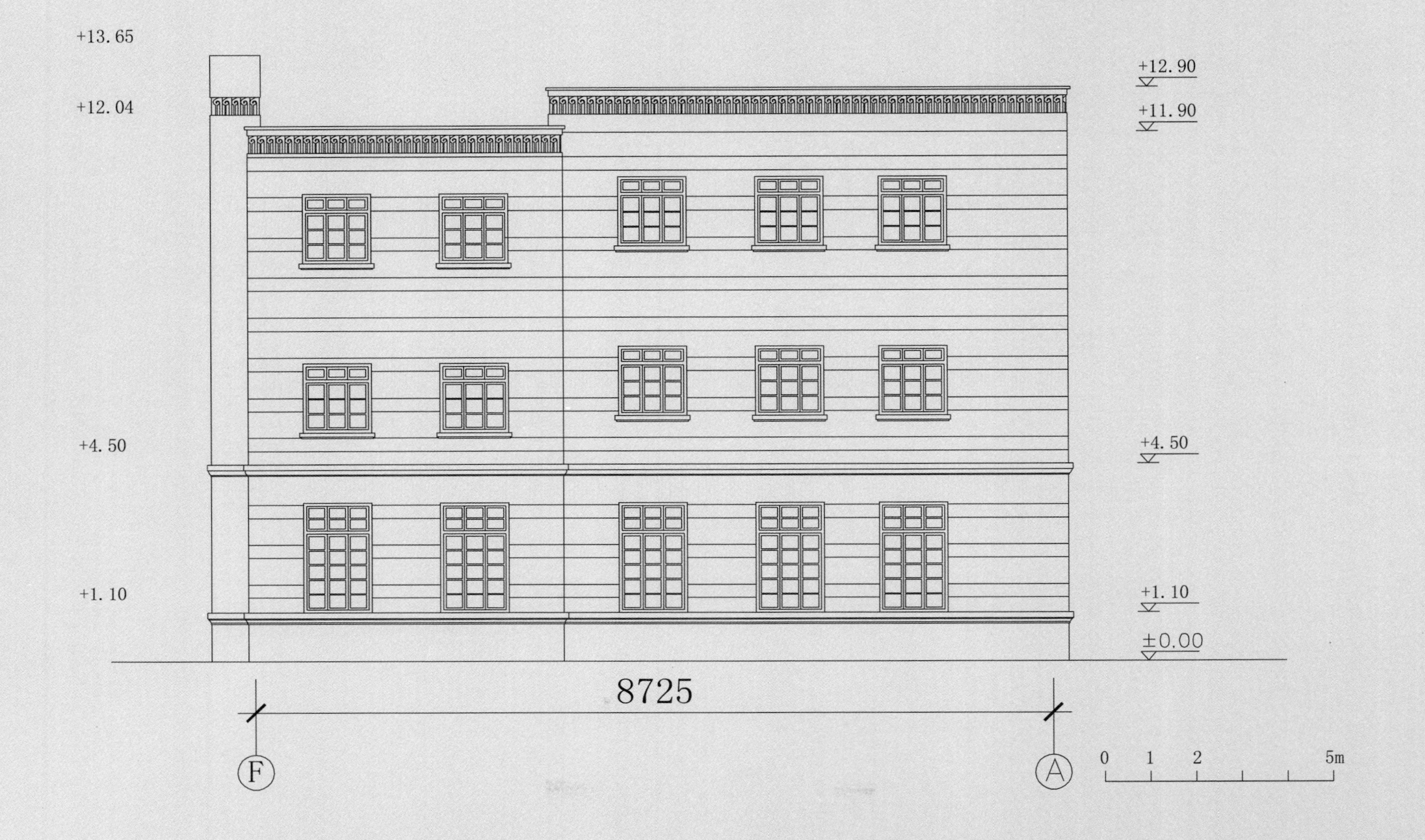

图D-3-3-4-7 民国镇江交通银行旧址西立面图

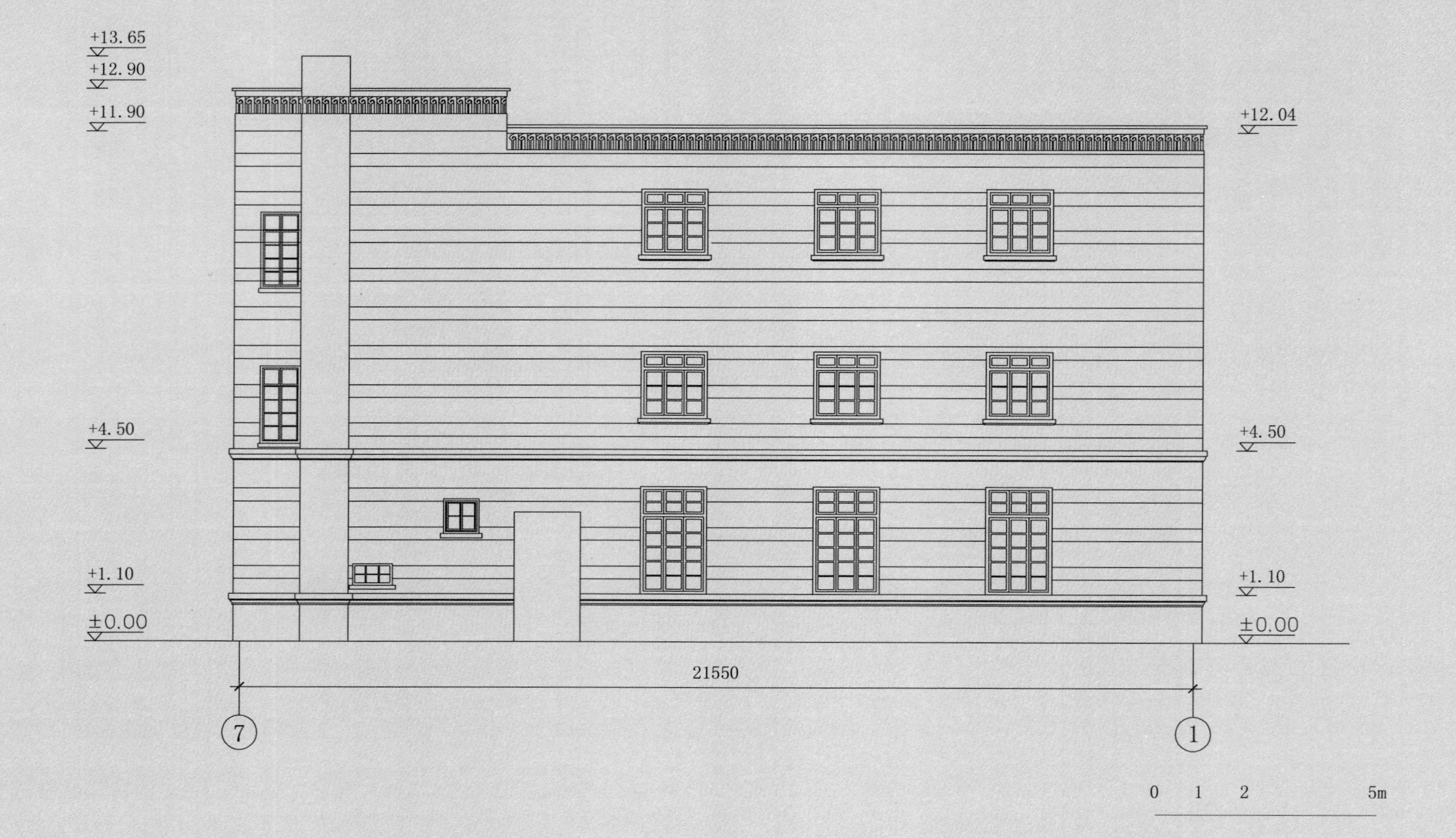

图D-3-3-4-8 民国镇江交通银行旧址北立面图

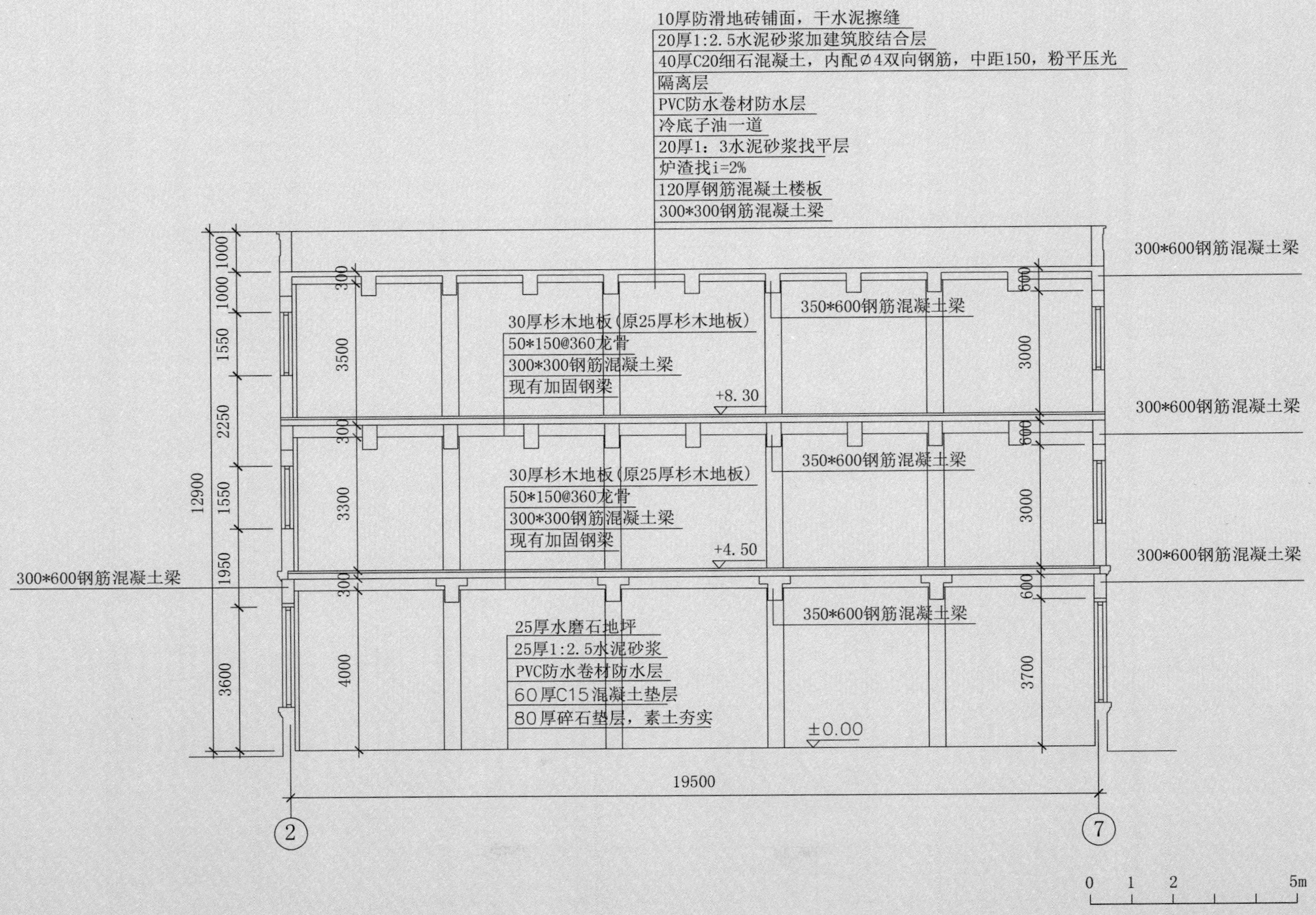

10厚防滑地砖铺面，干水泥擦缝
20厚1:2.5水泥砂浆加建筑胶结合层
40厚C20细石混凝土，内配ø4双向钢筋，中距150，粉平压光
隔离层
PVC防水卷材防水层
冷底子油一道
20厚1：3水泥砂浆找平层
炉渣找i=2%
120厚钢筋混凝土楼板
300*300钢筋混凝土梁

300*600钢筋混凝土梁
350*600钢筋混凝土梁
30厚杉木地板(原25厚杉木地板)
50*150@360龙骨
300*300钢筋混凝土梁
现有加固钢梁
+8.30
300*600钢筋混凝土梁
350*600钢筋混凝土梁
30厚杉木地板(原25厚杉木地板)
50*150@360龙骨
300*300钢筋混凝土梁
现有加固钢梁
+4.50
300*600钢筋混凝土梁
300*600钢筋混凝土梁
350*600钢筋混凝土梁
25厚水磨石地坪
25厚1:2.5水泥砂浆
PVC防水卷材防水层
60厚C15混凝土垫层
80厚碎石垫层，素土夯实
±0.00

1000 1000 1550 2250 1550 1950 3600 12900
300 3500 300 3300 300 4000
600 3000 600 3000 600 3700
19500
2 7
0 1 2 5m

图D-3-3-4-9 民国镇江交通银行旧址剖面图

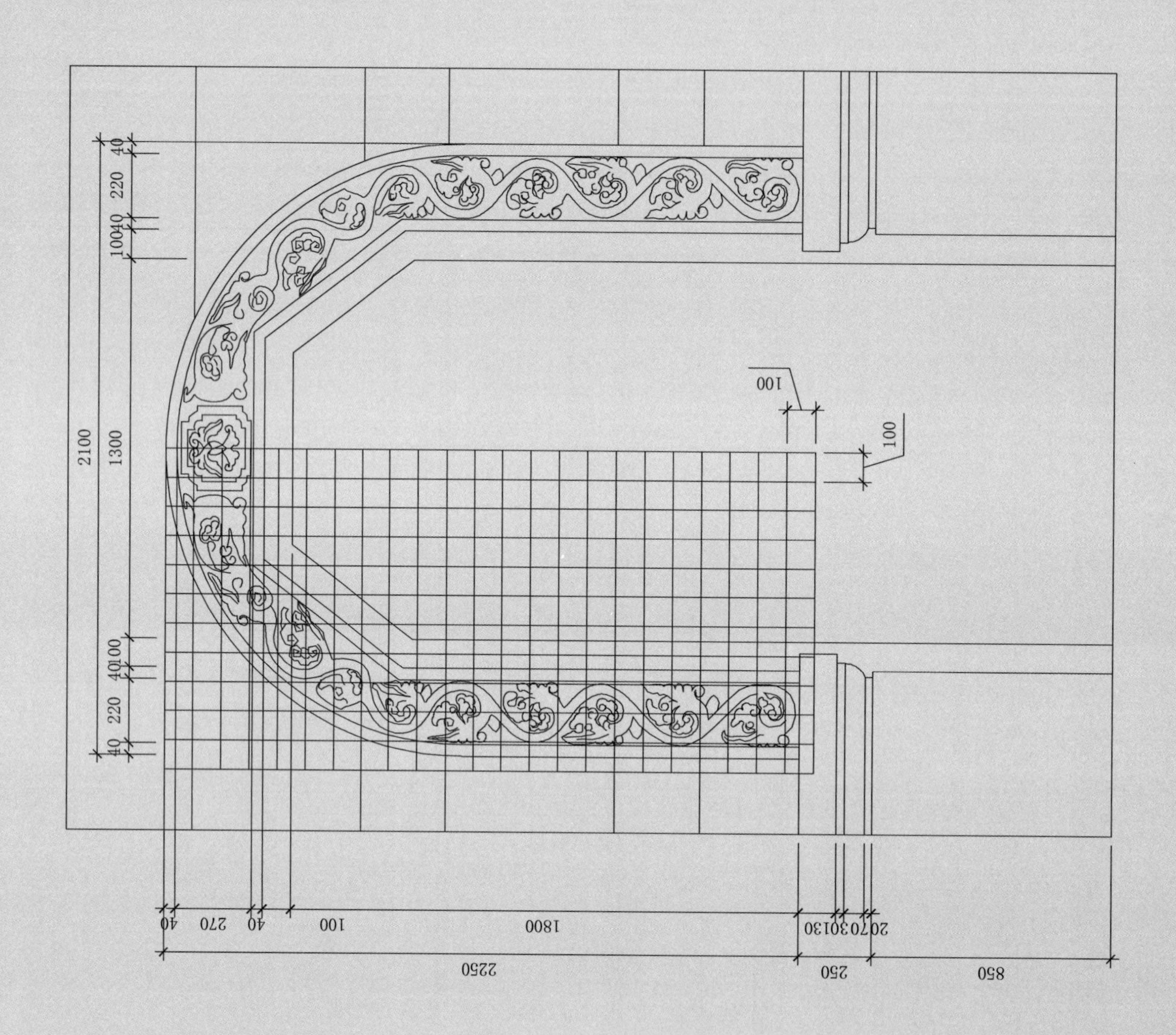

图D-3-3-4-10 民国镇江交通银行旧址门罩大样图

第五节 中国人民银行镇江分行旧址

一、概况

1. 建筑形态。中国人民银行镇江分行旧址位于现长江路北侧。该建筑分为南北二栋楼房。南侧建筑为银行主楼，紧邻长江路，坐北朝南，9开间，长49.2m，前后进深17.4m。因为该房为“凹”字形，所以占地面积为687.88m^2（图P-3-3-5-1）。地下一层，地上两层。地下一层为银行金库，层高3.4m，其中深入地下2.05m；地上第一层层高4.55m，朝南外立面有二堂大门进出，西面门是两侧楼梯上高台，台高1.35m，东面大门是直接踏步入内；地上第二层层高3.92m，上有

图P-3-3-5-1 修缮后的中国人民银行镇江分行旧址（东南立面）

1.4m的隔层，屋面为平顶，有楼梯直通屋顶。整个建筑总高11.37m。北侧建筑为银行库房（图P-3-3-5-2），层高两层，建筑坐北朝南，7开间，长22.68m，前后进深8.07m，计184.85m^2；北端开间9间，长29.34m，前后进深6.3m，计183.03m^2，整幢建筑占地共计367.88m^2。2014年，该建筑由镇江市人民政府公布其为市级文保单位。

图P-3-3-5-2 修缮后的中国人民银行镇江分行旧址（北立面）

2．历史沿革。中国人民银行镇江分行旧址始建于1948年，1949年停建。建国后续建完成并由中国工商银行管理使用，俗称江边银行（图P-3-3-5-3）。

江边银行在1949年后为镇江经济发展中发挥过重要作用，为周边工厂和港口运输业提供了重要的金融支持。1983年原江边银行业务搬迁到新址办公。2001年拓宽长江路时被拆除一部分沿街建筑，但主体建筑仍保持原貌（图P-3-3-5-4）。

图P-3-3-5-3 修缮前的中国人民银行镇江分行旧址

图P-3-3-5-4 修缮中中国人民银行镇江分行旧址及文保碑

图P-3-3-5-5 中国人民银行镇江分行旧址（航摄）

图P-3-3-5-6 修缮后的中国人民银行镇江分行旧址（西立面）

此后先出租为饭店，后又为润州区金山街道办公楼。2010年，镇江市西津渡公司搬迁金山街办并对该建筑进行了加固修缮，恢复原貌。该建筑是镇江金融历史发展中的重要历史建筑，特别是该楼有镇江最早建造的地下金库，坚固保险。所以新中国成立初期，该库一直是镇江最重要的金库设施（图P-3-3-5-5）。

3．遗存状况。该建筑外部结构基本完好，内部几经业主改造，破坏较大。西津渡公司收购后，按原样进行了修缮，结构坚固，设施齐全（图P-3-3-5-6、图

图P-3-3-5-7 修缮后的中国人民银行镇江分行旧址（东立面）

P-3-3-5-7）。

二、主要修缮技术

中修。西津渡公司相关技术人员组织设计、监理、施工人员对现状实体建筑进行临时加固，测量，测绘，编号及记录整理，按文保建筑要求共同编制建筑保护修缮技术方案，并邀请文物、考古、建设、抗震结构加固等方面的专家进行了修缮方案论证。

根据评估论证后的建筑保护修缮方案，该建筑保留原有结构，保持建筑形态不变，增加抗震加固措施，增加上下水、电、气、网络等公共配套基础设施，拆除与原建筑风貌不相符的后搭建附属物，留出足够的控制地带，改善建筑周边环境。

由于年久失修，部分原建筑构件不能满足使用要求。故针对内部结构现状，采取了原地保护、搭建部分拆除；能继续使用的部件，维修时原部位恢复，细部进行维护修缮，增加抗震措施，采用设计钢丝网墙体内加固法等基本做法，以恢复建筑物的使用功能。

主要采用了以下方法。

（1）本工程楼面结构体系较好，能继续使用，仅对局部影响安全的部件替换加固：

◎楼面龙骨原为50×190@300的龙骨，为确保安全，替换为90×200@300龙骨/40×60斜撑；

◎杉木地板原为15mm厚，替换为20mm厚杉木地板；

◎400mm×500mm混凝土主梁与300mm×370mm混凝土次梁，经现场勘查，能够继续使用。

◎在替换楼面木结构前，现场采取保护措施，搭设满堂支撑排架，以确保维修安全。

（2）鉴于本工程墙体为370mm、490mm、610mm混水砖墙年久失修，故进行墙体加固补强：

加固施工前采取了支撑保护技术措施，加固施工节点做法按照设计文件要求，施工工艺执行现行的施工标准和验收规范；采取对原墙体进行钢筋网粉刷加固法，以保证墙体结构安全。

钢筋砂浆面层加固方法：

◎采用材料强度等级为M10的水泥砂浆，厚度5～40mm、墙面采用φ4@150点焊钢丝网，钢丝网与墙面净距，保持大于5mm；

◎加固方式，分为内墙双面加固，外墙单面加固，以最小干预的处理方法，对原墙体进行加固补强。内墙双面加固，采用S形φ6钢筋以钻孔穿墙对拉方法，间距900mm，并且呈梅花状布置；外墙单面加固，采用L形φ6构造锚固钢筋，以凿洞60mm×60mm、深度120mm，填M10水泥砂浆锚固，构造锚固钢筋间距600mm，呈梅花状交错排列；

钢筋网在墙面的固定，平整牢固与墙面净距≥5mm，网外保护层厚度≥10mm，外露钢筋端头涂环氧树脂防护；墙面钢筋网与角钢圈梁内侧焊接，与钢筋混凝土圈梁采用集中方式，预留钢筋ϕ12@600，上下搭接各400mm，端部焊ϕ6钢筋两道，与钢筋网扎结，使墙面与原结构，形成完整的结构体系，实现共同工作。

◎施工工程中处理新筑钢筋网粉刷与原结构墙体结合面施工：

施工之前，原墙体结合面进行了凿毛处理，凿去一切原粉刷层、风化酥松层及污染层，直至完全露出原坚实的墙体基层为止，使表面凹凸差不小于4mm，然后用水冲洗干净。

粉刷前刷涂界面结合剂一道，以增强粘结力。

（3）为了减少窗洞抗震薄弱环节，边框进行加固处理。

采用了四边ϕ8边框加固，角端GW1.0mm×15mm×40mm、钢板网200mm×600mm呈45°焊接的技术措施，同时与墙面钢筋网进行有效锚固，加强了窗洞抗震能力。

（4）对墙体与基础连接进行处理，墙面钢筋网砂浆面层伸入地下500mm，厚度扩大到150mm，以增强了锚固力。

（5）屋面增加保温层、重做防水层，保证了屋面的使用性能。

三、建筑物修缮责任表

建筑物修缮单位：镇江市西津渡建设发展有限公司

项目负责人：刘明馨

测绘、修缮设计单位：镇江市地景园林规划设计有限公司

测绘、修缮设计人员：王欢欢

监理单位：镇江市建科工程监理有限公司

监理人员：刘晓瑞 肖镇

施工单位：镇江市锦华古典园林建筑有限公司

项目经理：高林华

施工时间：2010.3.1—2010.4.20

四、施工图

如图D-3-3-5-1～图D-3-3-5-10所示。

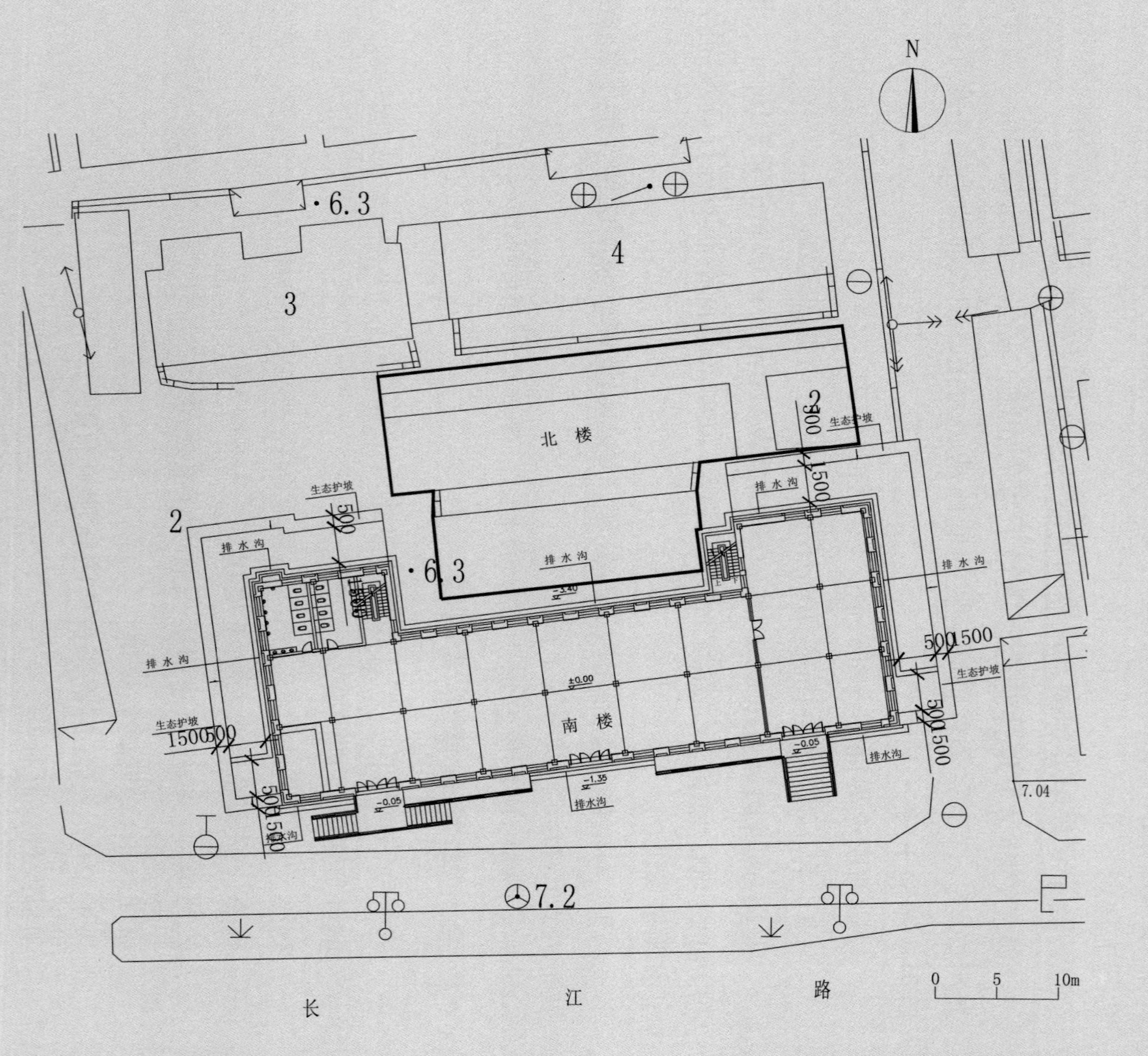

图D-3-3-5-1 中国人民银行镇江分行旧址总平面图

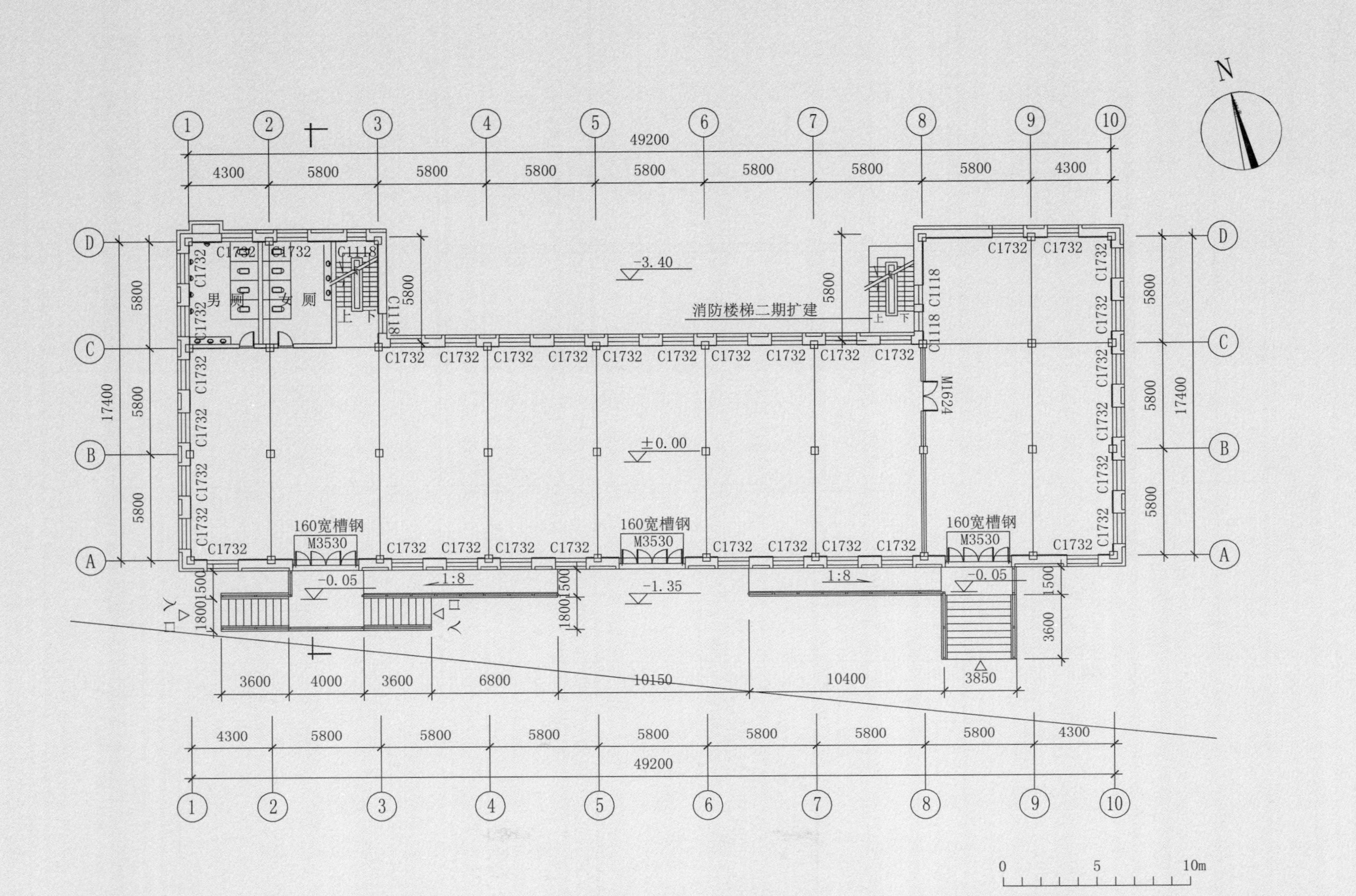

图D-3-3-5-2 中国人民银行镇江分行旧址一层平面

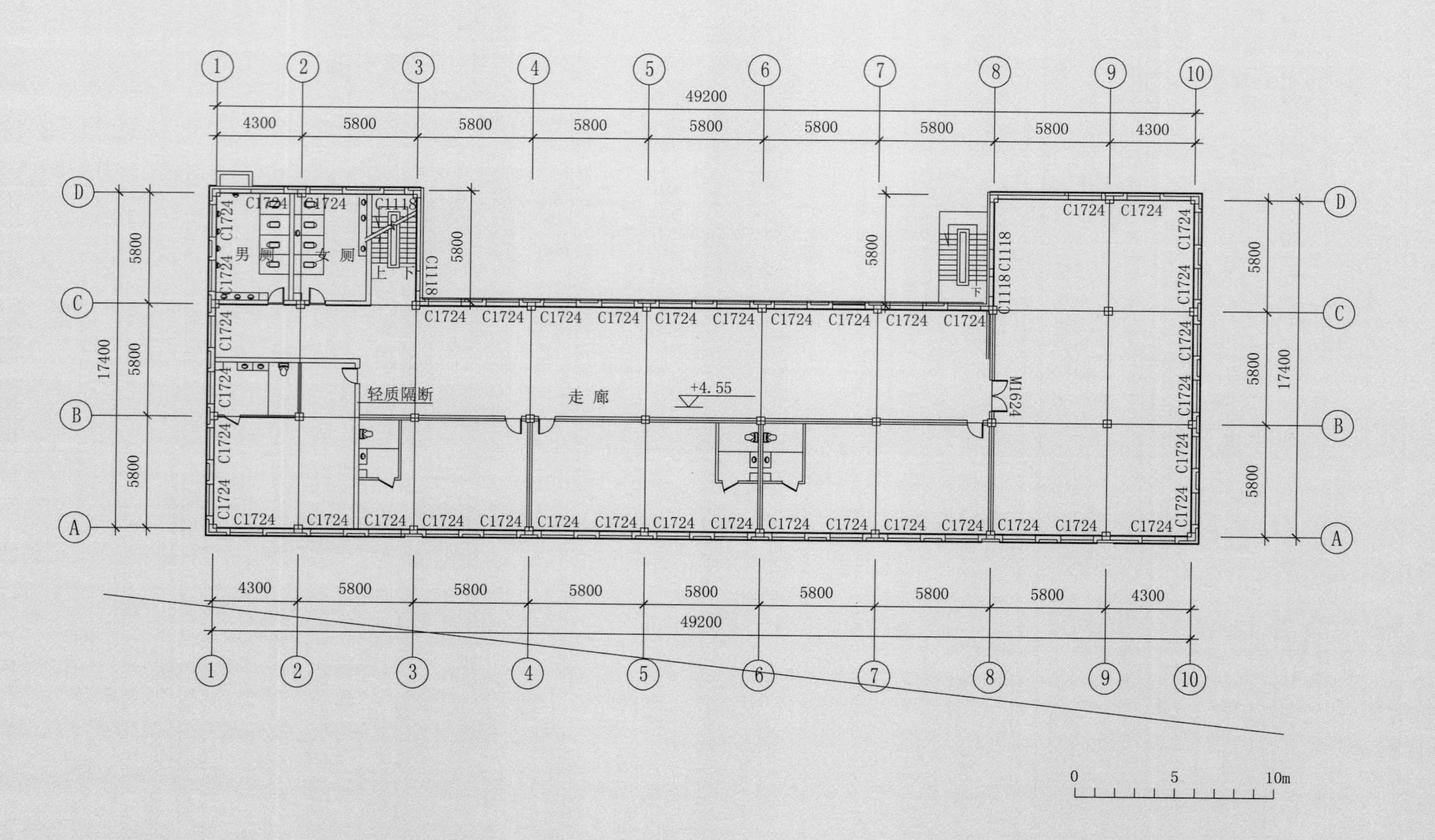

图D-3-3-5-3 中国人民银行镇江分行旧址两层平面

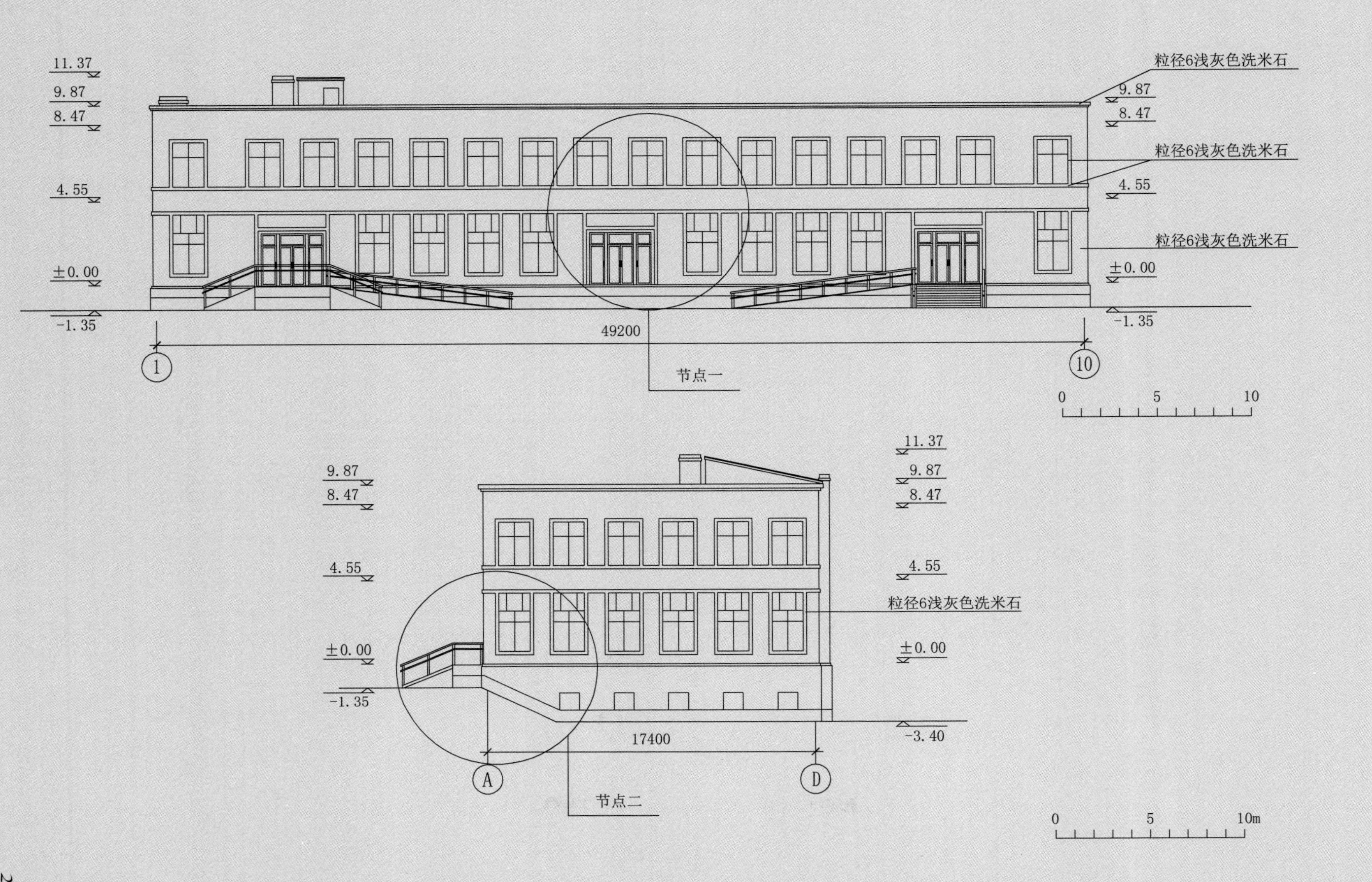

图D-3-3-5-4 中国人民银行镇江分行旧址南立面图、东立面图

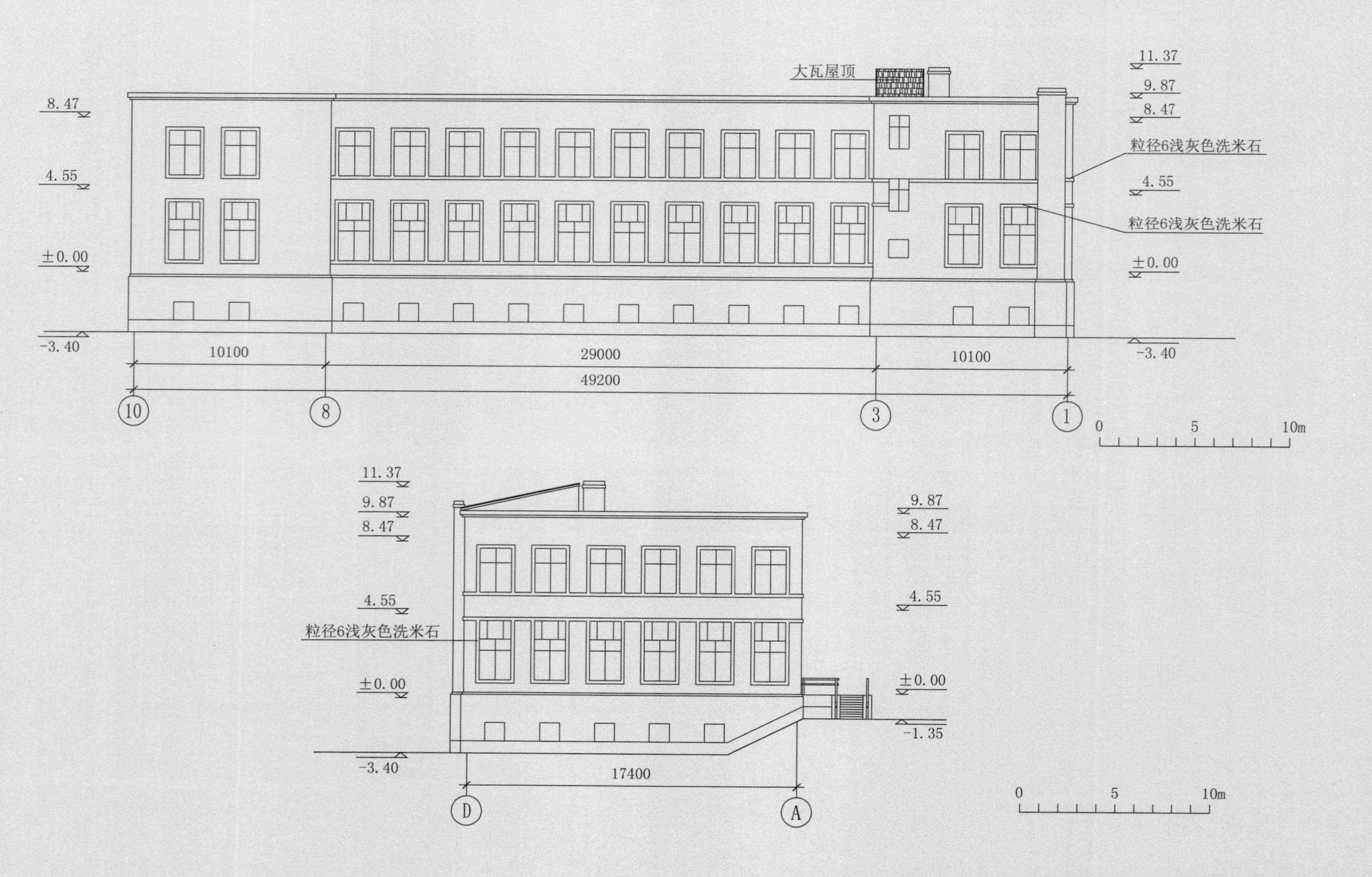

图D-3-3-5-5 中国人民银行镇江分行旧址北立面图、西立面图

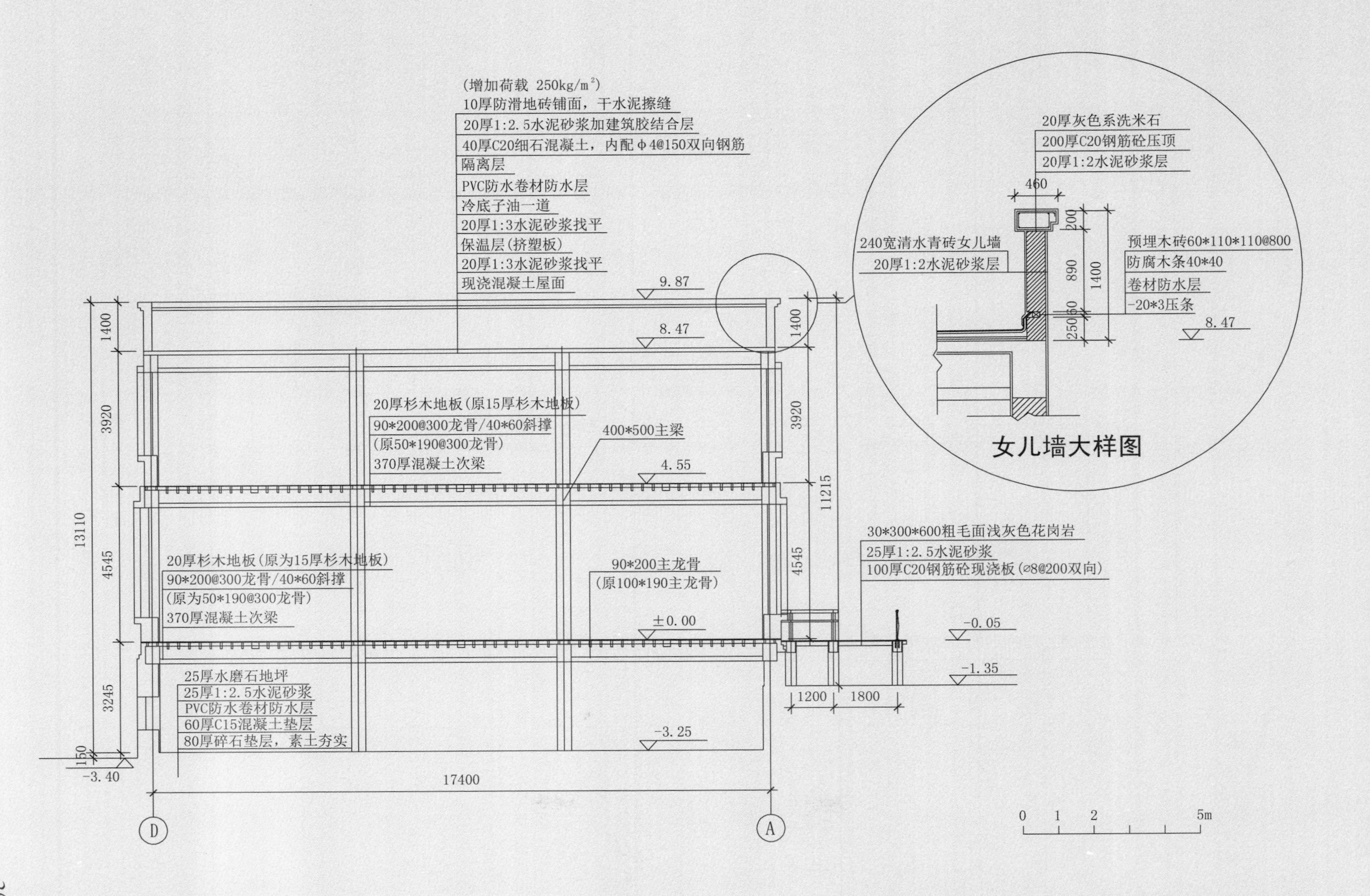

图D-3-3-5-6 中国人民银行镇江分行旧址剖面图

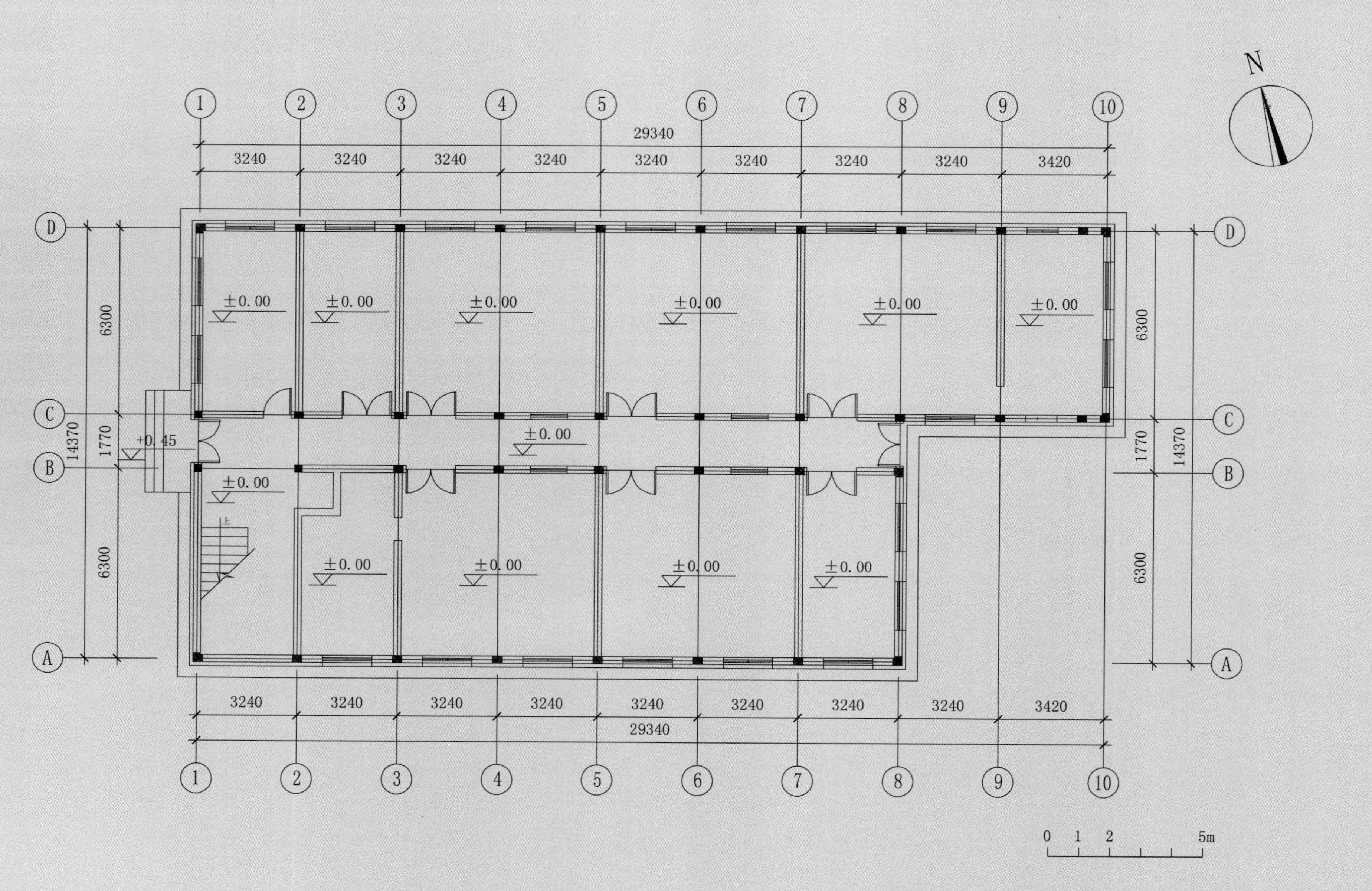

图D-3-3-5-7 中国人民银行镇江分行旧址库房一层平面图

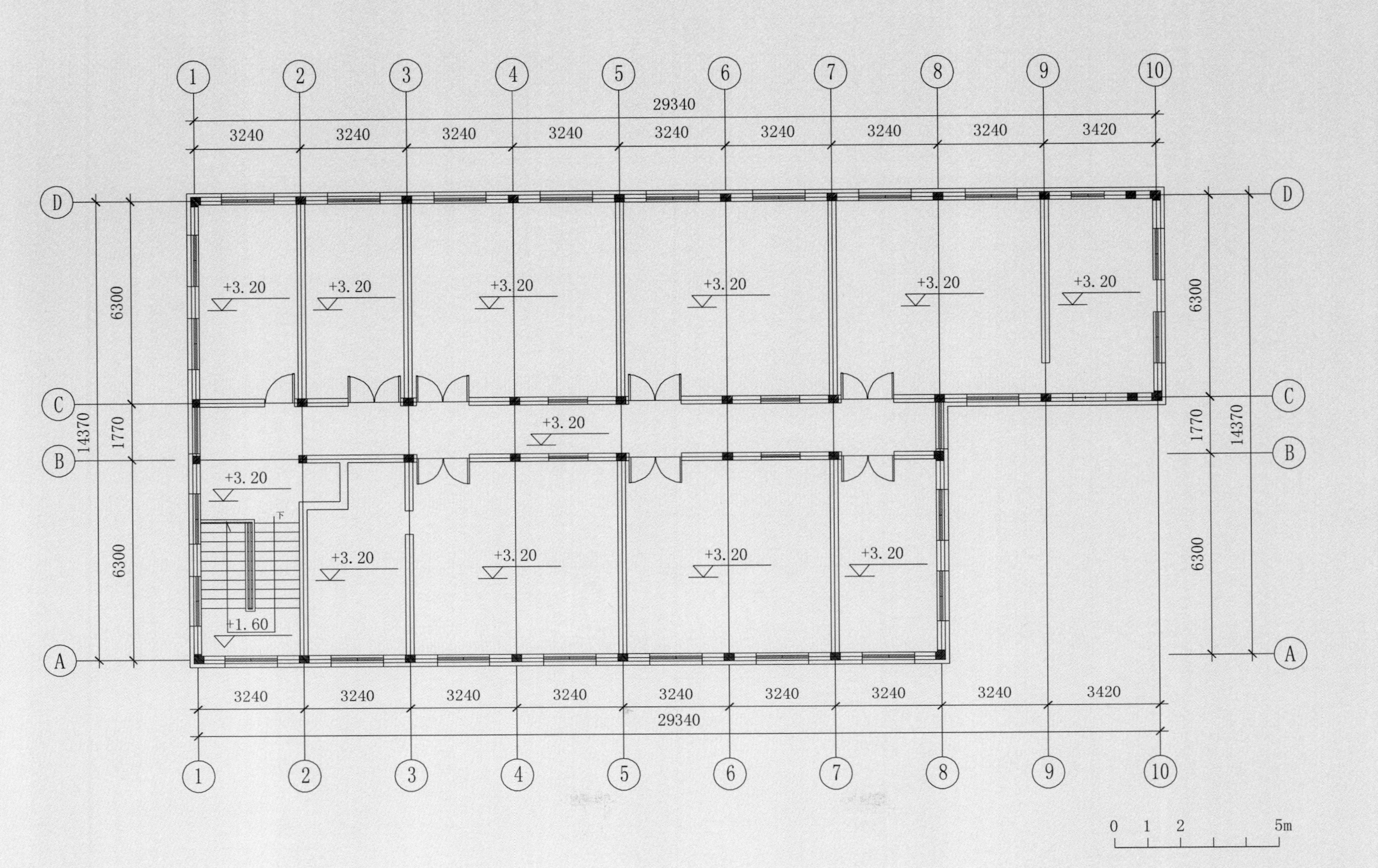

图D-3-3-5-8 中国人民银行镇江分行旧址库房两层平面图

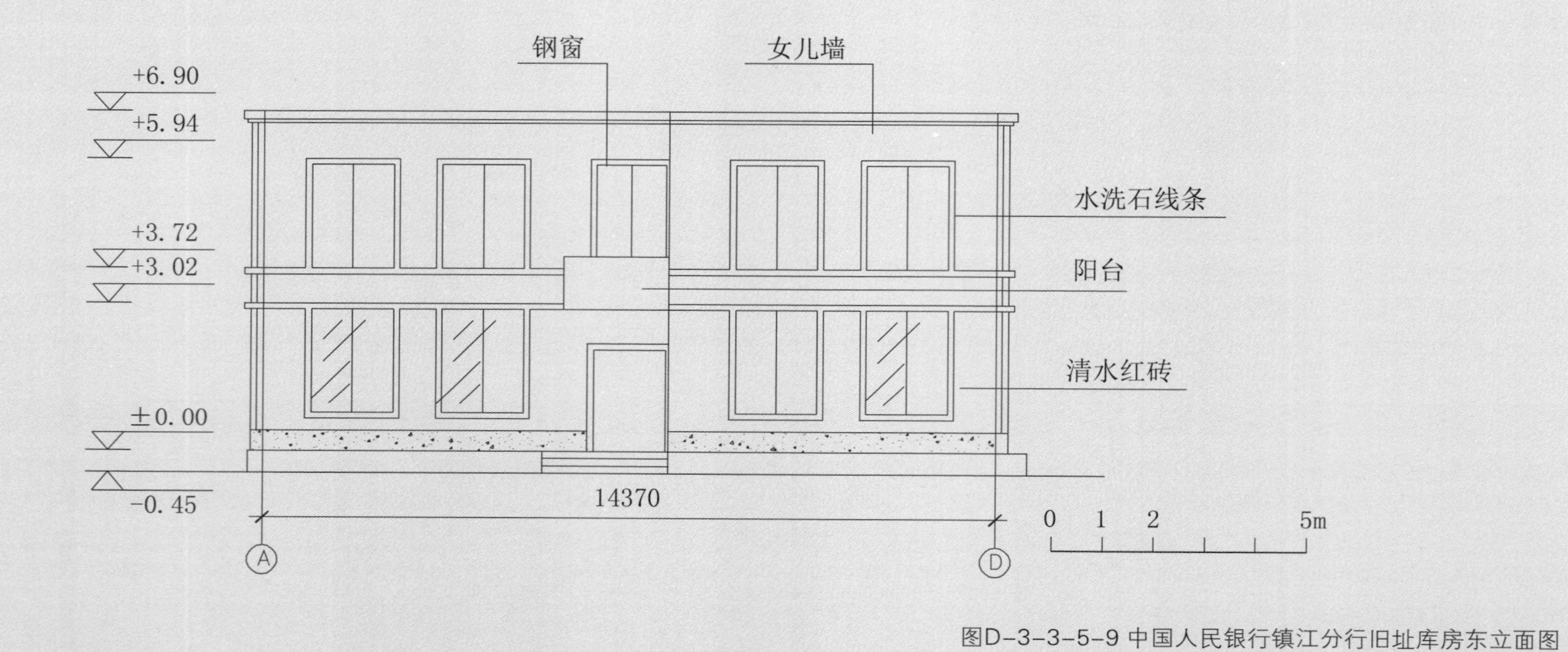

图D-3-3-5-9 中国人民银行镇江分行旧址库房东立面图

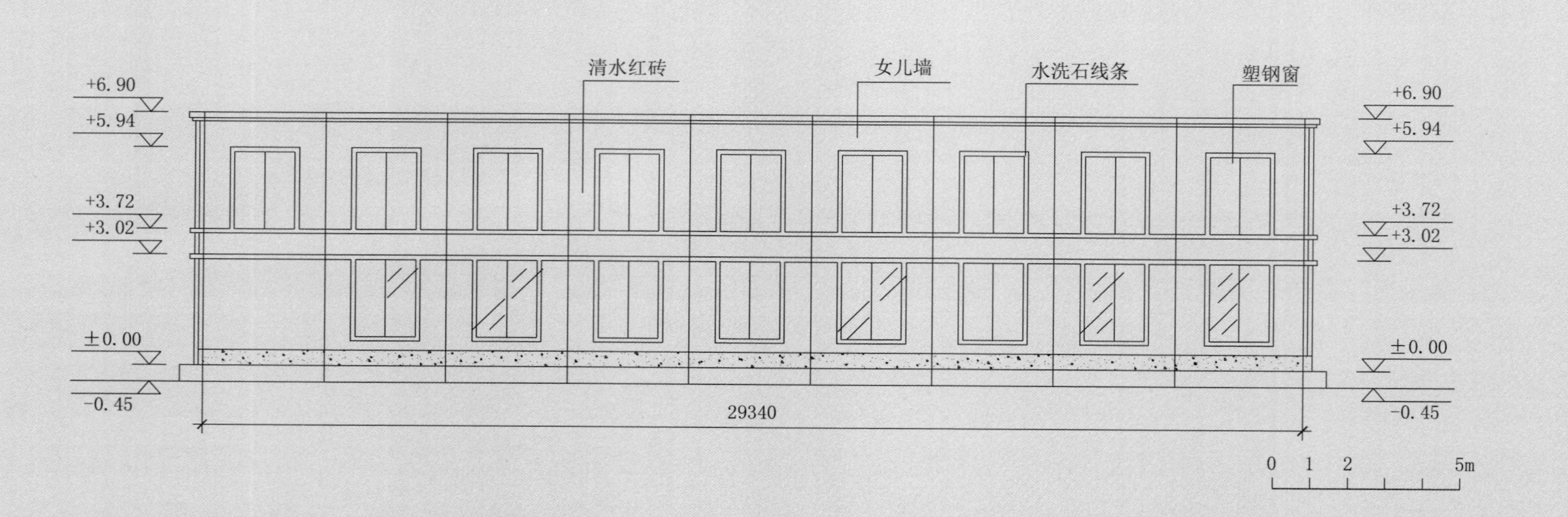

图D-3-3-5-10 中国人民银行镇江分行旧址库房南立面图

附录
镇江英国领事馆馆舍初建时间及相关史事考论

连小刚　陆为中

内容提要：长期以来，学人在镇江英国领事馆的初建时间问题上观点不一。新近从英国国家档案馆获取的一批档案为解决该问题提供了新的证据。在这批档案中，绘制于1864年7月的《镇江英租界平面图》与绘制于1871年9月30日的《根据现状在镇江领事建筑预留地（317号）上构建房屋的草图》否定了镇江英国领事馆“1864年建成”说，而绘制于1876年5月19日的《镇江英国领事馆馆区平面图》及大英工部总署的数十份文件支持了“1876年建成”说。自镇江1861年开埠后的十多年里，镇江英国领事馆的馆址经历了北固山甘露寺、焦山自然庵、西津渡观音洞3次迁移。1872年11月，大英工部总署远东分部的第二任主管罗伯特·H. 波伊斯开始提议在镇江建造新领事馆。1873年6月，波伊斯完成镇江新领事馆馆舍的设计说明。1876年，领事官邸与领事办公室、警官宿舍、监狱两幢新建筑竣工。英国人对镇江口岸地位认识的变化影响了领事馆的建造过程，其中1867年至1876年期间镇江英国领事馆的降格无疑是个重要因素。

关键词：镇江、英国、领事馆、初建时间

Abstract: The construction time of the British Consulate in Zhenjiang has been controversial for a long time. A new batch of files from the British National Archives provides new evidence to solve the problem. According to the documentation, the “Plan of the British Concession Chinkiang” drawn in July 1864 and the “Chinkiang—Sketch plan [from No.317] of reserved ground consular reside co as at present existence” drawn on September 30, 1871 negate the view that the construction was completed in 1864. The “Chinkiang H.B.M Consulate Block Plan” drawn on May 19,

1876 and dozens of documents from H.B.M. Office of Works support the view that the construction was completed in 1876. Since the opening of Zhenjiang port in 1861, the British Consulate in Zhenjiang was moved three times, to Ganlu Temple in Beigushan, Ziran Temple in Jiaoshan and Guanyin Cave in Xijindu successively. In November 1872, Robert.H.Boyce., the second director of H.B.M.Office of Works in the Far East, proposed the construction of a new consulate in Zhenjiang. He completed the design description in June 1873. In 1876, the two new consulate premises for the consul's residence, the consular offices, constable's quarters and gaol were completed. The change of importance of Zhenjiang port to the Great Britain affected the construction process. And the degradation of the British Consulate in Zhenjiang from 1867 to 1876 was undoubtedly influential.

Key Words: Zhenjiang; the Great Britain; consulate; construction time

镇江英国领事馆旧址位于江苏省镇江市区西北的云台山麓（伯先路 85 号）。目前保存有5 幢西式建筑，外观典雅，结构完整，特色鲜明，具有重要的历史、艺术等价值。1996年 被国务院公布为全国重点文物保护单位，类别为近现代重要史迹及代表性建筑。此建筑群 是江苏省唯一保存完整的近代领事馆建筑，目前由镇江博物馆管理使用，是近代帝国主义 列强侵略镇江的重要历史见证。

在这5幢建筑中，属于镇江英国领事馆馆舍的仅有2幢，即现今镇江博物馆称之为3号楼和4号楼的建筑。这两幢建筑的前身在 1889年2月发生的镇江人民火烧洋楼的反帝斗争中被焚毁，现存的两幢建筑系由清政府赔款于1890年重建。因此1890 年是镇江英国领事馆 馆舍恢复重建的时间，距今已有130年。关于镇江英国领事馆馆舍的初次建成时间等问题， 过去虽有学人提及，但或存在争论，或语焉不详，认识较为模糊。为了弄清这一问题，笔者自英国国家档案馆网站（https://www.nationalarchives.gov.uk/）查阅一批电子版档案。其中包括《镇江英租界平面图》（*Plan of the British Concession Chinkiang*）、《根据现 状在镇江领事建筑预留地（317号）上构建房屋的草图》（*Chinkiang–Sketch plan [from No.317] of reserved ground consular reside co as at present existence*）、《镇江英国领 事馆馆区平面图》（*Chinkiang H.B.M Consulate Block Plan*）及大英工部总署（H.B.M. Office of Works）的数十份文件（大部分为信件）。笔者不揣浅陋，以这批档案为基础，并结合相关史料展开讨论，不当之处，敬祈方家指正。

一、镇江英国领事馆馆舍的初建时间

关于领事馆馆舍的初建时间，前辈学人主要有两种观点：一是建于1864年[1]，一是建于1876年[2]。长期以来，1864年建成说流行甚广，江苏省人民政府 1997 年5月 10 日树立的文保标识碑亦称：“1864年在此新建了领事馆。”究其根源，此说依据应来源于《续丹徒县志》卷五中的一段话：“同治三年（1864 年），收复南京，江南大定，邑民渐归复业，于是英人首来，法美继之，遂于云台山下滨江一带划作租界，并设领事公署于云台山上。陆续设立太古、旗昌、怡和等轮船码头，起卸商货，外商行栈遂亦递有增益。”[3] 对于此段文字，《镇江港史》如此解读：“同治三年，（清廷）收复南京，江南大定，邑民渐归复业（此时太平天国运动已被镇压），于是英人……于云台山上砌造了领事馆公署（即现在的镇江市博物馆所在地）。”笔者以为，《镇江港史》将“设领事公署于云台山上”误解为“于云台山上砌造了领事馆公署”。“设领事公署”中的“设”字应为“设

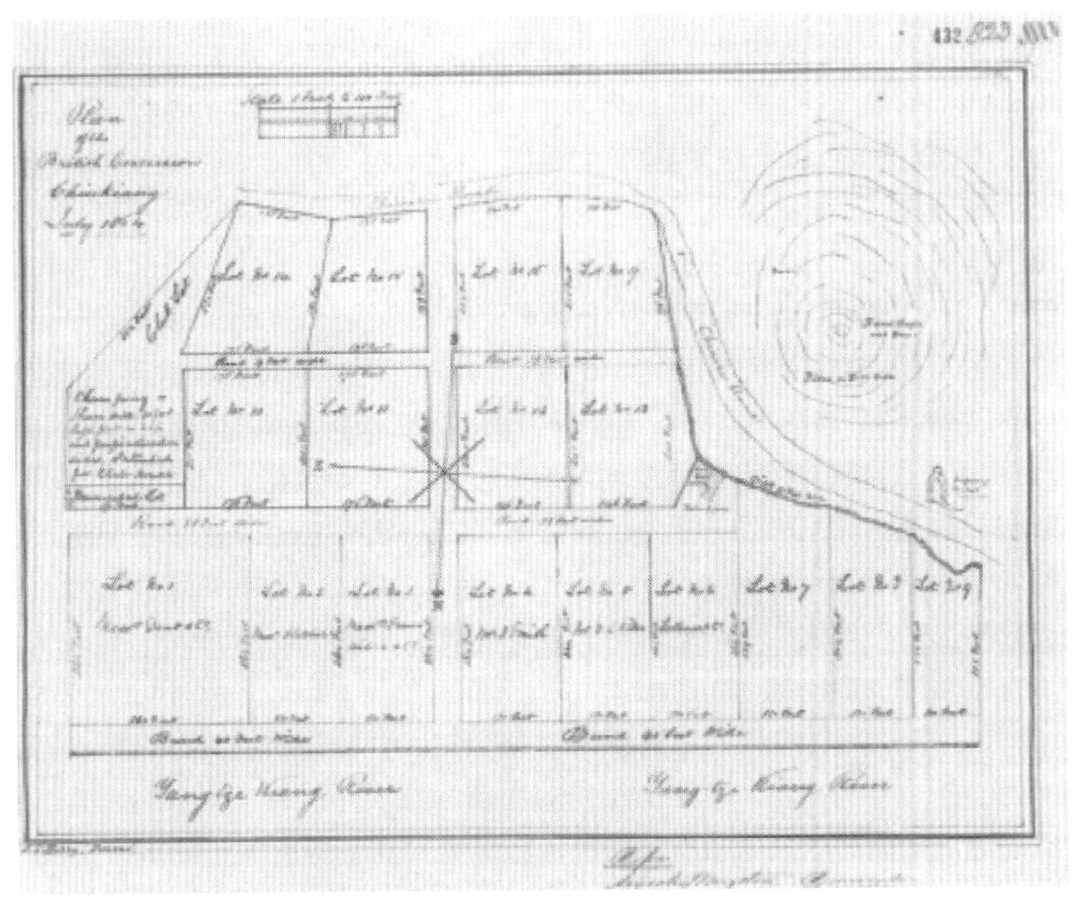

图1 1864年7月绘制的《镇江英租界平面图》，藏于英国国家档案馆，档案号：MFQ 1/1036/4

立、建立”之义，并非“建筑、砌造”。因此，此句应理解为在云台山上设立或建立了领事馆，而不是建造了领事馆馆舍。我们从前述三幅地图中亦可得到一些关键线索。

镇江英租界平面图[4]（图1）清楚地表明，1864年时云台山上尚未建造领事馆。此图 绘制于1864年7月，纵27cm，横36cm，比例尺为1in:100 ft（1 ft=30.48cm）。图上左边大部描 绘的是云台山下的镇江英租界区域。右上部描绘的是云台山上镇江英租界的情形，标注的 英文为“Ruins on Hill Side”（山坡上的废墟）、“Ruined Temple and Houses”（废弃的寺庙和房屋）、“Ruins”（废墟）。1861年，英国人将云台山上下有庙宇、民居被毁的两段空地划定为镇江英租界[5]。这两段地基俱系民地，因居民躲避战乱逃亡在外而沦为荒地。可知在太平天国战争结束初期，云台山上地段仍是一片瓦砾，并无在此兴建房屋的迹象。

第二幅图“根据现状在镇江领事建筑预留地（317号）上构建房屋的草图”[6]（图2）则 进一步表明，直至1871年时云台山上仍未建造领事馆。此图绘制于 1871年9月30日。比例尺为1in:80ft。附在 1872年11月6日大英工部总署远东分部主管罗伯特·H. 波伊斯（Robert.H.Boyce）致伦敦大英工部总署 G.卢塞尔（G.Russell）的信件中。图中红线内的 区域即为建造英国领事馆而预留的空地，标注为“Ruins of temple”（残存的寺庙），还绘出了两座牌坊。此图表明当时云台山上仍是一片荒凉景象。

第三幅图为镇江英国领事馆馆区平面图[7]（图3）。此图绘制于1876年5月19日。纵58.5cm，横38cm，比例尺为1in:40ft。左下角有“F.J.M.”的署名，此图的介绍称署名人为马歇尔（F. J. Marshall）[8]。1876年时，马歇尔为大英工部总署远东分部的助 理[9]。该图用红线绘出了云台山上镇江英国领事馆的整片区域，且由南到北分为6个地块， 标出了每个地块的长度、宽度等数据。馆区最北部用红色笔迹绘出了两幢建筑，东边一幢为领事官邸（Consul’s Residence），西边一幢为警官宿舍及监狱（Constable’s Qrs and Gaol）。图中右上部为领事馆地块面积的列表，分为12个小地块，每一地块的长度、宽度、 面积都列于表中，地块名包括“领事官邸后部”“监狱”“办公室”“领事馆”等，以及一些不知含义的诸如“F.G.D.”“G.D.N.”等大写字母缩写。整个馆区合计周长约为6600ft， 面积为137582ft^2，折合计为19亩。从图上绘出的线条、数字可判断， 此图应为测绘图。此次测绘应由丹徒县令张朝桢与英国翻译施敦力共同主持。关于此事，《江 苏省政治年鉴》记载：“光绪二年（1876 年）七月间，经关道饬由丹徒张令朝桢会同英施翻 译勘丈，将山基截为六块，共折地二十六亩零，合洋尺二十亩八分。当时缴价二十二亩之数为准。”[10] 从此图内容可以看出，1876年时云台山上已建有领事馆馆舍。

根据上述三幅地图综合推断，镇江英国领事馆馆舍1864年建成说显系有误，1876年建成说则合理性较大。另《镇江交通史》记载：“公元1876年，在云台山建成英国领事馆”[11]，其注释为“参考《续丹徒县志》‘勘建官署’”。[12] 但检索《续丹徒县志》并未发现“勘建官署”，只有“勘建关署”，其中并未讲到建成时间，不知何故。可见前辈学者虽然提出了1876年建成说，但缺乏可靠证据。在此次查阅的英国档案中，有一封1876年9月11日波伊斯向大英工部总署申请1877—1878年度经费预算的信，当中提道：“正如在大英工部总署编号为383/75的信中向您报告的那样，该口岸（指镇江）已经配备有副领事官邸、办公室、警官宿舍与监狱。最后提到的建筑物于去年7月31日竣工。”[13]据此可知，1876年时新领事馆馆舍已建成。

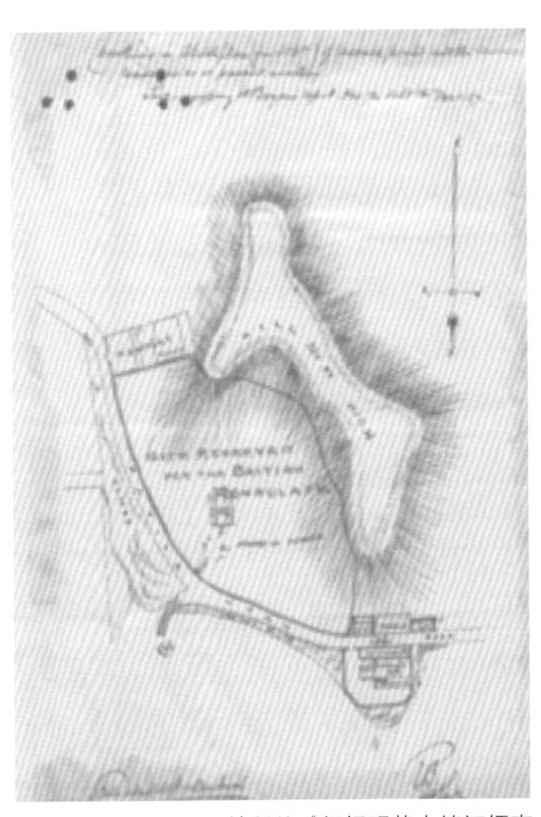

图2 1871年9月30日绘制的《根据现状在镇江领事建筑预留地（317号）上构建房屋的草图》，藏于英国国家 档案馆，档案号：Work 10/39/2/006

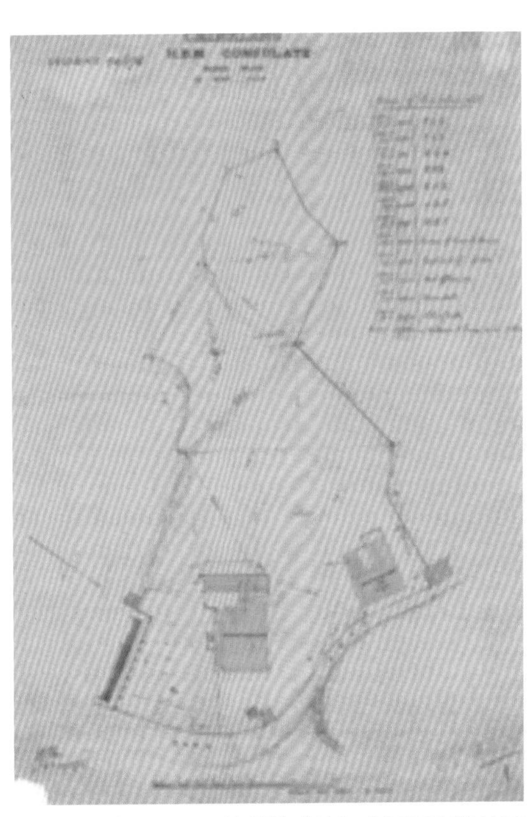

图3 1876年5月19日绘制的《镇江英国领事馆馆区平面图》，藏于英国国家档案馆，档案号：Work 40/176

1875年7月31日竣工的可能是监狱。1876年2月2日的《申报》亦记载："镇江新建领事署：镇江向无领事驻扎，闻有交涉公事，大抵翻译官摄理。昨闻英国之意在该处新建一领事衙门，大约不多时而当可落成也。自此照会移文京口地方官，当较近便矣。"[14] 据此，将1876年定为领事馆馆舍的初建时间是较为可靠的。

二、镇江英国领事馆的迁移过程

英国政府为驻外人员专门建造馆舍的时间较晚。"1851年之前，英国驻外人员的住所通 常都是租用的，只有在特殊情况下才会购买。"[15] 由于英国驻远东领事馆在参与公共事务时往往面临着设施不足、气候不适、卫生状况堪忧以及当地人的敌对情绪等难题，因此在领 事们多次提出要求后，英国内政部才确认有必要为领事们的工作和膳宿专门建造居所[16]。以上海为例，上海于1843年开埠，1852年才开建新馆[17]，英国领事租住房子的时间约10年之久。

镇江的情况亦是如此。在新馆舍建成之前，英国外交人员一直是租房居住，并历经三 次迁移。《续丹徒县志》卷八记载："咸丰十一年（1861年）正月十二、十三等日，英参赞官巴夏礼至镇江见副都统巴栋阿、知府师荣光、知县田祚，与议建署栈地段。择于云台山上 建立公署，山下为各商建栈基址。"[18]"又择于甘露寺地方暂为副领事费笠士公署，以便会商一切。"[19] 可知第一任镇江领事费笠士（G.Phillips）最初驻扎在北固山甘露寺，甘露寺遂 被称为"领事崖"。1861年5月，英国政府任命雅妥玛（Thomas Adkins）为第二任镇江领事， 职务亦为副领事。在雅妥玛任职的第一周，太平军在夜间发动猛烈袭击，为了安全，雅妥玛 不得不"将领事馆转移至下游一英里的一个岛上"[20]。这个岛应指焦山。当时焦山有清军水师驻扎。镇江海关的关署当时亦设在焦山，"税司寓松寥阁，领事寓自然庵"[21]。

前述图1右中部绘有昭关石塔的形状，旁边标注"Temporary British Consulate"，意即"临时英国领事馆"。这是此图中最有价值的信息。这表明1864年7月时镇江英国领 事馆已由焦山迁至昭关石塔旁。这可能与1864年7月清军攻破天京、太平天国运动失败有关。查询此图的介绍得知，此图最初附在1864年7月20日的一封急件中。该急件是由银岛（Silver Island）的英国皇家海军斯莱尼号（HMS Slaney）的海军少校威廉·F.李（William F. Lee）寄给上海的皇家海军珀修斯号（HMS Perseus）的奥古斯都·金斯顿（Augustus Kingston），汇报了租界地块通过拍卖方式招租及镇江港口的情况[22]。当时镇江的 金山、焦山都位于长江之中，四面环水，英国人将金山称为"Gold Island"，将焦山称为 "Silver

Island”。介绍中的银岛即指焦山。

最值得关注的是图2。该图右下部绘出了临时领事馆在昭关石塔的具体位置，图上标 识的“ARCH”（拱门）当系昭关石塔，昭关对面的“TEMPLE”（庙宇）当为今西津渡街区 的观音洞。观音洞东侧的房屋为领事办公室（CONSULAR OFFICE），西侧的房屋为警官宿舍（CONSTABLE’S QRS）。观音洞对面为今镇江救生会旧址，此处房屋亦被英国领事占用，用作厨房与伙房（KITCHENS & C.）、领事与佣人宿舍（CONSUL’S SERVANTS’QRS）。在观音洞与救生会之间，“一条公共道路把领事的宿舍和僧侣们的禅房分隔开来”。[23]这条道路就是在图一当中也绘出的通向观音洞的华人小道。

据图2可知，临时领事馆设在昭关石塔旁的观音洞。镇江博物馆藏有一件纸质文物，名为《寻狗赏格》，内容是讲驻镇英国领事府于某年阴历十二月十一日下午四点钟丢失一条母狗（原文为“牡狗”，但后文又讲到该狗生有小狗，狗奶下垂，可知应为母狗），“如有人留养或寻得者送至观音洞英国领事府，酬洋拾元”[24]。此亦可作为领事馆曾设在观音洞的佐证。

关于英国人占用观音洞部分房屋的情况，波伊斯在前述 1872年11月6日的信中曾提及：“在这条路的对面（东端），我们还占有了两间要充当办公室的小屋子，可它们太潮湿了，也不太卫生。它们紧挨着附近的山崖而建，代理领事不得不在其中一间房子里处理公务，而这两间房子原本是打算给领事私人使用的。在西面，我们也独占了另一处地块，好为建筑第二处房屋所用。虽说目前为止，我们已经占有了大半个寺庙，但警官的宿舍和看守的临时牢房还是选在了这里。”[25]

在此信中，波伊斯还讲道：“自从我们把最初的那两三间屋子搞到手后，就对它们进行了较为彻底的改造与修缮。现在，它们已经变成了五间宿舍——三间在底层、两间在上层。”[26]这里的宿舍指的应是观音洞对面救生会的房子。“同治三年（1864年），蒋宝在昭关起造楼屋两间以为救生会会所。”[27]如果此说成立，则 1871 年时昭关石塔旁已有救生会会所。但此图上并未标出，不知何故。现救生会旧址的建筑遗存为光绪二十一年（1895年）冬重建。

虽然英国人对救生会的房子进行过修整，但里面的居住条件远远谈不上舒适。1865年到镇江任职的领事夏福礼（F.E.Harvey）称自己是“中国居住条件最差的官员”[28]。在两年的任期内，夏福礼的身体垮掉了，42岁便退休了。1865年底，英国人认为在镇江建造领事官邸的时机仍不成熟。该年12月22日的一份报告称：镇江已经设立了一家领事馆。但是，在有进一步的经验能证明是否需要以及需要哪些建筑设施之前，递交建造领事馆建筑物的提议都显得不合时宜[29]。大英工部总署远东分部 1867年7月18日的报告称：助理之前住在中式寺庙旁的不利于健康的房子里。远东分部以每月40美元的价格租了一间欧式房子给他作宿舍。新任代理领事住在寺庙旁破烂的房屋里。他提出要翻新房屋，远东分部为此拨出150美元。远东分部认为，就目前而言，这座寺庙和租下的房屋足堪使用了。因而，今年不建议在镇江的房屋改造营建方面再花钱了[30]。

需要注意的是，自从英国人占用观音洞和救生会以来，就一直未支付租金。据波伊斯的说法，雅妥玛曾提出要买下关帝庙的东西两侧厢房和主殿，但寺庙的住持不同意[31]。此处所说的关帝庙应为观音洞。《续丹徒县志》卷八记载："又勘得银山各庙基东至关帝庙、西至昭关脚计地十五亩。"[32] 银山即云台山，可知关帝庙在昭关石塔东，可能位于今领事馆旧址西侧区域。住持拒绝卖掉寺庙房子的理由是这些房子只供出租，直到领事馆建成为止。当雅妥玛出价300美元时，住持还是谢绝出售。波伊斯认为，无论是否能收到租金，住持都愿意让出这些房屋，不过在领事住所建好后，这房子还是要归还于他。他还认为，也许500美元的报价可以被住持接受，另外在领事馆占有这块地方期间，每月付50美元租金也是可以的。

关于救生会的情况，《镇江救生会始末》记载：第二次鸦片战争后，英国侵略者侵占镇江，洋人将昭关救生会所作领事馆。常镇道许道身谕蒋宝向洋人领取租金。蒋宝力争要保会址，拒绝领取租金。光绪二年（1876年），镇江英、美领事馆另址建成后，洋人只得将昭关房屋归还救生会。"[33]

三、镇江英国领事馆的初建过程

本次查阅的档案大部分来自大英工部总署。最初，中国各通商口岸的外交和领事建筑由原英国香港总督府的总测量师办公室监管，工程资金来自外交部，但须得到财政部批准[34]。1866年，英国财政部派工程师威廉·克罗斯曼（William Crossman）调查中国、日本领事口岸的状况，希望他此行能直接监督财政经费的花销，并为远东地区的英国领事馆提供建造和维护建筑物的标准化程序[35]。后来，英国政府认为有必要在远东成立一个大英工部总署的独立分部。1872年初，大英工部总署从英国外交部手中接管远东领事馆建筑的建造和维护工作[36]。大英工部总署远东分部（H.B.M.Office of Works for the treaty ports of China, Korea, Japan and Siam）随之成立，地址位于上海圆明园路（Yuen-ming-yuen Road），其职责是"负责英国政府在远东的不动产的设计、建造和管理维修，并负责相关资金审批拨付"[37]。波伊斯即为大英工部总署远东分部的第二任主管，职位为土木工程师、首席测绘师。他于1867年初被派到上海做克罗斯曼（职位为中日工程总监）的助理。正是在波伊斯任内，镇江英国领事馆完成初建。

（一）英国驻镇江领事馆降格

太平天国战争给镇江造成了巨大的破坏。1861年，当雅妥玛副领事来到镇江时，“看到这个曾经繁荣的商业中心在战争中破坏严重，并仍被1万名太平军团团围住。城墙所包围着的只有废墟、离散的居民和肮脏的街道。城市里没有贸易，没有外商，农村变成废弃的荒野，只有一些老人在那里艰难度日”[38]。而在战争结束之后最初的两三年里，镇江的商业也恢复较慢，贸易活动较少，因而逐渐失去了英国人的重视。1865年，新任领事夏福礼对镇江的印象是“一个毫不起眼的地方”[39]。1867年，夏福礼曾在一份报告中详述了镇江及附近地区在被太平军长久占领后的惨状，当时他几乎要建议放弃这个完全看不到未来的口岸[40]。

由于夏福礼在镇江“几乎无事可做”[41]，当他于1867年离任后，英国驻北京公使阿礼国（Alock）就提议，在没有贸易的情况下，镇江领事馆完全或事实上可以关闭。而哈蒙德 （Hammond）的备忘录表明，他反对完全关闭镇江领事馆，但是也反对在镇江派驻一名副领事，“因为他将会被懒惰毁掉，并有可能彻底地意志消沉”[42]。最后的结果是，镇江领事馆于1867年被降格，归上海领事管辖[43]。上海领事兼任镇江领事，并在镇江派驻一个受他 领导的代理领事。同年，上海副领事马安（John Markham）被派到镇江。镇江方志对此也有反映。同治七年（1868年），上海领事照会镇江官府称：“英国、镇江通商事务，由本领事办理。”同治八年（1869年）二月，上海英领事衙门翻译官固威林的公函称：“奉大英国钦差大臣札谕，办理镇江领事衙门事务。”[44]

（二）镇江口岸贸易快速增长

出乎意料的是，镇江的贸易在领事馆降格后不久便开始迅速增长，对此阿礼国不得不改变了对镇江的看法，并在1868年将要结束时建议恢复镇江领事馆。马安在镇江任职期间， 对镇江的未来也非常乐观。他曾在报告中多次指出，“该口岸的贸易正在不断增长之中”[45]，并在 1867年9月17日的第26号文中“敢于预计镇江将在不久后成为一个头等重要的口岸”。“此后，事情的发展比预计还要快些，没有一个向对外贸易开放的中国口岸有过像镇江这样的扩展能力。”[46]上海领事麦华陀（Medhurst Walter H.）在1869年度上海贸易报告中称：“施敦力先生的报告清楚的表明，1868 年我访问扬州时所采取的措施，给镇江贸易带来了动力，这种动力对该地稳步发展其进口贸易以供应内地市场，仍然是在起作用的。本色布、标 布、毛织品、糖、铁和其他外国商品都继续取得很大的进展。一切都趋向于证实阿礼国爵士的结论是正确的，即迟早必须为该口岸派一位领事以掌管有关事宜。”[47]

到19世纪70年代初，镇江口岸的贸易形势越来越令人振奋。马安在1870年度上海港贸易报告中称：“按照目前的发展速度，镇江将在几年内成为中国进口贸易的最重要商业中心之一。”[48]“在镇江派驻一位相当级别的领事官员还有一个很大的好处，他能拜访南京的总督，一同解决内地或沿岸地区所可能出现的任何争执。”“考虑到与重大权益攸关，以及本港（指镇江）贸易的不断增长，一个级别较低的领事馆人员是不足以适当处理他所照管的工作的。”“在这种情况下，并看到镇江在政治上和商业上的重要性，我特建议恢复镇江原状，设置正式领事馆。”[49] 在前述1872年11月6日波伊斯的信件中，他也惊叹“复苏居然来得如此之快”。他还讲：“修莱特（Hwelett）说，（镇江）外贸数额以一年增加50万英镑的速度，从1868年的200万英镑，增长到1871年末的350万英镑。就从英国进口的鸦片而言，镇江的进口额在所有通商口岸中位居第三。”波伊斯对镇江的交通优势也进行了评价，他说：“镇江距离上海约150 英里，位于大运河连接长江处。这样，它便几乎和中国南北各处都贯通了， 在和平时期，单是这一点就足以让镇江永久成为一处重要口岸了。”[50]

（三）领事馆舍问题受到关注

镇江口岸贸易额的快速增长、港口重要性的日益显现无疑为镇江领事馆地位的恢复乃至提升增添了筹码。大英工部总署远东分部1871年的年报称：“该口岸（指镇江）的贸易量在过去的两三年中大大增加了，女王陛下的大臣因此想派一名副手来此居住。目前，该口岸的收益是由一名管事的译员照看的。在我写于8月8日的9/71号信件中，我呼吁有关方面要 注意这位先生目前所居住的宿舍的情况，并且建议要建造合适的住所。一片二至三英亩的山地被预留为领事馆建筑用地。此事应给予决定。如若不是出于这一目的，则该片土地一文不值。”[51] 在前述波伊斯的信中，他开始提议建造一座领事官邸。他说：“我很荣幸地告知您，有必要在镇江设立一处永久性的领事官邸。同时，也有必要在该口岸立刻占有一处领事馆专用地块。”

关于未来的领事馆工程，波伊斯在信中提议，先在选好的地址（即预留地）周围砌上一圈矮墙，并造一座有6个房间的平房作为领事官邸，然后再建办公室、临时监狱和警官宿舍。只要上述各项建筑物尚未完工，就继续占用寺庙屋舍 [52]。另外，在针对此工程所递交的 大英工部署106/72号文件中，他预计该工程将耗资3500英镑。巴克勒（Buckler）看到波 伊斯的信后，在1873年1月15日的记录中称，镇江领事馆目前所用的办公室似乎不尽如人意，而“预留地”是买还是租也不得而知。在他告知财政部之前，还需要从波伊斯那里打探 更多的消息[53]。大英工部总署在1873年1月23日给波伊斯的回信中称，如果要向财政部申 请开启建筑一座新领事馆的工程或解决目前领事办公室面临的问题，波伊斯还需提供更多的信息。关于波伊斯的提议，总署的意见是让他便宜行事，但需提供下列信息：

（1）“预留地”是买还是租需要尽快决定，并给出相应的美元计价。

（2）为了能对领事馆一应俱全所需的各 项工程有个完整印象，给出每一项的大致费用。

（3）上交一份能体现出“预留地”上各建筑 预期规划的小幅草图[54]。

作为工程主管，波伊斯希望能严格控制预算，但往往事与愿违。在1873年5月26日致总署的信中，波伊斯抱怨道，一旦有新领事被任命驻在该口岸（指镇江），那么在他所预计的那些费用之外，就可能还会需要添置其他建筑。镇江已有一名充当助手的译员，并且至今仍在亲自全权负责镇江领事馆片区的事务，为他添置住房也是必需的[55]。这就意味着工程预算要增加。

（四）镇江新领事馆的设计完成

经过一番努力，波伊斯于1873年6月9日完成镇江新领事馆两幢建筑的设计说明。第一幢建筑为领事官邸，其说明非常详细。限于篇幅，在此不加抄录。此说明中还有7幅领事官邸局部构造的手绘例图[56]，包括排水沟、围栏立柱、烟道口等。从现存的领事馆建筑外观上，依稀可以见到这些例图的样式。

第二幢建筑为领事办公室、监狱以及警官宿舍，其设计说明为：“挡土墙要用略微加工过的大石块砌成，石块要细心堆砌好，底部要牢靠。其余部分用不规则的方石砌成。至于山坡，要在需要的地方进行加工使其平坦，好承受地基并供打桩之用。边墙要造成台阶状， 以避免垮塌。总的来说，该处工程的各项细节与领事馆工程大同小异。后山地表要适当加 工，以免地表排水冲坏地基。石头地下室的上部要凿出9in × 6in的通风口，并要用熟铁格栅加以拦护。整个施工过程中所用的砂浆，要用三份干净的淡水砂和一份上好的新石灰混合而成，或是按照主管长官的要求混合而成。走廊要铺上本地产的石灰石，其表面要适当加工，接口大小要适中，石块的表面要超过4in。通往走廊的台阶和楼梯平台要用精心 凿好的花岗岩砌成。台阶和楼梯平台，以及走廊各支柱间的栏杆顶部要用石头砌成——用宁波产或本地产的石灰石。通往监狱和警官宿舍的走廊要铺上精雕细凿的花岗岩……监狱的牢房要铺上2in厚的企口硬木地板，要接在6in × 2.5in规格的俄勒冈松搁栅上。领事馆办公室的门窗要采用新加坡木料，警官宿舍的门窗要采用俄勒冈松……其他方面则与领事官邸的门窗类似。警官宿舍的地板采用俄勒冈松或杉木搁栅……窗户要安装上由大英工部总署提供的铁窗扇。牢房门的样式要仿照设在上海的监狱，一切必要的铁制品都由大英工部总署提供。通往后院的后门要包上薄铁皮，要用2in厚的俄勒冈松木做门框……厕所、厨房、浴室的地上都要铺瓷砖，仆人的房间和警官的宿舍同样如此……建筑后侧及尾侧宽达5ft的空间范围内，要铺上碎罐片。”[57]

这项设计说明得到了伦敦的认可。在1873年6月10日波伊斯致卢塞尔的信中，附上了该设计说明的副本。巴克勒在该年8月5日的记录中认为这是一个令人满意的设计说明。

（五）新领事馆工程获批并实施

根据大英工部总署的工作流程，海外工程建设项目的申请要依国内的程序进行，先由远东分部呈递给伦敦工部总署，然后再呈递给外交部。当此项工程估算得到财政部的支持时，将提交国会批准通过。国会批准通过后，该笔款项将由财政部拨付给工部总署远东分部，然后再支付给承包商[58]。根据这个流程，镇江的新领事馆建设项目已到了提交财政部审核的阶段了。到了1873年8月，大英工部总署中日工程部的官员给波伊斯回信称，关于他提出的在镇江修建新领事馆建筑的申请已递交财政部。总署的意见是，除了对目前正在使用的建筑进行修缮外，今年将不再开展其他施工项目，建议他将新建筑物的估计费用计入1874–1875年度的预算中[59]。据此可知，波伊斯的此次申请并未通过。

由于领事馆馆舍于1876年建成，因此申请最终通过可能是在1874或1875年。波伊斯在前述1876年9月11日的信中说，去年（即1875年）4月24日，女王陛下的大臣在给他的信中讲过，有必要为一名下级官员建造一间住房，为此需拨款 1200英镑。波伊斯称，鉴于1877—1878年度要上马的新工程项目较多，他认为这项工程可能要被延后一段时间，而且 为节省监管费用起见，它可能要与提议在汉口（大英工部总署 457/76）和九江（大英工部总 署458/76）等其他口岸上马的工程同时开展。然翻检地图发现，上面并未标出下级官员的住房，可能这项工程后来被削减了。此信还显示镇江领事馆的“修缮费用从50英镑涨到了70英镑，这是由于1877—1878年度要维修的物产，其程度远甚于1876—1877年度”。[60]

需要指出的是，随着新领事馆建筑的陆续建成，镇江在1877年恢复了领事馆的独立地位，不再是上海领事馆的管区。当时租界里有42个居民（非传教士，其中31个是英国人），7家外国公司（有6家是英国公司）[61]。领事们被重新派驻镇江。例如，光绪四年（1878年），“英国外政衙门奏准改为正领事员缺，以阿赫珀补授，并准阿领事照会，驻扎镇江，管理通 商交涉事务，并兼代法、德两国商务”。[62]

四、结语

镇江英国领事馆的建造过程及相关史实表明，19世纪末叶以前英国人对镇江口岸地位的认识有一个变化的过程，大致呈“重视—忽视—再重视”的轨迹。早在第一次鸦片战争后期，英国人就已认识到镇江这个通商要道对于清王朝的重要性，所以扬子江战役的最后一战是进攻镇江。1849—1852年，阿礼国（时任英国驻上海领事）先后3次向英国香港总督兼驻华公使文翰建议，要英国政府再次攻占镇江。在第二次鸦片战争中，英国政府制定的对华交涉指导方针之一便是在必要时“占领扬子江上大运河的入口处”[63]。因而太平天国战争尚未结束，英国人就迫不及待地到镇江设租界、驻领事，要求通商。而到了20世纪初，又出现了再忽视的情况。英国人在不同时期对镇江口岸重视程度不一的情形，充分展现了其传统的务实、理性原则。

注释

[1] 参见《镇江港史》编审委员会：《镇江港史》，人民交通出版社，1989 年，第51页；镇江市地方志编纂委员会编《镇江市志》上册，上海社会科学院出版社，1993 年，第 507 页。

[2][11] 张立主编《镇江交通史》，人民交通出版社，1989 年，第 134 页。

[3]张玉藻、翁有成修，高觐昌等纂《民国续丹徒县志》，《中国地方志集成江苏府县志辑》第 30 册，江苏古籍出版社，1991 年，第 547 页。

[4] Plan of the British Concession Chinkiang (July 1864), The National Archives, Kew, Maps and Plans Extracted to Flat Storage from Records of Various Departments Held at the Public Record Office, Kew, MFQ 1/1036/4.

[5] 《镇江租界之批约及变迁》，江苏省长公署统计处编《江苏省政治年鉴（民国十三年，1924 年）》，沈云龙主编《近代中国史料丛刊三编》第五十三辑，台北文海出版社，1989 年，第 50 页。

[6] Chinkiang-Sketch Plan (from No.317) of Reserved Ground Consular Reside co as at Present Existence (September 30,1871), The National Archives, Kew, Records of the Successive Works Departments, Work 10/39/2/006.

[7] Chinkiang H.B.M Consulate Block Plan (May19,1876), The National Archives, Kew,

Records of the Successive Works Departments, Work 40/176.

[8]Catalogue Description.https://Discovery. Nationalarchives. Gov. Uk/Details/r/C2019138.

[9]The North China Desk Hong List（《字林西报》行名录），1876 年1月第19版。

[10]同 [5]，第51页。

[12] 同 [2]，第170页。

[13] With Estimate for 1877−78(September 11,1876), The National Archives, Kew, Records of the Successive Works Departments, Work 10/39/2/031.

[14]《镇江新建领事署》，《申报》1876 年 2 月 2 日。

[15] Hsin −Yin Huang, Going Native:British diplomatic, Judicial and Consular Architecture in China (1867−1949), Doctoral Thesis. (University of Sheffeld, 2010), p.60.

[16] 同 [15]，p.62.

[17][37] 郑红彬 ·近代在华英国建筑师群体考论（1840−1949）［J］，近代史研究，2016（3）。

[18] 同 [3]，第584页。

[19] 同 [3]，第583页。

[20][38] P.D. Coates, The China Consuls :British Consular Officers, 1843−1943, Oxford:Oxford University Press. 1988, p.147.

[21] 故宫博物院编《（乾隆）焦山志、同治）焦山志、焦山续志》，故宫珍本丛刊第 247 册，海南出版社，2001 年，第 526 页。

[22] Catalogue Description.https://Discovery. Nationalarchives. gov. uk/details/r/C8955460.

[23][26] Chinkiang (November 6,1872), The National Archives, Kew, Records of the Successive Works Departments, Work10/39/2/003.

[24]《寻狗赏格》，镇江博物馆藏，文物总号：革2328，文物分号：抗英反资：002。

[25] 同 [23]，Work 10/39/2/004.

[27][33] 范然：《镇江救生会始末》，《镇江高专学报》2002 年第 1 期。

[28] 同 [20]，p.253.

[29] Chin−Kiang (December 22,1865), The National Archives, Kew, Records of the Successive Works Departments, Work 10/39/2/007.

[30] Report (July 18,1867), The National Archives, Kew, Records of the Successive Works Departments, Work 10/39/2/007.

[31] Extract from Lease of British Concession, Chinkiang,The National Archives,Kew,Records of the Successive Works Departments,Work 10/39/2/010.

[32] 同 [3]，第586页。

[34] 同 [15]，p.62.

[35] 同 [15]，p.63.

[36][58] 同 [15]，p.65.

[39] 同 [20]，p.253.

[40] 同 [23]，Work 10/39/2/001.

[41][42] 同 [20]，p.254.

[43] 李必樟译编、张仲礼校订《上海近代贸易经 济发展概况（1854-1898 年）》，《英国驻上海领事贸易报告汇编》，上海社会科学院出版社，1993年，第243页。

[44][62] 同 [3]，第597页。

[45] 同 [43]，第243-244页。

[46][48] 同 [43]，第244页。

[47] 同 [43]，第217页。

[49] 同 [43]，第245页。

[50] 同 [23]，Work 10/39/2/002.

[51] China & Japan Rents, Chin-Kiang Consular Station, The National Archives, Kew, Records of the Successive Works Departments, Work 10/39/2/008.

[52] 同 [23]，Work 10/39/2/005.

[53] Chin-Kiang (January 15, 1873), The National Archives, Kew, Records of the Successive Works Departments, Work 10/39/2/009.

[54] Service China & Japan. Chinkiang Consulate (January 23,1873), The National Archives, Kew, Records of the Successive Works Departments, Work 10/39/2/013.

[55] Fluctuations of Estimates for Consular Buildings (May 26, 1873), The National Archives, Kew, Records of the Successive Works Departments, Work 10/39/2/015.

[56] Specification for Building New Consulate of Chinkiang (June 9, 1873), The National Archives, Kew, Records of the Successive Works Departments, Work 10/39/2/022-025.

[57] Specifiication for the Erection of Consular Offices, Jails, and Constable's Quarters at Chinkiang (June 9,1873), The National Archives, Kew, Records of the Successive Works Departments, Work 10/39/2/028-030.

[59] H.M.Office of Works, Chinkiang Proposals (August 1873), The National Archives, Kew, Records of the Successive Works Departments, Work 10/39/2/021.

[60] 同 [13]，Work 10/39/2/032.

[61] 同 [20]，p.255.

[63] 中国史学会：《第二次鸦片战争》第六册，上海人民出版社，1979年，第85页。

（原载《中国国家博物馆馆刊·近现代文物研究》2020年第5期，95—105页）